北大社"十三五"职业教育规划教材

高职高专土建专业"互联网+"创新规划教材

全新修订

建筑结构基础与识图

主　编◎周　晖

副主编◎刘赛红

内 容 简 介

本书根据高等职业学校专业教学标准中的工程造价等专业的教学标准基本要求编写,并按照国家颁布的《建筑结构制图标准》(GB/T 50105—2010)、《混凝土结构设计规范》(GB 50010—2010)、《建筑抗震设计规范》(GB 50011—2010)、《钢结构设计规范》(GB 50017—2003)、《建筑地基基础设计规范》(GB 50007—2011)等新规范、新标准编写。

本书共分 10 个项目,内容包括建筑力学基础,建筑结构材料,结构设计方法与设计指标,钢筋混凝土结构基本构件,钢筋混凝土楼(屋)盖,楼梯,基础,多层及高层钢筋混凝土房屋结构,砌体结构基础,钢结构基础,建筑结构施工图的识读等。

本书可作为高职高专工程造价专业、建筑工程管理专业、建筑经济管理等专业的教材,也可供高等院校同类专业的师生和工程造价人员学习参考,还可作为岗位培训教材或工程技术人员的参考书。

图书在版编目(CIP)数据

建筑结构基础与识图/周晖主编. —北京:北京大学出版社,2016.9
(高职高专土建专业"互联网+"创新规划教材)
ISBN 978-7-301-27215-2

Ⅰ.①建… Ⅱ.①周… Ⅲ.①建筑结构—高等职业教育—教材②建筑结构—建筑制图—识别—高等职业教育—教材 Ⅳ.①TU3②TU204

中国版本图书馆 CIP 数据核字(2016)第 126816 号

书　　名	建筑结构基础与识图 JIANZHU JIEGOU JICHU YU SHITU
著作责任者	周　晖　主编
策划编辑	杨星璐　刘健军
责任编辑	杨星璐　刘健军
标准书号	ISBN 978-7-301-27215-2
出版发行	北京大学出版社
地　　址	北京市海淀区成府路 205 号　100871
网　　址	http://www.pup.cn　新浪微博:@北京大学出版社
电子信箱	pup_6@163.com
电　　话	邮购部 010-62752015　发行部 010-62750672　编辑部 010-62750667
印　刷　者	北京鑫海金澳胶印有限公司
经　销　者	新华书店
	787 毫米×1092 毫米　16 开本　26 印张　594 千字 2016 年 9 月第 1 版　2022 年 1 月修订　2023 年 2 月第 10 次印刷
定　　价	58.00 元

未经许可,不得以任何方式复制或抄袭本书之部分或全部内容。
版权所有,侵权必究
举报电话: 010-62752024　电子信箱: fd@pup.pku.edu.cn
图书如有印装质量问题,请与出版部联系,电话: 010-62756370

本书是"高职高专土建专业'互联网+'创新规划教材"之一，根据高等学校土建学科教学指导委员会高等职业教育专业委员会管理类专业指导小组制定的本专业培养目标及主干课程教学基本要求编写，并按照国家颁布的《建筑结构制图标准》(GB/T 50105—2010)、《混凝土结构设计规范》(GB 50010—2010)、《建筑抗震设计规范》(GB 50011—2010)、《钢结构设计规范》(GB 50017—2003)、《建筑地基基础设计规范》(GB 50007—2011)等新规范、新标准编写。

在编写过程中，编者结合教学实践的经验，突出能力目标的训练及知识目标的掌握，内容选取以够用为原则，注重实用性和针对性，力求反映高等职业技术教育的特点。

根据知识的延递性，结合高职学生的基础与能力、按照工学结合的要求、建议本课程一个学期进行约 80 学时，具体学时分配建议安排如下。

项 目	名 称	建 议 学 时
项目1	建筑力学基础	14
项目2	建筑结构材料	2
项目3	结构设计方法与设计指标	2
项目4	钢筋混凝土结构基本构件	14
项目5	钢筋混凝土(屋)盖、楼梯	12
项目6	基础	8
项目7	多层及高层混凝土房屋结构	8
项目8	砌体结构基础	2
项目9	钢结构基础	2
项目10	建筑结构施工图的识读	16

针对《建筑结构基础与识图》教材的特点，为了使学生更加直观地认识和了解结构构件内部构造与识图规则，也方便教师教学讲解，我们以"互联网+教材"的模式开发了本书配套的 APP 客户端，读者通过扫描一书一码所附的二维码进行下载，APP 客户端通过虚拟现实的手段，采用全息技术，应用

3ds Max 和 Sketch Up 等多种工具，将书中的全彩钢筋案例示意图转化成可 360°旋转、无限放大、缩小的三维模型，读者打开 APP 客户端之后，将摄像头对准切口带有彩色色块的页面，即可多角度、任意大小、交互式查看三维模型。具体下载操作和使用说明请于本书封二封三查看。

本书由广州城建职业学院周晖担任主编，进行了全书的统筹安排与编写，由广州城建职业学院刘赛红担任副主编，负责项目 4 和项目 7 编写。

由于编者的理论水平和实践经验有限，本书不妥之处在所难免，恳请专家和读者批评指正。

编　者

2016 年 5 月

【资源索引】

本书课程思政元素

本书课程思政元素从"格物、致知、诚意、正心、修身、齐家、治国、平天下"中国传统文化角度着眼，再结合社会主义核心价值观"富强、民主、文明、和谐、自由、平等、公正、法治、爱国、敬业、诚信、友善"设计出课程思政的主题，然后紧紧围绕"价值塑造、能力培养、知识传授"三位一体的课程建设目标，在课程内容中寻找相关的落脚点，通过案例、知识点等教学素材的设计运用，以润物细无声的方式将正确的价值追求有效地传递给读者，以期培养大学生的理想信念、价值取向、政治信仰、社会责任，全面提高大学生缘事析理、明辨是非的能力，把学生培养成为德才兼备、全面发展的人才。

每个思政元素的教学活动过程都包括内容导引、展开研讨、总结分析等环节。在课程思政教学过程，老师和学生共同参与其中，在课堂教学中教师可结合下表中的内容导引，针对相关的知识点或案例，引导学生进行思考或展开讨论。

分类	页码	内容导引（案例或知识点）	展开研讨（思政内涵）	思政落脚点
格物·致知·治国	2	引例：身边的建筑	1.列举我国优秀的建筑作品，并讨论其特点。 2.初步了解建筑具有哪些形式的构件。	自主学习 专业与社会 民族自豪感
格物·致知	2	建筑为人们提供生产、生活和其他活动所必需的场所	1.讨论一下建筑的概念及其内涵。 2.初步了解建筑分为哪几种类型。	自主学习 专业与社会
格物·致知	2	建筑结构的分类	1.建筑结构的分类方法有哪些？ 2.举例说明现实中按照这些建筑结构分类的建筑。	自主学习 专业与社会
正心·齐家·治国	3	建筑结构有着悠久的历史	1.我国的建筑结构体系发端于何时？ 2.我国的建筑结构在设计理论方面的发展如何？	文化自信 行业发展 文化传承
致知·正心·治国	4	重视结构设计规范	1.我国有哪些建筑结构设计规范？ 2.我们应该怎样看待这些结构设计规范？	专业与国家 现代化 工业化
格物·致知·修身	4	注重实践锻炼，做到理论联系实践	学习本课程为什么要注重实践锻炼？	努力学习 专业能力 个人成长
格物·致知	17	力学是一门严谨的理论学科	1.你了解力学吗？ 2.为什么力学在实际工程中非常重要？	科学素养 专业能力
致知·修身·治国	56	钢筋	1.我国钢筋的发展状况是怎样？ 2.我国目前在钢筋材料发展方面取得的成就得了怎样？	专业与国家 工匠精神 产业报国

续表

分类	页码	内容导引（案例或知识点）	展开研讨（思政内涵）	思政落脚点
致知·修身·治国	62	混凝土	1.混凝土在我国建筑行业中的发展如何？ 2.你了解从原始社会到现在人类的居住方式发生了哪些变化？	专业与国家 工匠精神 产业报国
格物·致知·齐家	83	地震	1.你了解地震知识吗？ 2.地震会对建筑会产生怎样的破坏？	科学素养 安全意识
格物·致知·齐家	85	建筑抗震设计	1.人们如何在建筑中进行抗震设计的？ 2.列举一些人类设计的一些具有抗震功能的建筑范例。	适者生存 安全意识
致知·修身·治国	90	引例：钢筋混凝土	1.你了解钢筋混凝土的发展状况吗？ 2.列举钢筋混凝土在各行各业的应用范例。	专业与国家 产业报国
致知·修身·治国	140	引例：钢筋混凝土梁板结构	钢筋混凝土梁板结构具有哪些重要意义？	专业与国家 产业报国
致知·正心·修身	184	引例：基础	1.为什么说打好基础非常重要？ 2."万丈高楼平地起"，列举国内一些拔地而起的高楼范例。	责任与使命 社会责任 爱岗敬业
正心·修身·治国	208	引例：上海世博会中国国家馆	上海世博会中国国家馆在建筑上具有哪些特点？	文化自信 大国风范
致知·正心·齐家	239	引例：砌体结构	1.砌体结构具有哪些作用？ 2.砌体结构的发展过程是怎样的？	科技发展 社会责任 行业发展
致知·齐家·平天下	239	块材	1.块材主要取自哪里？ 2.有哪些环保的建筑材料？	科技发展 行业发展 环保意识
修身·治国	260	引例：广州塔	广州塔具有哪些建筑方面的特点？	工匠精神 改革开放
致知·修身	260	焊缝连接	焊缝连接具有哪些形式？	专业能力 工匠精神
致知·修身·治国	266	焊缝质量	1.焊缝质量的好坏有什么影响？ 2.列举国内优秀的焊接技术范例。	专业能力 工匠精神 大国重器
格物·致知·治国	290	国家新标准图集	1.国家新标准图集的产生背景是怎样的？ 2.推出国家新标准图集有什么重要意义？	科学精神 科技发展 现代化 工业化

注：教师版课程思政内容可以联系北京大学出版社索取。

目 录

| 绪论 | 1 |

项目1 建筑力学基础 ... 5
 任务 1.1 物体受力分析与受力图绘制 ... 6
 任务 1.2 利用平面力系平衡条件求物体的约束反力 ... 19
 任务 1.3 杆件的内力 ... 31
 任务 1.4 轴向拉压杆的内力和内力图绘制 ... 35
 任务 1.5 单跨静定梁的内力和内力图绘制 ... 40
 项目小结 ... 49
 习题 ... 49

项目2 建筑结构材料 ... 54
 任务 2.1 钢筋与混凝土结构材料 ... 55
 任务 2.2 钢筋与混凝土的黏结 ... 68
 项目小结 ... 71
 习题 ... 72

项目3 结构设计方法与设计指标 ... 73
 任务 3.1 建筑结构荷载与荷载效应 ... 74
 任务 3.2 建筑结构的设计方法 ... 78
 任务 3.3 建筑结构抗震设防简介 ... 83
 项目小结 ... 87
 习题 ... 87

项目4 钢筋混凝土结构基本构件 ... 89
 任务 4.1 钢筋混凝土受弯构件 ... 90
 任务 4.2 钢筋混凝土受压构件 ... 113
 任务 4.3 钢筋混凝土受扭构件 ... 119
 任务 4.4 预应力混凝土构件基本知识 ... 121

任务 4.5 钢筋混凝土结构构件施工图 127
  项目小结 135
  习题 135

项目 5 钢筋混凝土楼(屋)盖、楼梯 139

  任务 5.1 钢筋混凝土楼盖的类型 140
  任务 5.2 现浇单向板肋形楼盖 147
  任务 5.3 现浇双向板肋形楼盖 156
  任务 5.4 钢筋混凝土楼梯 160
  任务 5.5 悬挑构件 166
  任务 5.6 钢筋混凝土梁板结构施工图 169
  项目小结 179
  习题 179

项目 6 基础 183

  任务 6.1 基础的类型与初步选型 184
  任务 6.2 天然地基浅埋基础 190
  任务 6.3 桩基础 197
  任务 6.4 基础结构施工图 200
  项目小结 205
  习题 205

项目 7 多层及高层钢筋混凝土房屋结构 207

  任务 7.1 多层与高层结构体系 208
  任务 7.2 框架结构 211
  任务 7.3 剪力墙结构 224
  任务 7.4 框架-剪力墙结构 233
  项目小结 235
  习题 236

项目 8 砌体结构基础 238

  任务 8.1 砌体结构的类型及力学性质 239
  任务 8.2 多层砌体房屋的构造要求 245
  项目小结 257
  习题 258

项目 9 钢结构基础 259

  任务 9.1 钢结构的连接 260
  任务 9.2 钢结构构件 270

项目小结 280
习题 280

项目 10 建筑结构施工图的识读 282

　　任务 10.1　结构施工图概述 283
　　任务 10.2　混凝土结构施工图平面整体表示方法 289
　　任务 10.3　标准构造详图 307
　　项目小结 312
　　习题 313

参考文献 315

绪 论

教学目标

通过绪论的学习,掌握建筑结构的组成与分类,了解建筑结构的发展概况,熟悉本课程的特点和基本要求。

教学要求

能 力 要 求	相 关 知 识	权 重
能够说出建筑结构的组成	建筑结构的概念与建筑结构的组成	30%
能够区分建筑结构的分类	建筑结构的分类	40%
能够说出本门课程的特点	课程的特点与基本要求	30%

学习重点

建筑结构的组成与分类。

引例

观察身边的建筑，思考建筑由哪些构件作为骨架承受建筑的力？这些力是如何传递的？

建筑为人们提供生产、生活和其他活动所必需的场所，包括建筑物和构筑物两大类。建筑中由若干个单元按照一定的连接方式组成，将所承受的荷载和其他间接作用自上而下最终传给地基土的骨架称为建筑结构，而这些单元就称为建筑结构的基本构件。

1．建筑结构的组成

建筑结构的基本构件主要有板、梁、柱、墙、基础等，这些构件由于所处部位及承受荷载情况不同，作用也各不相同。

(1) 板——水平承重构件。板直接承受着各楼层上的家具、设备、人的重量(质量)和楼层自重；同时板对墙或柱有水平支撑的作用，传递着风、地震等侧向水平荷载，并把上述各种荷载传递给墙或柱。结构设计时，对板的要求是要有足够的强度和刚度，以及良好隔声、防渗漏、防火性能。板是典型的受弯构件，且其厚度方向的尺寸远小于长、宽两个方向的尺寸。

(2) 梁——水平承重构件。承受板传来的荷载及梁的自重，梁的截面高度和宽度尺寸远小于长度方向的尺寸。梁主要承受竖向荷载，其作用效应主要为受弯和受剪。

(3) 柱——竖向承重构件。承受着由屋盖和各楼层传来的各种荷载，并把这些荷载可靠地传给基础。柱的截面尺寸远小于其高度。当荷载作用线通过柱截面形心时为轴心受压柱，当荷载作用线偏离柱截面形心时为偏心受压柱。设计必须满足强度、刚度和耐久性要求。

(4) 墙——竖向承重构件。与柱的作用类似，也承受着由屋盖和各楼层传来的各种荷载，并把这些荷载传给基础。同时外墙有围护的功能，内墙有分隔房间的作用，所以对墙体还常提出保温、隔热、隔声、防水、防火等要求。墙的作用效应为受压，有时还可能受弯。

(5) 基础——基础位于建筑物的最下部，埋于自然地坪以下，承受上部结构传来的所有荷载，并把这些荷载传给地基。基础是房屋的主要受力构件，其构造要求是坚固、稳定、耐久，能经受冰冻、地下水及所含化学物质的侵蚀，保持足够的使用年限。

2．建筑结构的分类

建筑结构的分类方法有多种，一般可以按照结构所用材料、承重结构类型、其他方法(外形特点、使用功能、施工方法)进行分类。

1) 按照结构所用材料分类

按照结构所用材料的不同，建筑结构可以分为混凝土结构、砌体结构、钢结构、木结构、混合结构等多种形式。

(1) 混凝土结构包括素混凝土结构、钢筋混凝土结构、预应力混凝土结构、钢纤维混凝土结构和各种形式的加筋混凝土结构。

(2) 砌体结构包括砖砌体结构、石砌体结构、砌块砌体结构等，较多用于多层民用建筑。

(3) 钢结构是由钢板、型钢等钢材通过有效的连接方式而形成的结构,广泛用于高层建筑和工业建筑中。由于钢结构具有轻质高强、可靠性好、施工简单、工期短等优点,是建筑结构发展的方向。

(4) 木结构是全部或大部分用木材制作的结构,由于砍伐木材对资源的不利影响及木材具有易燃、易腐、结构变形大等缺点,目前已经较少采用了。

(5) 结构材料可以在同一结构体系中混合使用,形成混合结构。如砖混结构,楼屋盖等采用混凝土材料,墙体采用砖砌体,基础采用砖石砌体或钢筋混凝土等。

2) 按承重结构类型分类

按承重结构类型和受力体系的不同,建筑结构可分为砖混结构、框架结构、排架结构、剪力墙结构、框架-剪力墙结构、筒体结构、拱结构、网壳结构、钢索结构等多种形式。

3) 按其他方法分类

(1) 按照使用功能可分为建筑结构(如住宅、公共建筑、工业建筑等);特种结构(如烟囱、水池、水塔、挡土墙、筒仓等);地下结构(如隧道、井筒、涵洞、地下建筑等)。

(2) 按照外形特点可以分为单层结构、多层结构、高层结构、大跨结构、高耸结构等。

(3) 按照施工方法可以分为现浇结构、装配式结构、装配整体式结构、预应力混凝土结构等。

3．建筑结构的发展及应用概况

建筑结构有着悠久的历史,它随着人类社会的进步、生产力的提高而不断发展。

中国建筑结构体系大约发端于距今 8000 年前的新石器时代。人们应用较早的建筑结构是砖石结构和木结构。万里长城、河南登封的嵩岳寺塔、河北赵县的赵州桥、山西五台山南禅寺和佛光寺等都是建筑结构发展史上的经典之作。

国外,17 世纪工业革命时开始将生铁作为建筑材料,19 世纪初开始使用熟铁。随着 19 世纪 20 年代波特兰水泥的出现,混凝土开始广泛应用于建筑行业,随后钢筋混凝土结构、预应力混凝土结构、装配式钢筋混凝土结构、钢筋混凝土薄壁结构等相继出现。现代建筑结构向高、深、轻质高强、绿色环保方向发展,其结构形式、应用范围、施工方法和设计理论等都随着科技水平的提高而迅猛发展。

在设计理论方面也日趋成熟与完善,从 1955 年我国有了第一批建筑结构设计规范起,至今已修订了四次。20 世纪 50 年代前,结构的安全度和可靠度设计方法基本处于经验性的允许应力法阶段。20 世纪 70 年代后,结构可靠度的近似概率极限状态设计方法被广泛采用。现行的 GB 50010—2010《混凝土结构设计规范》(以下简称《规范》)采用以概率理论为基础的极限状态设计方法,全面侧重结构的性能,还明确了工程人员必须遵守的强制性条文。随着理论的深入、现代测试技术的发展、计算机的广泛应用,建筑结构的计算理论和设计方法将向更高的阶段迈进。

4．课程的特点和基本要求

建筑结构基础与识图是工程造价专业的重要基础课程,其主要由建筑力学基础知识、建筑材料基础知识、钢筋混凝土结构、多高层结构、砌体结构、钢结构、建筑基础、建筑结构施工图识读等部分组成。本课程以培养学生的结构施工图识读能力为主线,主要研究一般结构构件的受力特点、构造要求、施工图表示方法等建筑结构基本概念和基本知识,为学生以后正确计算结构工程量奠定基础。

为了学好建筑结构基础与识图这门课程,应注意以下几个方面:

(1) 学习本课程时,应加强基本概念的理解。本课程内容多、符号多、计算公式多、构造要求多,在学习中不应死记硬背,要注重对概念的理解。除课堂教学外,要通过思考题和习题等作业,进一步巩固和理解学习内容。

(2) 重视结构设计规范[《混凝土结构设计规范》(GB 50010—2010)、《建筑结构荷载规范》(GB 50009—2012)、《砌体结构设计规范》(GB 50003—2011)、《建筑结构可靠度设计统一标准》(GB 50068—2001)、《建筑抗震设计规范》(GB 50011—2010)、《混凝土结构施工图平面整体表示方法制图规则和构造详图》(11G101—1)等]的学习,在本课程学习的同时,应熟悉并掌握现行的规范。课程中涉及的构造措施和相关规定要予以重视,弄懂其中的道理。许多构造要求是大量的工程经验和科学实验的总结,其地位与计算结果同等重要,需通过平时的作业和课程设计逐步掌握一些基本的构造要求并学会应用有关规范和标准。

(3) 注重实践锻炼,做到理论联系实践。本课程的理论本身很多来自于工程实践,是实践经验的总结。多到施工现场参观、学习钢筋的下料、绑扎,混凝土的浇筑等内容,这样才能加深知识的理解。

(4) 注重识图能力的培养和提高。识读建筑图和结构图是工程造价专业学生的重要能力之一。要求学生必须熟悉结构施工图的表示方法(传统表示方法和平面整体表示方法),掌握基本的结构知识,理解构造要求,能熟练准确地识读板、梁、柱、剪力墙、楼梯、基础等的结构施工图。在学习过程中应准备多套图纸进行实际的图纸识读和会审训练。

项目 1 建筑力学基础

教学目标

能力目标：①能正确快速画出物体(物体系)受力分析图；②能正确快速求出约束反力；③能熟练求出杆件任意截面的内力及绘制杆件的内力图。

知识目标：①理解静力学的基本概念，掌握常见约束类型及其约束反力；②掌握平面力系平衡条件的应用；③熟悉杆件变形的基本形式，内力、应力的概念以及截面法的应用。

态度养成目标：培养严密的逻辑思维能力和严谨的工作作风，为以后的工作奠定良好的工作基础。

教学要求

能 力 要 求	相 关 知 识	权 重
能在实际工程中运用静力学基本概念对简单结构进行受力分析	力的基本概念、力的效应、力的平衡、静力学公理、力系、力矩、力偶、力的分解、常见约束及其约束反力、受力图的步骤	25%
能计算约束反力	平面力系平衡条件	15%
能正确计算出简单结构的内力	内力及应力的基本概念	15%
能计算杆件的轴力并绘制轴力图	计算轴力的步骤、$\sigma = \dfrac{N}{A}$	15%
能绘制静定梁的内力图	单跨静定梁基本形式、计算单跨静定梁的内力的方法及步骤	30%

引例

【案例一】 三层砖混结构的办公楼，由梁、预制混凝土空心板、砖砌体墙和钢筋混凝土基础等构件组成，这些构件相互支承、形成主要受力骨架。楼面由预制混凝土空心板铺成，空心板支承在梁上，梁支承在墙体上，墙体支承在基础上。墙厚为240mm，楼面由预制混凝土空心板铺成，其结构平面布置见引例图(a)。

【案例二】 五层现浇钢筋混凝土框架结构教学楼，由现浇的梁、板、柱和基础等构件组成，这些构件整体浇筑在一起。楼面是现浇的钢筋混凝土板，由现浇的钢筋混凝土框架梁支承着，现浇钢筋混凝土柱支承着梁，柱固结于现浇钢筋混凝土基础上。楼面做法：楼面面层水磨石(10mm面层，20mm水泥砂浆打底)，天花板采用15mm混合砂浆抹灰。图(b)所示为其构件平面布置示意。

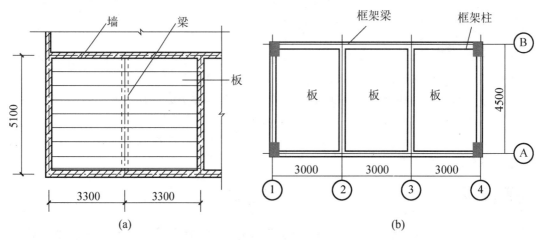

引例图　案例一和案例二中的楼面

任务 1.1　物体受力分析与受力图绘制

知识导航

1.1.1 力与平衡的基本概念

1. 力的概念

力是物体间的相互机械作用，这种作用使物体的运动状态或形状发生改变。力对物体作用的效应决定于力的三要素：力的大小、方向和作用点。

力的大小反映物体之间相互机械作用的强弱程度，力的单位是牛[顿](N)或千牛[顿](kN)；力的方向表示物体间的相互机械作用具有方向性，包含力的作用线在空间的方位和指向，如水平向右、铅直向下等。

力的作用点是指力对物体的作用的位置，通常它是一块面积而不是一个点，当作用面积很小时可以近似看作一个点。

力(图 1.1)总是按照各种不同的方式分布于物体接触面的各点上。当接触面面积很小时，可以将微小面积抽象为一个点，这个点称为力的作用点，则该作用力称为集中力，用 F(N)表示；当力在整个接触面上分布作用，则此时的作用力称为分布力。分布力的大小用单位面积上的力的大小来度量，称为荷载集度，用 $q(N/m^2)$表示。力是矢量，记作 F，用一段带有箭头的直线(AB)来表示，其中线段(AB)的长度按一定的比例尺表示力的大小；线段的方位和箭头的指向表示力的方向；线段的起点 A 或终点 B 应在受力物体上，表示力的作用点。线段所在的直线称为力的作用线。

力可以分为外力和内力。外力指其他物体对所研究物体的作用力，内力是指物体系内各物体间的相互作用力。外力和内力的区分并不是绝对的，将由研究对象的不同而异。

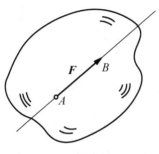

图 1.1 力的表示

2．刚体和平衡的概念

刚体——在力作用下不产生变形或变形可以忽略的物体。刚体是对实际物体经过科学的抽象和简化而得到的一种理想模型，绝对的刚体实际并不存在。

平衡——在一般工程问题中是指物体相对于地球保持静止或作匀速直线运动的状态。显然，平衡是机械运动的特殊形态，因为静止是相对、暂时的，而运动才是绝对、永恒的。建筑力学研究的平衡主要是指物体处于静止状态。

3．力系、等效力系、平衡力系的概念

作用在物体上的一组力，称为力系。按照各力作用线是否位于同一平面内，力系可以分为平面力系和空间力系两大类，如平面力偶系、空间一般力系等。在静力学中一般遇到的是平面力系。

按照平面力系中各力作用线分布的不同形式，平面力系又可分为四类，如图 1.2 所示。

(1) 平面汇交力系——力系中各力作用线位于同一平面内并汇交于一点；
(2) 平面力偶系——力系由若干力偶组成；

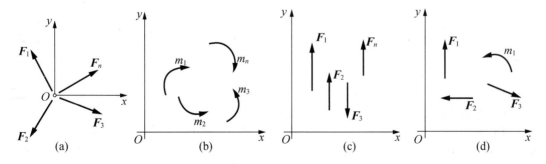

图 1.2 平面力系的分类

(a) 平面汇交力系；(b) 平面力偶系；(c) 平面平行力系；(d) 平面一般力系

(3) 平面平行力系——力系中各力作用线位于同一平面内并相互平行；

(4) 平面一般力系——力系中各力作用线位于同一平面内，且既不完全交于一点，也不完全相互平行。

等效力系——如果某一力系对物体产生的效应，可以用另外一个力系来代替，则这两个力系称为等效力系。

合力——当一个力与一个力系等效时，则称该力为此力系的合力。

分力——当一个力与一个力系等效时，称该力系中的每一个力为这个力的分力。

把力系中的各个分力代换成合力的过程，称为力系的合成；反之，把合力代换成若干分力的过程，称为力的分解。

平衡力系——若刚体在某力系作用下保持平衡，则该力系称为平衡力系。

1.1.2 静力学公理

1．二力平衡公理

作用于刚体上的两个力平衡的充分与必要条件是：这两个力大小相等、方向相反、力的作用线在同一条直线上，如图 1.3 所示。

应当指出，该条件对于刚体来说是充分而且必要的；而对于变形体，该条件只是必要的而不是充分的。如柔索受到两个等值、反向、共线的压力作用时就不能平衡，如图 1.4 所示。

在两个力作用下处于平衡的物体称为二力构件；若为杆件，则称为二力杆。根据二力平衡公理可知：作用在二力构件上的两个力，它们必须通过两个力作用点的连线(与杆件的形状无关)，且大小相等方向相反。

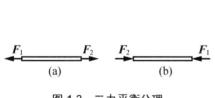

图 1.3　二力平衡公理

图 1.4　柔索受二力作用

2．加减平衡力系公理

在作用于刚体上的已知力系上，加上或减去任意一个平衡力系，不会改变原力系对刚体的作用效应。因为任意一个平衡力系的作用效应等于零，增加一个零和减去一个零并不改变刚体原有的运动效果。

【推论】力的可传性原理

作用于刚体上某点的力，可沿其作用线移动到刚体内任意一点，而不改变该力对刚体的作用效应，(图 1.5)。在力的作用线上任取一点 B，加上一对平衡力 $F_1=F_2=F$，由公理二可知，刚体的运动状态不改变，即力(F_1，F_2，F)与力(F)等效。又 F_2 与 F 构成一对平衡力，可以去掉，即力系(F_1，F_2，F)与力(F_1)等效。所以作用于 A 点的力 F 与作用在 B 点的力 F_1 是等效的。同样必须指出，力的可传性原理也只适用于刚体而不适用于变形体。

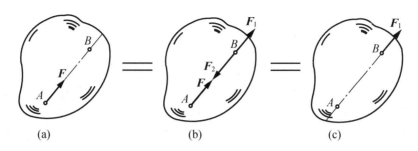

图1.5 力的可传性

3．力的平行四边形法则或三角形法则

作用于物体同一点的两个力，可以合成为一个合力，合力也作用于该点，其大小和方向由以两个分力为邻边的平行四边形的对角线表示。如图1.6所示，其矢量表达式为

$$F_1+F_2=F_R \tag{1-1}$$

在求两共点力的合力时，为了作图方便，只需画出平行四边形的一半，即三角形便可。其方法是自任意点 O 开始，先画出一矢量 F_1 然后再由 F_1 的终点画另一矢量 F_2，最后由 O 点至力矢 F_2 的终点作一矢量 F_R，它就代表 F_1、F_2 的合力矢。合力的作用点仍为 F_1、F_2 的汇交点 A。这种作图法称为力的三角形法则。显然，若改变 F_1、F_2 的顺序，其结果不变，如图1.7所示。

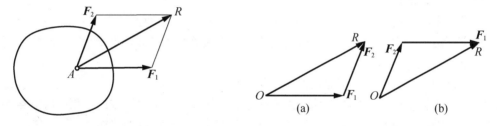

图1.6 力的平行四边形法则   图1.7 力的三角形法则

利用力的平行四边形或三角形法则，可以求两个力的合力，也可以把一个已知力分解成与其共点的两个力。如要得出唯一解，必须给出限制条件，如已知一分力的大小方向求另一分力或已知两分力的方向求其大小等。在实际计算中，常将力 F 沿 x 轴、y 轴正交分解成两个分力 F_x 和 F_y，如图1.8所示。

【推论】三力平衡汇交定理

一刚体受不平行的三个力作用而平衡时，此三力的作用线必共面且汇交于一点，如图1.9所示。

应当指出，三力平衡汇交定理只说明了不平行的三力平衡的必要条件，而不是充分条件。它常用来确定刚体在不平行三力作用下平衡时，其中某一未知力的作用线。

4．作用力与反作用力公理

两个物体间相互作用的一对力，总是大小相等、方向相反、作用线相同，并分别而且同时作用于这两个物体上。

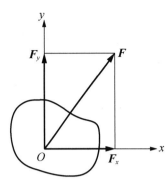

图1.8 力的分解

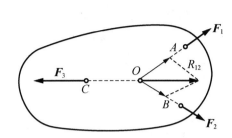

图1.9 三力汇交平衡力系

1.1.3 约束与约束反力

约束——阻碍物体运动的限制条件,约束总是通过物体间的直接接触而形成。例如,轨道是火车的约束,柱是梁的约束。

约束反力——约束对物体必然作用一定的力,这种力称为约束反力或约束力,简称反力。约束反力的方向总是与物体的运动或运动趋势的方向相反,它的作用点就在约束与被约束物体的接触点。

凡能主动引起物体运动或使物体有运动趋势的力,称为主动力,如重力、水压力、风压力等都是主动力。作用在工程结构上的主动力又称荷载。通常情况下,主动力是已知的,而约束反力是未知的。

下面列举几种工程中常见的约束及其约束反力的特征。

(1) 柔体约束。由柔软且不计自重的绳索、胶带、链条等构成的约束统称为柔体约束。柔体约束的约束反力为拉力,沿着柔体的中心线背离被约束的物体,用符号 F_T 表示,如图1.10所示。

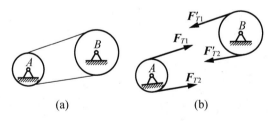

图1.10 柔体约束

(2) 光滑接触面约束。物体之间光滑接触,只限制物体沿接触面的公法线方向并指向物体的运动。光滑接触面约束的反力为压力,通过接触点,方向沿着接触面的公法线指向被约束的物体,通常用 F_N 表示,如图1.11所示。

(3) 链杆约束。两端各以铰链与其他物体相连接且中间不受力(包括物体本身的自重)的直杆称为链杆,如图1.12所示。链杆的约束反力总是沿着链杆的轴线方向,指向不定,常用符号 F 表示。

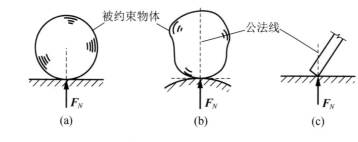

图 1.11 光滑接触面约束

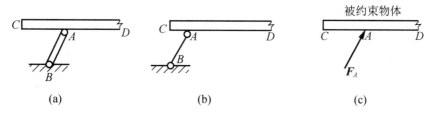

图 1.12 链杆约束

(4) 圆柱铰链约束。两个物体分别被钻上直径相同的圆孔并用销钉相连接,如果忽略销钉与销壁之间的摩擦,则这种约束称为光滑圆柱铰链约束,简称铰链约束,如图 1.13 所示。铰链的约束反力作用在与销钉轴线垂直的平面内,并通过销钉中心,但方向待定,如图 1.13(c)所示的 F_A 常分解为通过铰链中心的相互垂直的两个分力 F_{Ax} 和 F_{Ay} 来表示[图 1.13(d)]。

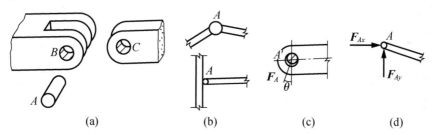

图 1.13 圆柱铰链约束

(5) 固定铰支座。将构件或结构连接在支承物上的装置称为支座。用光滑圆柱铰链把构件或结构与支承底板相连接,并将支承底板固定在支承物上而构成的支座,称为固定铰支座,如图 1.14 所示。工程中,为避免构件打孔削弱构件的承载力,常在构件和底板上固结一个用来穿孔的物体,如图 1.14(a)所示。

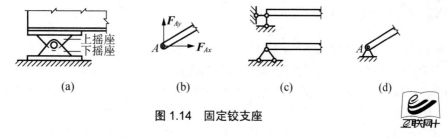

图 1.14 固定铰支座

固定铰支座的约束反力与圆柱铰链相同，其约束反力也应通过铰链中心，但方向待定。为方便起见，常用两个相互垂直的分力 F_{Ax} 和 F_{Ay} 表示，如图1.14(b)所示。力学计算时，其简图可用图1.14(c)、(d)表示。

(6) 可动铰支座。如果在固定铰支座的底座与固定物体之间安装若干辊轴，就构成可动铰支座，如图1.15所示。可动铰支座的约束反力垂直于支承面，且通过铰链中心，但指向不定，常用 R（或 F）表示，如图1.15(b)所示。力学计算时，其简图可用图1.15(c)、(d)表示。

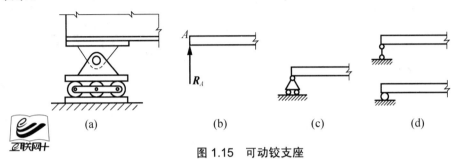

图1.15　可动铰支座

(7) 固定端支座。如果构件或结构的一端牢牢地插入到支承物里面，如房屋的雨篷嵌入墙内[图1.16(a)]，底层柱与基础整体浇筑在一起等，就形成固定端支座。这种约束的特点是连接处有很大的刚性，不允许被约束物体与约束物体之间发生任何相对的移动和转动，即被约束物体在约束端是完全固定的一个整体。其约束反力一般用三个反力分量来表示，即两个相互垂直的分力 F_{Ax}（或 X_A）、F_{Ay}（或 Y_A）和反力偶 M_A，如图1.16(b)所示。其力学计算简图可用图1.16(c)表示。

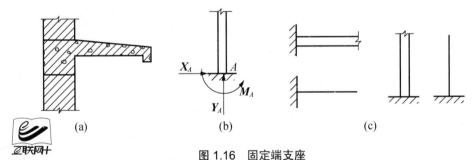

图1.16　固定端支座

能力导航

1.1.4　物体的受力分析与受力图绘制

进行力学分析时需要了解物体的受力情况，其中哪些是已知力，哪些是未知力，这个过程称为对物体进行受力分析。工程结构中的构件或杆件，一般都是非自由体，它们与周围的物体(包括约束)相互连接在一起以承担荷载。为了分析某一物体的受力情况，往往需要解除限制该物体运动的全部约束，把该物体从与它相联系的周围物体中分离出来，单独画出这个物体的图形，称为脱离体(或研究对象)。然后，再将周围各物体对该物体的各个作用力(包括主动力与约束反力)全部用矢量线画在脱离体上。这种画有脱离体及其所受的全部作用力的简图，称为物体的受力图。

正确对物体进行受力分析并画出其受力图，是求解力学问题的关键。

受力图绘制步骤为：

(1) 明确研究对象，取脱离体。研究对象(脱离体)可以是单个物体、也可以是由若干个物体组成的物体系统，这要根据具体情况确定。

(2) 画出作用在研究对象上的全部主动力。

(3) 画出相应的约束反力。

(4) 检查。

其中注意事项为：

(1) 应注意两个物体之间相互作用的约束力应符合作用力与反作用力公理。

(2) 要熟练地使用常用的字母和符号表示各个约束反力。注意要按照原结构图上每一个构件或杆件的尺寸和几何特征作图，以免引起错误或误差。

(3) 受力图上只画脱离体的简图及其所受的全部外力，不画已被解除的约束物体。

(4) 当以系统为研究对象时，受力图上只画该系统(研究对象)所受的主动力和约束反力，而不画系统内各物体之间的相互作用力(称为内力)。

(5) 正确判断二力杆，二力杆中的两个力的作用线是沿力作用点的连线，且等值、反向。下面举例说明如何绘制受力图。

【例 1-1】 重量为 G 的梯子 AB，放置在光滑的水平地面上并靠在竖直的墙上，在 D 点用一根水平绳索与墙相连，如图 1.17(a)所示。试画出梯子的受力图。

【解】

(1) 根据题意取梯子为研究对象，画出脱离体图。

(2) 在脱离体上画上主动力即梯子的重力 G，作用于梯子的重心(几何中心)，方向铅直向下。

(3) 在脱离体上画约束反力。根据光滑接触面约束的特点，A、B 处的约束反力 F_{NA}、F_{NB} 分别与墙面、地面垂直并指向梯子；绳索的约束反力 F_{TD} 应沿着绳索的方向离开梯子，为拉力。图 1.17(b)为梯子的受力图。

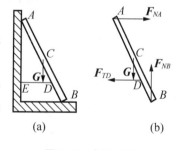

图 1.17 例 1-1 图

案例点评

求解该案例时要注意光滑接触面约束的约束反力方向沿着接触面的公法线指向被约束的物体。

【例 1-2】 如图 1.18(a)所示，简支梁 AB，跨中受到集中力 F 的作用，A 端为固定铰支座约束，B 端为可动铰支座约束。不计梁的自重，试画出梁的受力图。

【解】

(1) 根据题意，取 AB 梁为研究对象，解除 A、B 两处的约束，画出脱离体简图。

(2) 画主动力，在梁的中点 C 画主动力 F。

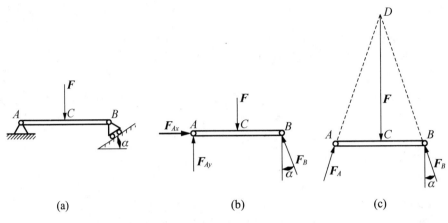

图 1.18 例 1-2 图

(3) 在受约束的 A 处和 B 处，根据约束类型画出约束反力。因 B 处为可动铰支座约束，其反力通过铰链中心且垂直于支承面，其指向假定如图 1.18(b)所示；A 处为固定铰支座约束，其反力可用通过铰链中心 A 并相互垂直的分力 F_{Ax}、F_{Ay} 表示，受力图如图 1.18(b)所示。

同时，如注意到梁只在 A、B、C 三点受到互不平行的三个力作用而处于平衡状态，因此，也可以根据三力平衡汇交定理进行受力分析。已知 F、F_B 相交于 D 点，则 A 处的约束反力 F_A 也应通过 D 点，从而可确定 F_A 必通过沿 A、D 两点的连线，画出如图 1.18(c)所示的受力图。

【例 1-3】 试画出图 1.19(a)所示的梁 AB 的受力图，不计梁自重。

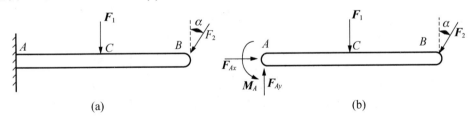

图 1.19 例 1-3 图

【解】

(1) 根据题意，取 AB 梁为研究对象，解除 A 处的约束，画出脱离体简图。

(2) 画主动力，梁受主动力 F_1、F_2 作用。

(3) 在受约束的 A 处画出约束反力。因为 A 端是固定端支座，所以 A 端的约束反力有两个正交的分力 F_{Ax}、F_{Ay} 及未知的反力偶 M_A，它们的指向均为假设。图 1.19(b)即为梁 AB 的受力图。

以上举例是单个物体的受力分析，下面举例说明物体系统的受力图画法。

【例 1-4】 如图 1.20(a)所示，某支架由杆 AC、BC 通过销 C 连接在一起，设杆、销的自重不计，试分别画出杆 AC、BC 和销 C 的受力图。

【解】

(1) 以杆 BC 为研究对象，画出脱离体图。B、C 处均为圆柱铰链约束，如不考虑杆自重，则杆 BC 受两个力的作用而平衡，根据二力平衡公理可知，杆 BC 为二力杆，且力的作用线沿杆 BC 的连线，经判定是压杆，画出受力图如图 1.20(b)所示。

(2) 以杆 AC 为研究对象，画出脱离体图。A、C 处均为圆柱铰链约束，如不考虑杆自重，则杆 AC 受两个力的作用而平衡，根据二力平衡公理可知，杆 AC 为二力杆，且力的作用线沿杆 AC 的连线，在 F 的作用下，杆 AC 有伸长趋势，可判定是拉杆，画出受力图如图 1.20(c)所示。

(3) 以销 C 为研究对象画出脱离体图。销 C 除了受外力 F 的作用外，还与杆 CA、CB 接触，根据作用力与反作用力公理，销 C 还受到 CA、CB 杆给的作用力 F'_{CA} 和 F'_{CB}，其中 F'_{CA} 与 F_{CA} 大小相等方向相反，F'_{CB} 与 F_{CB} 大小相等方向相反。销 C 受三个力的作用而平衡，应满足三力汇交平衡力系公理，合力为零。画出受力图如图 1.20(d)所示。

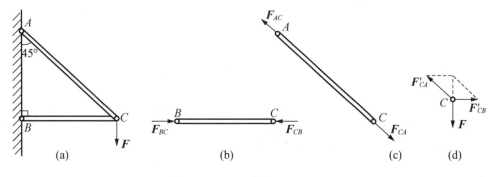

图 1.20　例 1-4 图

案例点评

求解该案例时要注意二力平衡原理确定二力杆件的约束反力的方向。

【例 1-5】　梁 AD 和 DG 用铰链 D 连接，用固定铰支座 A，可动铰支座 C、G 与大地相连，如图 1.21(a)所示，试画出梁 AD、DG 及整梁 AG 的受力图。

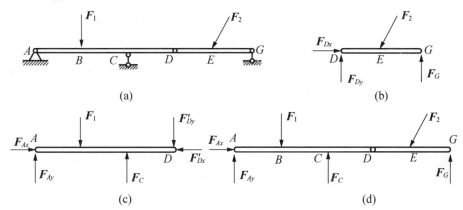

图 1.21　例 1-5 图

【解】

(1) 取 DG 为研究对象,画出脱离体图。DG 上受主动力 F_2,D 处为圆柱铰链约束,其约束反力可用两个正交的分力 F_{Dx}、F_{Dy} 表示,指向假设;G 处为可动铰支座,其约束反力 F_G 垂直于支承面,指向假设向上,如图 1.21(b)所示。

也可用三力汇交平衡力系公理确定 D 处铰链约束反力的方向,类似于例 1-2。

(2) 取 AD 为研究对象,画出脱离体图。AD 上受主动力 F_1,A 处为固定铰支座,其约束反力可用两个正交的分力 F_{Ax}、F_{Ay} 表示,指向假设;C 处为可动铰支座,其约束反力 F_C 垂直于支承面,指向假设向上,D 处为圆柱铰链约束,其约束反力可用两个正交的分力 F'_{Dx}、F'_{Dy} 表示,与作用在 DG 梁上的 F_{Dx}、F_{Dy} 分别是作用力与反作用力的关系,指向与 F_{Dx}、F_{Dy} 相反;AD 梁的受力分析图如图 1.21(c)所示。

(3) 取整梁 AG 为研究对象,画出脱离体图。受力图如图 1.21(d)所示,此时不必将 D 处的约束反力画上,因为对整体而言它是内力。主动力 F_1、F_2,A、C、G 处的约束反力同上。

案例点评

求解该案例时要注意作用力与作用反力是大小相等、方向相反、作用线平行的一对力。

【**例 1-6**】 图 1.22(a)所示的结构由杆 ABC、CD 与滑轮 B 铰接组成。物体重 G,用绳子挂在滑轮上。设杆、滑轮及绳子的自重不计,并不考虑各处的摩擦,试分别画出滑轮 B(包括绳子)、杆 CD、ABC 及整个系统的受力图。

【解】

(1) 以滑轮及绳子为研究对象,画出脱离体图。B 处为光滑铰链约束,杆 ABC 上的铰链销钉对轮孔的约束反力为 F_{Bx}、F_{By};在 E、H 处有绳子的拉力 F_{TE}、F_{TH},如图 1.22(b)所示。在这里显然,$F_{TE}=F_{TH}=G$。

(2) 杆 CD 为二力杆,所以首先对其进行分析。取杆 CD 为研究对象,根据题意分析,CD 杆受拉,在 C、D 处画上拉力 F_D、F_C,且有 $F_D=-F_C$。其受力图如图 1.22(c)所示。

(3) 以杆 ABC(包括销钉)为研究对象,画出脱离体图。其中 A 处为固定铰支座,其约束反力为 F_{Ax}、F_{Ay};在 B 处画上 F'_{Bx}、F'_{By},它们分别与 F_{Bx}、F_{By} 互为作用力与反作用力;在 C 处画上 F'_C,它与 F_C 互为作用力与反作用力。其受力图如图 1.22(d)所示。

(4) 以整个系统为研究对象,画出脱离体图。此时杆 ABC 与杆 CD 在 C 处铰接,滑轮 B 与杆 ABC 在 B 处铰接,这两处的约束反力都为作用力与反作用力,成对出现,在研究整个系统时,属于内力故不必画出。此时,系统所受的力为:主动力(物体重)G,约束反力 F_D、F_{TE}、F_{Ax} 及 F_{Ay}。如图 1.22(e)所示。

案例点评

求解该案例时要注意柔索约束的约束反力为拉力。

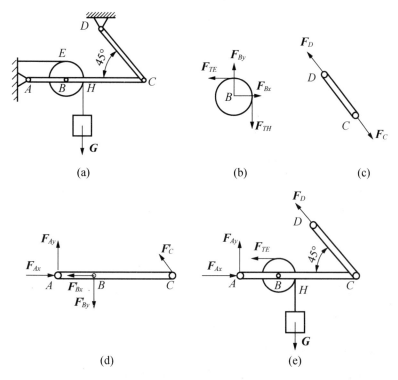

图 1.22　例 1-6 图

1.1.5 结构计算简图与结构受力图绘制

　　力学是一门严谨的理论学科，可以解决自然领域各种各样的力学问题。实际工程结构非常复杂，在结构力学中我们忽略次要的因素保留主要因素利用力学知识对结构进行简化与分析，在对结构进行力学分析与计算前采用简化的图形来代替实际的工程结构，这种简化了的图形称为结构计算简图。例如，在结构计算中某种特定情况下常将框架结构单跨次梁简化为一端为固定铰支座，一端为可动铰支座的简支梁；单跨悬挑梁常简化为一端为固定端支座，一端悬空的悬臂梁。

　　受力图包含三要素：构件、荷载和支座。这三要素在计算中都进行了合理的简化，一般结构都是空间结构，根据其实际的受力情况常简化为平面状态，而对于构件或杆件，由于它们的截面尺寸通常要比其长度小很多，故常用其纵向轴线画成粗实线来表示杆性构件。例如，水平直线代表水平梁，竖直直线代表柱。

　　实际结构受到的荷载，一般是作用在构件内各处的体荷载(如自重)或作用在某一面积的面荷载(如风荷载)，在计算简图中常把它们简化为线性荷载或集中荷载。例如，梁的自重用线性荷载表示，次梁对主梁的作用用集中荷载表示。

　　而结构中的约束(如主梁为次梁的约束)常简化为几种理想支座，如固定铰支座、可动铰支座、固定端支座都是理想的支座。建立结构构件力学简图的目的是对结构进行受力分析。

　　结构受力图是指在结构计算简图的基础上主动力保持不变，将约束转化为约束力的简图，简言之，结构构件上只有外力的存在而没有约束的存在，只是将结构计算简图中的约束由约束反力代替,外力包括结构构件的主动力和约束反力。建立结构构件受力图的目的是进行结构力学计算。

结构计算简图与结构受力图既相联系又相区别,如图1.23所示。

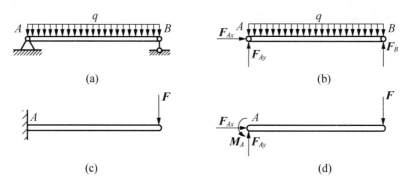

图1.23　结构计算简图与结构受力图

(1) 结构计算简图——用简化了的图形代替实际的工程结构,包含三要素:构件、荷载、约束。例如,图1.23(a)为某简支梁的计算简图,简支梁为水平杆性构件,简支梁上作用有线性荷载q,该简支梁由A固定铰支座和B可动铰支座共同约束;图1.23(c)为某悬臂梁的计算简图,悬臂梁为水平杆性构件,悬臂梁端部作用有集中荷载F,该悬臂梁由A固定端支座约束。

(2) 结构受力图——为了便于进行力学数据计算,将结构构件从周围物体如约束中脱离开来,只画出构件上全部外力的简图,包含三要素:构件、主动力、约束力。例如,图1.23(b)为某简支梁的结构受力图,简支梁为水平杆性构件,简支梁上作用有线性荷载q为主动力,该简支梁的A固定铰支座可表示为作用于该梁上相互垂直的水平约束反力F_{Ax}和竖直约束力F_{Ay},B可动铰支座可表示为作用于该梁上的竖直约束力F_B;图1.23(d)为某悬臂梁的结构受力图,悬臂梁为水平杆性构件,悬臂梁端部作用有集中荷载F为主动力,该悬臂梁的A固定端支座相当于水平约束反力F_{Ax}、竖直约束力F_{Ay}和反力偶M_A。

可见结构计算简图是将工程结构进行理想化假设后的简图,此简化具有科学依据,能够将结构进行力学分析,为了进行力学数据计算,将结构计算简图进一步处理,去掉约束将结构构件置身于只有主动力与约束力等外力的情景,这样的简图为结构受力图。

下面举例说明如何绘制结构计算简图与结构受力图。

【例1-7】　某框架结构中次梁的跨度为6m,该次梁上均匀作用有楼板与其自重共计10kN/m,且该次梁跨中作用有竖直向下的吊灯重30kN,将该梁当作简支梁试画出其结构计算简图与结构受力图。

【解】

(1) 画结构构件,次梁为空间结构水平杆性构件,其长度与截面尺寸相差很大,在平面上画水平线段AB代表次梁结构构件,这样将空间构件简化为了平面线段,该次梁的跨度(及两个支座的距离)为6m,表示该水平线段的长度为6m,如图1.24(a)所示。

(2) 画荷载,该次梁上的楼板与自重是沿着整道次梁的跨度均匀作用,故简化为水平线性均布荷载,其大小为10kN/m,总共作用的范围为6m,次梁跨中作用的竖直向下的吊灯30kN,因吊灯常由吊杆支撑其力的作用面积很小故简化为集中荷载,如图1.24(b)所示。

(3) 画约束，在建筑力学中常将简支梁的约束假定为一端为固定铰支座和一端为可动铰支座，如图 1.24(c)所示。

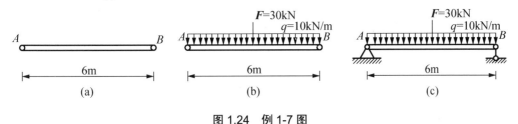

图 1.24　例 1-7 图

(4) 画受力图，结构受力图在结构计算简图的基础上进行绘制，按照受力图的绘制步骤：

第一，取出脱离体次梁，水平线段 AB 代表次梁构件。

第二，照搬次梁上的所有主动力即外荷载，包括线性均布荷载 10kN/m 和集中荷载 30kN。

第三，将约束转化为约束反力，A 为固定铰支座，其约束反力可用通过铰链中心 A 并相互垂直的分力 F_{Ax} 和 F_{Ay} 表示，B 为可动铰支座，其约束反力可用通过铰链中心 B 并与接触面垂直的力 F_B 表示，该次梁的结构受力图如图 1.25 所示。

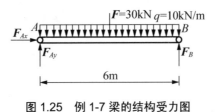

图 1.25　例 1-7 梁的结构受力图

任务 1.2　利用平面力系平衡条件求物体的约束反力

知识导航

1.2.1　力的投影、力矩及力偶

1. 力在平面直角坐标轴上的投影

如图 1.26 所示在 xOy 面内有一个力 F，与 x 轴的夹角为 α，该力分别向 x、y 轴作投影，则线段 ab 与 a′b′ 的长度并冠以正、负号，分别称为 F 在 x 轴或 y 轴上的投影，用 X 或 Y 来表示。当力的始端的投影到终端的投影的方向与投影轴的正向一致时，力的投影取正值；

反之，力的投影取负值。设力 F 与 x 轴的夹角为 α，由图1.26可知：

$$X = F\cos\alpha$$
$$Y = -F\sin\alpha \tag{1-2}$$

一般情况下，若力 F 与 x 轴、y 轴的所夹的锐角分别为 α、β，则力 F 在 x 轴、y 轴上的投影分别为

$$X = \pm F\cos\alpha$$
$$Y = \pm F\cos\beta \tag{1-3}$$

若已知力 F 在坐标轴上的投影 X、Y，也可求出该力的大小和方向。

$$F = \sqrt{X^2 + Y^2}$$
$$\tan\alpha = \left|\frac{Y}{X}\right| \tag{1-4}$$

若将力 F 沿 x、y 轴进行分解，可得分力 F_x 和 F_y。应当注意，力的投影和分力是两个不同的概念：力的投影是标量，它只有大小和正负；而力的分力是矢量，有大小和方向。从图1.26中可见，在直角坐标系中，分力的大小和力在对应坐标轴上投影的绝对值是相同的。

【例1-8】 已知 F_1=200N，F_2=200N，F_3=200N，F_4=200N，各力的方向如图1.27所示，试分别求各力在 x 轴和 y 轴上的投影。

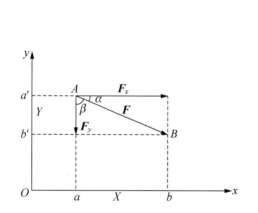

图1.26 力在平面直角坐标轴上的投影

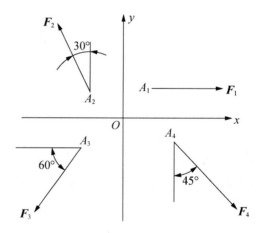

图1.27 例1-8图

【解】

根据式(1-2)或(1-3)，可以求出力在 x 轴和 y 轴上的投影。计算结果见表1-1。

表1-1

力	力在 x 轴上的投影	力在 y 轴上的投影
F_1	$200 \times \cos 0° = 200\text{N}$	$200 \times \sin 0° = 0\text{N}$
F_2	$-200 \times \cos 60° = -100\text{N}$	$200 \times \sin 60° = 100\sqrt{3}\text{N}$
F_3	$-200 \times \cos 60° = -100\text{N}$	$-200 \times \sin 60° = -100\sqrt{3}\text{N}$
F_4	$200 \times \cos 45° = 100\sqrt{2}\text{N}$	$-200 \times \sin 45° = -100\sqrt{2}\text{N}$

案例点评

以上案例中的各力出现在不同的方向上,具有代表性。在求解力的投影时要明确力的投影与坐标轴的正方向的关系,方向一致,力的投影就取正号;反之,取负号。

2. 力矩

一个力作用在具有固定轴的物体上,若力的作用线不通过该轴,物体就会产生转动效果,例如:扳手拧螺母,手推门,摇手柄等。如图1.28所示,扳手拧螺母的转动效果既与力F的大小有关,又与矩心到力的作用线的垂直距离d有关。

因此,用F与d的乘积再冠以适当的正、负号来表示力F使物体绕O点转动的效应,称为力F对O点之矩,简称力矩,以符号$M_O(F)$表示,即

$$M_O(F) = \pm F \cdot d \tag{1-5}$$

O点称为转动中心,简称矩心;矩心O到力作用线的垂直距离d称为力臂;正、负号表示力矩的转向。规定:力使物体绕矩心产生逆时针方向转动时,力矩为正;反之为负。在平面力系中,力矩或为正值,或为负值,因此,力矩可视为代数量。力矩的单位是牛顿·米(N·m)或千牛顿·米(kN·m)。

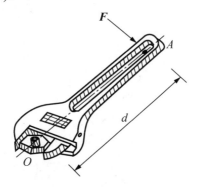

图1.28 扳手拧螺母

 **特别提示**

力矩在下列两种情况下等于零:(1)力等于零;(2)力臂等于零,即力的作用线通过矩心。

合力矩定理(证明从略)。

平面汇交力系的合力对平面内任一点之矩等于该力系中的各分力对同一点之矩的代数和。用式(1-6)表示。

$$M_O(F) = M_O(F_1) + M_O(F_2) + \cdots + M_O(F_N) = \sum M_O(F) \tag{1-6}$$

【例1-9】 图1.29所示,每1m长挡土墙所受土压力的合力为R,其大小为200kN,求土压力R使墙倾覆的力矩。

【解】

土压力R可使挡土墙绕A点倾覆,求R使墙倾覆的力矩,就是求它对A点的力矩。本题土压力R的力臂d求解较麻烦,但如果将R分解为两个分力F_1和F_2,而两分力的力臂是已知的。因此,根据合力矩定理,合力R对A点之矩等于F_1、F_2对A点之矩的代数和。

则计算荷载 R 对 A 点的力矩为

$$M_A(R) = M_A(F_1) + M_A(F_2) = F_1 \cdot \frac{h}{3} - F_2 \cdot b$$
$$= 146.4 \text{kN} \cdot \text{m}$$

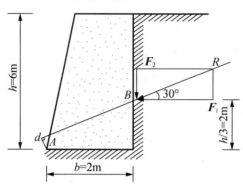

图 1.29　例 1-9 图

【例 1-10】　求图 1.30 各分布荷载对 A 点的力矩。

【解】
沿直线平行分布的线荷载可以合成为一个合力。其合力的大小等于荷载图形围成的面积，合力的方向与分布荷载的方向相同，合力作用线通过荷载图形的形心。根据合力矩定理可知，分布荷载对某点之矩就等于其合力对该点之力矩。

(1) 计算图 1.30(a)均布荷载对 A 点的力矩为

$$M_A(q) = -4 \times 3 \times 1.5 = -18 \text{kN} \cdot \text{m}$$

(2) 计算图 1.30(b)三角形分布荷载对 A 点的力矩为

$$M_A(q) = -\frac{1}{2} \times 2 \times 3 \times 1 = -3 \text{kN} \cdot \text{m}$$

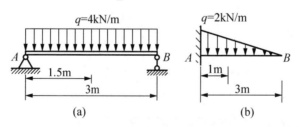

图 1.30　例 1-10 图

由以上两例可知，当合力臂较难求解或遇均布荷载时，应采用合力矩定理求解较为简单。

3．力偶

日常生活中常见大小相等、方向相反、作用线不重合的两个平行力所组成的力系。这种力系只能使物体产生转动效应而不能使物体产生移动效应。例如，司机操纵方向盘[图 1.31(a)]、木工钻孔[图 1.31(b)]、开关自来水龙头或拧钢笔套等。这种大小相等、方向相反、作用线不重合的两个平行力称为力偶，用符号(F, F')表示。力偶的两个力作用线间的垂直距离 d 称为力偶臂，力偶的两个力所构成的平面称为力偶作用面。

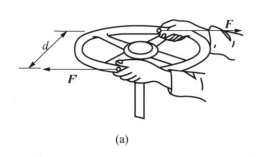
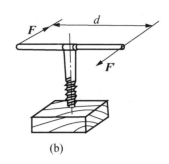

(a)　　　　　　　　　　　(b)

图 1.31　力偶示意

用 F 与 d 的乘积来度量力偶对物体的转动效应，并把这一乘积冠以适当的正负号称为力偶矩，用 $m(F,F')$ 或 m 表示，即

$$m(F,F') = m = \pm F \cdot d \tag{1-7}$$

若力偶使物体作逆时针方向转动时，力偶矩为正，反之为负。在平面力系中，力偶矩是代数量。力偶矩的单位与力矩相同。

力偶的基本性质：

(1) 力偶没有合力，不能用一个力来代替。如图 1.32 所示，由于力偶中的一对力由等值反向的平行力组成，因此力偶在任一轴上的投影都为零，说明力偶不能用一个力来代替，力偶只能和力偶平衡。

(2) 力偶对其作用面内任一点之矩都等于力偶矩，与矩心位置无关。如图 1.33 所示，力偶中的两个力对平面内任意一点 O 的矩：

$$-F(d_1+d_2)+F'd_1 = -Fd_2 = -F'd_2。$$

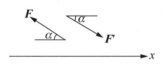

图 1.32　力偶在任一轴的投影　　　　图 1.33　力偶对平面内任一点的矩

(3) 同一平面内的两个力偶，如果它们的力偶矩大小相等、转向相同，这两个力偶等效，称为力偶的等效性，如图 1.34 所示。

从以上性质还可得出以下两个推论。

(1) 在保持力偶矩的大小和转向不变的条件下，力偶可在其作用面内任意移动，而不会改变力偶对物体的转动效应。

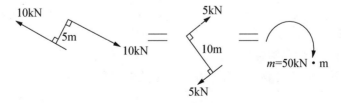

图 1.34　力偶的相同转动效应

(2) 在保持力偶矩的大小和转向不变的条件下，可以任意改变力偶中力的大小和力偶臂的长短，而不改变力偶对物体的转动效应。

力偶对于物体的转动效应完全取决于力偶矩的大小、力偶的转向及力偶作用面，即力偶的三要素。因此，在力学计算中，有时也用一带箭头的弧线表示力偶，如图1.34所示，其中箭头表示力偶的转向，m 表示力偶矩的大小。

作用在同一平面内的一群力偶组成平面力偶系。平面力偶系可以合成为一个合力偶，其力偶矩等于各分力偶矩的代数和。即

$$M = m_1 + m_2 + \cdots + m_n = \sum m_i \tag{1-8}$$

【例1-11】如图1.35所示，在物体的同一平面内受到三个力偶的作用，设 $F_1 = F_1' = 400\text{N}$，$F_2 = F_2' = 400\text{N}$，$m = 250\text{N·m}$，求其合成的结果。

【解】
三个共面力偶合成的结果是一个合力偶，各分力偶矩为

$$m_1 = F_1 \cdot d_1 = 400 \times 1 = 400\text{kN·m}$$

$$m_2 = F_2 \cdot d_2 = 400 \times \frac{0.25}{\sin 30°} = 200\text{kN·m}$$

$$m_3 = -m = -250\text{kN·m}$$

$$M = m_1 + m_2 + m_3 = 400 + 200 - 250 = 350\text{kN·m}$$

即合力偶矩的大小等于 350kN·m，转向为逆时针方向，作用在原力偶系的平面内。

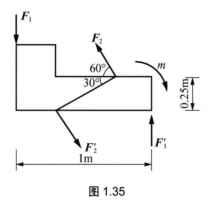

图 1.35

1.2.2 利用平面一般力系的平衡方程求约束反力

如前所述，平面一般力系是指各力的作用线位于同一平面内任意分布的力系(各力既不平行又不汇交于同一点)。

1. 平面一般力系的平衡条件

平面一般力系平衡的必要与充分条件：力系的主矢和力系对平面内任一点的主矩都等于零。即

$$R' = 0，M_O = 0 \tag{1-9}$$

平衡方程的基本形式(一矩式):

$$\left.\begin{array}{l}\sum X = 0\\ \sum Y = 0\\ \sum M_O = 0\end{array}\right\} \quad (1\text{-}10)$$

平面一般力系平衡的必要与充分的解析条件是：力系中所有各力在任意选取的两个坐标轴中的每一轴上投影的代数和分别等于零；力系中所有各力对平面内任一点之矩的代数和等于零。说明物体要平衡就是既不能移动又不能转动。式(1-10)包含两个投影方程和一个力矩方程，故又称一矩式，是平面一般力系平衡方程的基本形式，还可以导出平衡方程的其他两种形式。

二矩式：
$$\left.\begin{array}{l}\sum X = 0\\ \sum M_A = 0\\ \sum M_B = 0\end{array}\right\} \quad (1\text{-}11)$$

式中：x 轴不与 A、B 两点的连线垂直。

三矩式：
$$\left.\begin{array}{l}\sum M_A = 0\\ \sum M_B = 0\\ \sum M_C = 0\end{array}\right\} \quad (1\text{-}12)$$

式中：A、B、C 三点不在同一直线上。

如上所述：平面一般力系有三种形式的平衡方程，它们之间的效果是等价的，至于遇到具体问题时究竟选择哪种形式的平衡式应视具体问题具体分析，总之三个相互独立的方程可以求解三个未知量。选择方程时最好一个方程只包含一个未知量，这样可以避免联立方程求解。

2．平面一般力系平衡方程在结构力学中的应用

结构中的杆件往往受到多个力(即力系)的作用，这些力可以简化为平面力系，其中包含两大主要的力：由外界引起的能够引起结构构件有运动趋势的力为主动力，阻碍主动力引起的运动趋势而限制它运动的力为约束力，主动力往往是已知的，而约束力是未知的，并且约束力随着主动力的变化而变化，但是结构构件在主动力和约束力的共同作用下自身达到了平衡，而平面一般力系平衡的必要与充分条件：力系的主矢和力系对平面内任一点的主矩都等于零。故可以利用这种平衡条件求取约束对结构构件的约束反力，这样就达到了分析清楚结构构件上所有外力数值的目的。

例如，某简支梁的结构计算简图如图 1.36(a)所示，结构受力图如图 1.36(b)所示，该简支梁上的主动力 q 为已知的，而两个支座提供的反力是未知的，但根据整道梁在由主动力与约束力形成的平面力系中已经达到平衡可知，约束力会随着 q 的变化而变化，这样根据一矩式平衡方程求出三个支座反力的具体数值。

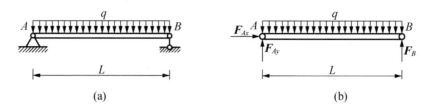

图 1.36 结构计算简图和结构受力图

根据平衡方程的基本形式(一矩式):

$$\left.\begin{array}{l}\sum X = 0\\ \sum Y = 0\\ \sum M_A = 0\end{array}\right\}$$

依次对应三个方程如下:

$F_{Ax}=0$ (X 方向只有一个有力投影的力 F_{Ax},该力的方向为假定,若求出为正则与假定方向相同,否则相反)

$F_{Ay}+F_B-qL=0$ (Y 方向有三个有力投影的力,F_{Ay} 和 F_B 的方向为假定,若求出为正则与假定方向相同,否则相反)

$F_B L - qL \cdot \dfrac{L}{2} = 0$ (在该平面力系中对 A 点取力矩的代数和,力矩逆时针转动为正,顺时针转动为负)

根据这三个平衡方程便可求出三个未知的约束反力,需要注意的是,在计算过程中,由于三个未知力的方向是未知的,故采用了设正法,即在计算中先假定一个方向,若算出来的结果为正则假定的方向成立,否则方向相反。

利用平面一般力系的平衡条件求结构约束反力的步骤如下:

第一,取脱离体,选取需要研究的结构构件。

第二,作结构受力图,结构受力图只需将结构计算简图的约束用约束反力代替,即去掉约束变成约束反力,结构构件与主动力保持不变。

第三,列平衡方程,将结构受力图中的力系代入平衡方程,注意前两个方程中采用的是力的投影,力的方向为假定方向,为了减小计算难度一般来说将力的假定方向定为投影方向的正向,第三个方程是力矩和方程,可以选取结构构件平面中的任一点求力矩的代数和,为了减小计算难度一般来说选取构件上的特殊点,如两个端点或中点即可。

第四,校核,由于第三个方程中可以选取结构平面内任意点求力矩的代数和,当利用三个平衡方程求解出三个未知数后,校核时则选取结构平面内另一点求力矩的代数和校验是否为零,若为零则结果正确,否则需要重新计算。

特别提示

Oxy 直角坐标系,一般假定 x 轴以水平向右为正,y 轴以竖直向上为正;绘制受力图时,支座反力均假定为正方向;求解出支座反力后,应标明其实际受力方向。

下面举例说明平面一般力系平衡条件的应用。

【例 1-12】 如图 1.37(a)所示悬臂梁 AB(一端固定支座，一端自由的梁)受 q=2kN/m，F=5kN 和 m=4 kN·m 作用，梁长 2m，试求 A 端的反力。

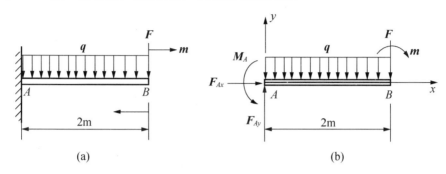

图 1.37 例 1-12 图

【解】

(1) 选择悬臂梁 AB 为研究对象，画脱离体。

(2) 画受力图，悬臂梁受到的主动力有 q，F 和 m，约束反力有 F_{Ax}，F_{Ay} 和 M_A，约束反力的指向均先假设，受力图如图 1.37(b)所示，均布荷载 q 的合力大小为荷载围成的面积，方向与 q 方向相同竖直向下，合力的作用点在梁中点处。

(3) 选取坐标轴，如图 1.37(b)所示，取矩点选在未知力的交点 A 处。

(4) 列平衡方程，求解未知量。

$$\sum X = 0 \qquad F_{Ax} = 0 \qquad (1)$$

$$\sum Y = 0 \qquad F_{Ay} - F - q \times 2 = 0 \qquad (2)$$

$$\sum M_A = 0 \qquad M_A - q \times 2 \times 1 - F \times 2 - m = 0 \qquad (3)$$

由方程(1) 得：F_{Ax}=0kN

由方程(2) 得：F_{Ay}=9kN(↑)

由方程(3) 得：M_A=18kN·m(↺)

(5) 校核。校核各力对 B 点矩的代数和是否为零。即

$$\sum M_B = M_A - F_{Ay} \times 2 + q \times 2 \times 1 - m = 18 - 9 \times 2 + 2 \times 2 \times 1 - 4 = 0 \text{ kN·m}$$

说明计算无误。

【例 1-13】 如图 1.38(a)所示的钢筋混凝土刚架的计算简图，其左侧面受到一水平推力 F=10kN，刚架顶上作用有均布荷载，荷载集度 q=5kN/m，忽略刚架自重，试求 A、B 支座的约束反力。

【解】

(1) 选择刚架为研究对象，画脱离体。

(2) 画受力图，刚架受到的主动力有集中力 F 和均布荷载 q，约束反力有 F_A，F_{Bx}，F_{By}，指向均先假设，受力图如图 1.38(b)所示，均布荷载的合力大小为荷载围成的面积，方向与 q 方向相同竖直向下，合力的作用点在刚架顶中点处。

(3) 选取坐标轴，为避免联立方程，坐标轴尽量与未知力垂直，如图 1.38(b)所示。取矩点选未知力 F_A，F_{Bx} 的交点 A 点。[当然取矩点也可选 B 点(F_{Bx}，F_{By} 的交点)]

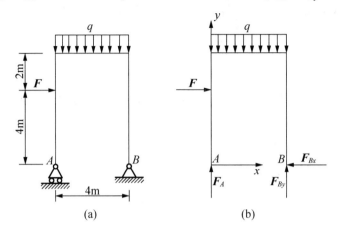

图 1.38 例 1-13 图

(4) 列平衡方程，求解未知量。

$$\sum X = 0 \qquad F - F_{Bx} = 0 \qquad (1)$$

$$\sum Y = 0 \qquad F_A + F_{By} - q \times 4 = 0 \qquad (2)$$

$$\sum M_A = 0 \qquad -F \times 4 - q \times 4 \times 2 + F_{By} \times 4 = 0 \qquad (3)$$

由方程(1)得：F_{Bx}=10kN(←)

由方程(3)得：F_{By}=20kN(↑)

将 F_{By} 代入式(2)得：F_A=0kN

(5) 校核。力系既然平衡，我们可以用其他的平衡方程来校核计算有无错误。本例校核各力对 B 点矩的代数和是否为零。即

$$\sum M_B = -F_A \times 4 - F \times 4 + q \times 4 \times 2 = 0 - 10 \times 4 + 5 \times 4 \times 2 = 0 \text{ kN·m}$$

说明计算无误。

1.2.3 利用平面汇交力系、平面平行力系、平面力偶系的平衡条件求约束反力

1．平面汇交力系平衡的条件

前述图 1.2(a)即为平面汇交力系，其合力的大小为

$$R = \sqrt{R_X^2 + R_Y^2} = \sqrt{(\sum X)^2 + (\sum Y)^2} \qquad (1\text{-}13)$$

式(1-13)中 $(\sum X)^2$ 和 $(\sum Y)^2$ 恒为正值，所以，要使 $R=0$，$\sum X$ 和 $\sum Y$ 就必须同时等于零。即

$$\left. \begin{array}{l} \sum X = 0 \\ \sum Y = 0 \end{array} \right\} \qquad (1\text{-}14)$$

因此，平面汇交力系平衡的必要与充分的条件：力系中各分力在任意两个坐标轴上投影的代数和分别等于零。这时，方程组有两个独立的方程，可以求解两个未知量。

下面举例说明平面汇交力系平衡条件的应用。

【例1-14】 一物体重 G=50kN，用不可伸长的柔索 AB 和 BC 悬挂于如图1.39(a)所示的平衡位置，设柔索重量不计，AB 与铅垂线的夹角 α=30°，BC 水平。分别用几何法和解析法求柔索 AB 和 BC 的拉力。

【解】

(1) 取重物为研究对象，画受力图。根据柔索约束的特点，分析其受拉。

(2) 建立直角坐标系 xOy，如图1.39(b)所示，分析本例属于三力汇交平衡力系(力的多边形如图1.39(c)所示。列平衡方程求解未知力 T_{BA}、T_{BC}。

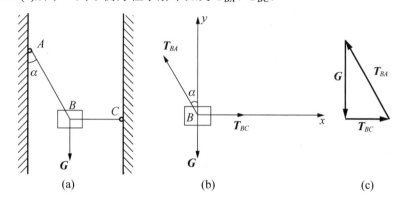

图 1.39 例 1-14 图

$$\sum X = 0 \qquad T_{BC} - T_{BA}\sin 30° = 0$$
$$\sum Y = 0 \qquad T_{BA}\cos 30° - G = 0$$

得
$$T_{BC} = 28.87 \text{ kN}$$
$$T_{BA} = 57.74 \text{ kN}$$

求出是正值表示实际受力方向与假设一致，确实受拉。

2．平面平行力系平衡的条件

平面平行力系是平面一般力系的一种特殊情况(图1.40)，设物体受平面平行力系 F_1、$F_2 \cdots F_n$ 的作用。如选取 x 轴与各力垂直，则不论力系是否平衡，每一个力在 x 轴上的投影恒等于零，即 $\sum X = 0$。于是，平面平行力系只有两个独立的平衡方程，即

$$\left. \begin{array}{l} \sum Y = 0 \\ \sum M_O = 0 \end{array} \right\} \tag{1-15}$$

现举例说明平面平行力系平衡条件的应用。

【例1-15】 伸臂梁 AD，设重量不计，受力情况如图1.41(a)所示，已知 q=10kN/m，F=20kN，试求支座反力。

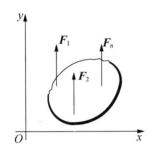
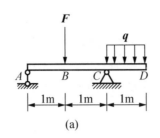
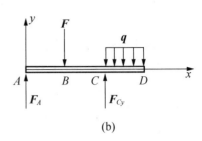

图1.40 平面平行力系   图1.41 例1-15图

【解】

(1) 选择伸臂梁 AD 为研究对象，画脱离体。

(2) 画受力图，主动力有 q 和 F，约束反力有 F_A 和 F_{Cy}，而 F_{Cx} 显然为零，可不画。约束反力的指向均先假设，受力图如图1.41(b)所示，均布荷载 q 的合力大小为荷载围成的面积，方向与 q 方向相同竖直向下，合力的作用点在 CD 中点处。

(3) 选取坐标轴，如图 1.41(b)所示，所有力的作用线都沿竖直方向，故该力系属于平面平行力系。取矩点选未知力的交点 A 点。

(4) 列平衡方程，求解未知量。

$$\sum Y = 0 \qquad F_A + F_{Cy} - q \times 1 - F = 0 \qquad (1)$$

$$\sum M_A = 0 \qquad -F \times 1 - q \times 1 \times 2.5 + F_{Cy} \times 2 = 0 \qquad (2)$$

由方程(2)得：$F_{Cy}=22.5\text{kN}(\uparrow)$

将 F_{Cy} 代入方程(1)得：$F_A=7.5\text{kN}(\uparrow)$

(5) 校核。校核各力对 C 点矩的代数和是否为零。即

$$\sum M_C = -F_A \times 2 + F \times 1 - q \times 1 \times 0.5 = -15 + 20 - 5 = 0 \text{ kN}\cdot\text{m}$$

说明计算无误。

3. 平面力偶系平衡的条件

平面力偶系可以合成为一个合力偶，当合力偶矩等于零时，则力偶系中的各力偶对物体的转动效应相互抵消，物体处于平衡状态。因此，平面力偶系平衡的必要和充分条件是：力偶系中所有各力偶矩的代数和等于零。用式子表示为

$$\sum M = 0 \qquad (1\text{-}16)$$

现举例说明平面力偶系平衡条件的应用。

【例1-16】 在梁 AB 的两端各作用一力偶，其力偶矩的大小分别为 $m_1 = 100\text{kN}\cdot\text{m}$，$m_2 = 300\text{kN}\cdot\text{m}$，转向如图1.42(a)所示。梁跨度 $l=4\text{m}$，重量不计。求 A、B 处的支座反力。

【解】

取梁 AB 为研究对象，作用在梁上的力有两个已知力偶 m_1、m_2 和支座 A、B 的反力 F_A、F_B。B 为可动铰支座，其反力 F_B 的方位铅垂，指向假定向上。A 为固定铰支座，其反力 F_A 的方向本属于不确定的，但因梁上只受力偶作用，故 F_A 必须与 F_B 组成一个

力偶才能与梁上的力偶平衡，所以 F_A 的方向假定向下，受力图如图 1.42(b)所示，列平衡方程：

$$\sum Y = 0 \quad -F_A + F_B = 0$$
$$\sum m_B = 0 \quad m_1 - m_2 + F_A \cdot l = 0$$

代入解得 $\quad F_A = 50 \text{ kN}(\downarrow) \quad F_B = 50 \text{ kN}(\uparrow)$

求得的结果为正值，说明力的假设方向和实际相同。

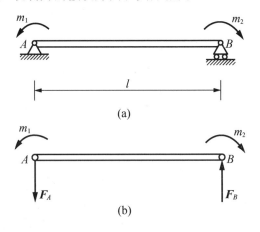

图 1.42　例 1-16 图

任务 1.3　杆件的内力

固体材料在外力作用下都会或多或少地产生变形，这些固体材料称为变形固体。变形固体在外力作用下会产生两种不同性质的变形：一种是当外力消除时，变形也随着消失，这种变形称为弹性变形；另一种是外力消除后，变形不能全部消失而留有残余，这种不能消失的残余变形称为塑性变形。一般情况下，物体受力后，既有弹性变形，又有塑性变形。只有弹性变形的物体称为理想弹性体。只产生弹性变形的外力范围称为弹性范围。

大多数构件在外力作用下产生变形后，其几何尺寸的改变量与构件原始尺寸相比是极其微小的，我们称这类变形为小变形。由于变形很微小，我们在研究构件的平衡问题时，就可采用构件变形前的原始尺寸进行计算。本书把组成构件的各种固体视为变形固体，主要研究基本杆件的内力问题。

知识导航

1.3.1 杆件变形的基本形式

1．杆件

所谓杆件，是指长度远大于其他两个方向尺寸的构件。横截面是与杆长方向垂直的截面，而轴线是各截面形心的连线。各截面相同、且轴线为直线的杆，称为等截面直杆，如图 1.43 所示。

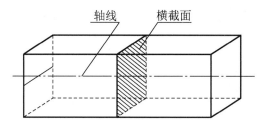

图 1.43 等截面直杆

2．杆件变形的基本形式

(1) 轴向拉伸和压缩。在一对大小相等、方向相反，作用线与杆轴线相重合的外力作用下，杆件将发生长度的改变(伸长或缩短)。轴向受拉的杆件称为拉杆，轴向受压的杆件称为压杆，如图 1.44(a)所示。

(2) 剪切。在一对相距很近、大小相等、方向相反的横向外力作用下，杆件的横截面将沿外力方向发生错动。如铆钉、螺栓等连接件会受剪切变形，如图 1.44(b)所示。

(3) 扭转。在一对大小相等、方向相反、位于垂直于杆轴线的两平面内的力偶作用下，杆的任意两横截面将绕轴线发生相对转动，如图 1.44(c)所示。

(4) 弯曲。在一对大小相等、方向相反、位于杆的纵向平面内的力偶作用下，杆件的轴线由直线弯成曲线。以弯曲变形为主要变形的杆件称为受弯构件或梁式杆，水平或倾斜放置的梁式杆简称为梁，如图 1.44(d)所示。

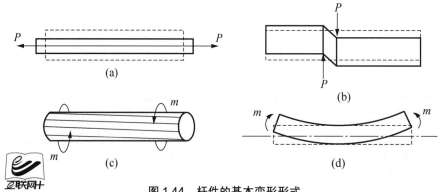

图 1.44 杆件的基本变形形式

而由上述两种或两种以上基本变形组成的复杂变形称为组合变形，在本书中不详述。

3. 平面杆系结构的基本形式

杆系结构是指由若干杆件所组成的结构，也称为杆件结构。按照空间观点，杆系结构又可以分为平面杆系结构和空间杆系结构。凡是组成结构的所有杆件的轴线和作用在结构上的荷载都位于同一平面内，这种结构称为平面杆系结构；如果组成结构的所有杆件的轴线或作用在结构上的荷载不在同一平面内，这种结构即为空间杆系结构。本书主要研究和讨论平面杆系结构，其常见的形式可以分为以下几种：

(1) 梁。梁是一种最常见的结构，其轴线常为直线，有单跨以及多跨连续等形式，如图1.45(a)所示。

(2) 刚架。刚架是由直杆组成，各杆主要受弯曲变形，节点大多数是刚性节点，也可以有部分铰节点，如图1.45(b)所示。

(3) 拱。拱的轴线是曲线，这种结构在竖向荷载作用下，不仅产生竖向反力，还产生水平反力。在一定的条件下，拱能以压缩变形为主，各截面主要产生轴力，如图1.45(c)所示。

(4) 桁架。桁架由直杆组成，各节点都假设为理想的铰接点，荷载作用在节点上，各杆只产生轴力，如图1.45(d)所示。

(5) 组合结构。这种结构中，一部分是桁架杆件只承受轴力，而另一部分杆件则是梁或刚架杆件，即受弯杆件，也就是说，这种结构由两种结构组合而成，如图1.45(e)所示。

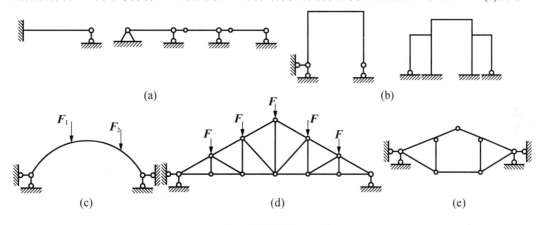

图 1.45 平面杆系的基本形式

1.3.2 内力和应力

1. 内力的概念

杆件在外力作用下产生变形，从而杆件内部各部分之间就产生相互作用力，这种由外力引起的杆件内部之间的相互作用力，称为内力。

2. 应力

将内力在一点处的分布集度，称为应力。为了分析图1.46(a)所示截面上任意一点E处的应力，围绕E点取一微小面积ΔA，作用在微小面积ΔA上的合内力记为$\Delta \boldsymbol{P}$，则比值

$$p_m = \frac{\Delta P}{\Delta A} \tag{1-17}$$

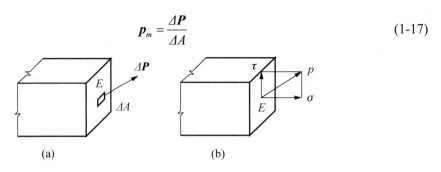

图 1.46

式(1-17)中 p_m 为 ΔA 上的平均应力。平均应力不能精确地表示 E 点处的内力分布集度。当 ΔA 无限趋近于零时，平均应力 p_m 的极限值 p 才能表示 E 点处的内力集度，即

$$p = \lim_{\Delta A \to 0} \frac{\Delta P}{\Delta A} = \frac{\mathrm{d}P}{\mathrm{d}A} \tag{1-18}$$

式(1-18)中 p 称为 E 点处的应力。

应力 p 的方向与截面既不垂直也不相切。通常将应力 p 分解为与截面垂直的法向分量 σ 和与截面相切的切向分量 τ。垂直于截面的应力分量 σ 称为正应力或法向应力；相切于截面的应力分量 τ 称为切应力或切向应力(剪应力)。

应力的单位为 Pa，常用单位是 MPa 或 GPa。单位换算为

$$1\text{Pa} = 1\,\text{N/m}^2$$
$$1\text{kPa} = 10^3\,\text{Pa}$$
$$1\text{MPa} = 10^6\,\text{Pa} = 1\,\text{N/mm}^2$$
$$1\text{GPa} = 10^9\,\text{Pa}$$

能力导航

1.3.3 截面法

研究杆件内力常用的方法是截面法。截面法是假想地用一平面将杆件在需求内力的截面截开，将杆件分为两部分；取其中一部分作为研究对象，此时，截面上的内力被显示出来，变成研究对象上的外力；再由平衡条件求出内力。

用截面法计算内力一般可归纳为以下几个步骤。

(1) 截。假想地沿待求内力所在截面将杆件截开成两部分。

(2) 取。完整地取截开后的任一部分作为研究对象。

(3) 代。画出保留部分的受力图，其中要把弃去部分对保留部分的作用以截面上的内力代替。

(4) 平衡。列出研究对象的平衡方程，计算内力的大小和方向。

在用截面法求解杆件任一横截面上的内力分量时，若内力分量的方向不易判断，则一般采用设正法，即按正方向假设，若最后求得的内力分量为正号，则表示实际内力分量的方向与假设方向一致(为正)，若最后求得的内力分量为负号，则表示实际内力分量的方向

与假设方向相反(为负)。截面法的具体应用详见本项目任务 1.4 和任务 1.5 的介绍。

特别提示

用截面法求解杆件内力时，轴力、剪力、弯矩均假设为正。

任务 1.4 轴向拉压杆的内力和内力图绘制

知识导航

1.4.1 轴力与轴力图

1. 轴力

如前所述桁架的竖杆、斜杆和上下弦杆，作用在这些杆上外力的合力作用线与杆轴线重合。在这种受力情况下，杆所产生的变形主要是轴向伸长或缩短。产生轴向拉伸或压缩的杆件称为拉杆或压杆，如图 1.47 所示。轴向拉伸或压缩的杆件的内力称为轴力。

图 1.48(a)所示为一等截面直杆受轴向外力作用，产生轴向拉伸变形。现用截面法分析 $m—m$ 截面上的内力。用假想的横截面将杆在 $m—m$ 截面处截开分为左、右两部分，取左部分为研究对象如图 1.48(b)所示，左右两段杆在横截面上相互作用的内力是一个分布力系，其合力为 N。由于整根杆件处于平衡状态，所以左段杆也应保持平衡，由平衡条件 $\sum X = 0$ 可知，$m—m$ 横截面上分布内力的合力 N 必然是一个与杆轴相重合的内力，且 $N=F$，其指向背离截面。同理，若取右段为研究对象如图 1.48(c)所示，可得出同样的结果。

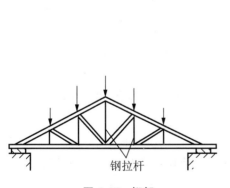

图 1.47 桁架

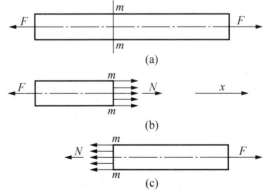

图 1.48 轴向拉压杆的内力和应力

对于压杆，也可通过上述方法求得其任一横截面上的内力 N，但其指向为沿着截面的法线指向截面。

将作用线与杆件轴线相重合的内力,称为轴力,用符号 N 表示,沿着截面的法线背离截面的轴力,称为拉力;反之称为压力。轴力的正负号规定:轴向受拉为正,轴向受压为负。轴力的单位为 N 或 kN。

2．轴力图

将表明沿杆长各个横截面上轴力变化规律的图形,称为轴力图。画轴力图时,将正值的轴力画在轴线上方,负值的轴力画在轴线下方,零值的轴力沿杆轴画。

3．轴向拉压杆的应力

轴向拉压杆横截面上的内力是均匀分布的,也就是横截面上各点的应力相等。由于拉压杆的轴力是垂直于横截面的,故与它相应的分布内力也必然垂直于横截面,由此可知,轴向拉压杆横截面上只有正应力,而没有剪应力。由此可得结论:轴向拉伸时,杆件横截面上各点处只产生正应力,且大小相等,即

$$\sigma = \frac{N}{A} \tag{1-19}$$

式中:σ——杆件横截面上的正应力;

N——杆件横截面上的轴力;

A——杆件的横截面面积。

当杆件轴向受压缩时,正应力也随轴力 N 而有正负之分,即拉应力为正,压应力为负。

能力导航

1.4.2 截面法求轴向拉压杆的轴力及绘制轴力图

求解轴向拉压杆上任意截面的轴力可采用截面法,用截面法计算轴力的步骤一般可归纳如下:

(1) 截。在所要求取轴力的位置将杆件假想地截开。

(2) 取。完整地取截开后的任一部分作为研究对象,若是水平杆可完整地取左边或右边。

(3) 代。画出保留部分的受力图,在截开的位置画上轴力代替。

(4) 平衡。列出研究对象的平衡方程,利用平衡方程求出内力的大小和方向。

下面举例说明如何利用截面法求轴向拉压杆的轴力和画内力图。

【例 1-17】 已知 F_1=10kN,F_2=20kN,F_3=30kN,F_4=40kN,试画出图 1.49(a)所示杆件的内力图。

【解】

首先分析该杆是轴向拉压杆(杆是直杆且外力都沿杆轴作用),取整根杆件为研究对象,列平衡方程即可求解。本例较简单可以不求支座反力。

(1) 计算各段杆的轴力[图 1.49(c)]。为保证一致,在假设截面轴力指向时,一律假设先受拉(正号)。如果计算结果为正值,表示实际指向与假设指向相同,即内力为拉力,反之,表示实际指向与假设指向相反,即内力为压力。

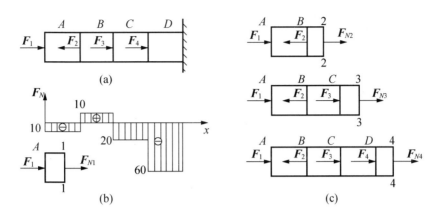

图 1.49 例 1-17 图

AB 段：用 1—1 截面将 AB 段切开，取左段分析，用 F_{N1} 表示截面上的轴力，列平衡方程为

$$\sum X = 0$$
$$F_1 + F_{N1} = 0$$

得
$$F_{N1} = -F_1 = -10\,\text{kN}(压)$$

BC 段：用 2—2 截面将 BC 段切开，取左段分析，用 F_{N2} 表示截面上的轴力，列平衡方程为

$$\sum X = 0$$
$$F_1 - F_2 + F_{N2} = 0$$

得
$$F_{N2} = F_2 - F_1 = 10\,\text{kN}(拉)$$

CD 段：用 3—3 截面将 CD 段切开，取左段分析，用 F_{N3} 表示截面上的轴力，列平衡方程为

$$\sum X = 0$$
$$F_1 - F_2 + F_3 + F_{N3} = 0$$

得
$$F_{N3} = F_2 - F_1 - F_3 = -20\,\text{kN}(压)$$

DE 段：用 4—4 截面将 DE 段切开，取左段分析，用 F_{N4} 表示截面上的轴力，列平衡方程为

$$\sum X = 0$$
$$F_1 - F_2 + F_3 + F_4 + F_{N4} = 0$$

得
$$F_{N4} = F_2 - F_1 - F_3 - F_4 = -60\,\text{kN}(压)$$

(2) 画轴力图。

以平行于杆轴的 x 轴为横坐标，垂直于杆轴的 F_N 轴为纵坐标，按比例将各段计算各段杆的轴力画在坐标图上，并在受拉区标正号，受压区标负号，画出轴力图如图 1.49(b)所示。

案例点评

不难看出：AB 段任一截面的轴力与 1—1 截面上的轴力相等，BC 段任一截面的轴力与 2—2 截面上的轴力相等，BC、CD 段同理如此。

【例 1-18】 试画出图 1.50(a)所示阶梯柱的轴力图并求 AB、BC 段的应力,已知 F=80kN,A_{AB}=1000mm², A_{BC}=2000mm²。

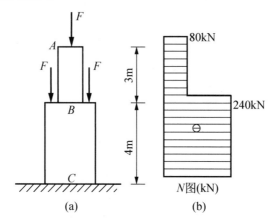

图 1.50 阶梯柱

【解】
(1) 求各段柱的轴力
$$N_{AB} = -F = -80 \text{ kN}(压)$$
$$N_{BC} = -3F = -240 \text{ kN}(压)$$

(2) 画轴力图
根据上面求出各段柱的轴力并画出阶梯柱的轴力图,如图 1.50(b)所示。

(3) 求各段的应力
$$\sigma_{AB} = \frac{N_{AB}}{A_{AB}} = \frac{-80 \times 10^3}{1000} = -80 \text{MPa}$$
$$\sigma_{BC} = \frac{N_{BC}}{A_{BC}} = \frac{-240 \times 10^3}{2000} = -120 \text{MPa}$$

1.4.3 技巧法作轴力图(只有集中荷载且杆件水平)

就水平构件:从左向右绘制轴力图,从起点的杆轴开始画,遇到水平向左的力往上画力的大小(受拉),遇到水平向右的力往下画力的大小(受压),无荷载段水平画,最后能够回到终点的杆轴,表明绘制正确。

【例 1-19】 画出图 1.51(a)所示杆件的内力图。
【解】
(1) 分析该杆件属于轴向拉压杆,沿取 A 点为坐标原点,建立坐标系,以平行于杆轴的 x 轴为横坐标,垂直于杆轴的 F_N 轴为纵坐标。
(2) 从起点 A 的杆轴开始,首先遇到水平向右的力 10kN,因此往下画 10kN(按比例),AB 段无荷载沿杆轴画(水平画),到 B 点遇到水平向左的力 30kN,往上画力的大小 30kN,值为正的 20kN,BC 段无荷载沿杆轴画(水平画),到 C 点遇到水平向右的力 20kN,往下画力的大小 20kN，回到杆轴的零值，CD 段同样无荷载沿杆轴画(水平画)，到 D 点遇到水平向右的力 40kN，往下画力的大小 40kN，值为负的 40kN，DE 段同样水平画，最后在 E 点遇到水平向左的力 40kN，往上画力的大小 40kN，刚好回到终点 E 的杆轴，表明轴力图(N 图)绘制正确。轴力图如图 1.51(b)所示。

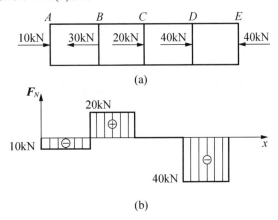

图 1.51　例 1-19 图

【例 1-20】　画出图 1.52(a)所示杆件的内力图。

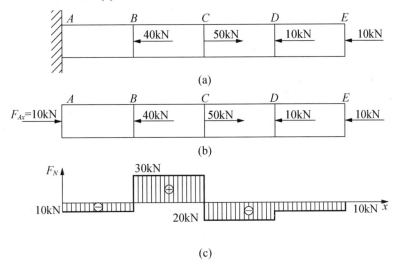

图 1.52　例 1-20 图

【解】

(1) 分析该杆件属于轴向拉压杆，该杆只沿着轴线有外力的作用，A 点为固定端支座，需求出该固定端支座的反力 F_{Ax}=10kN，作出该轴向拉压杆的受力图如图 1.52(b)所示。

(2) 沿取 A 点为坐标原点，建立坐标系，以平行于杆轴的 x 轴为横坐标，垂直于杆轴的 F_N 轴为纵坐标。

(3) 从起点 A 的杆轴开始，首先遇到水平向右的力 10kN，因此往下画 10kN(按比例)，AB 段无荷载沿杆轴画(水平画)，到 B 点遇到水平向左的力 40kN，往上画力的大小 40kN，值为正的 30kN，BC 段无荷载沿杆轴画(水平画)，到 C 点遇到水平向右的力 50kN，往下画力的大小 50kN，值为负的 20kN，CD 段无荷载沿杆轴画(水平画)，到 D 点遇到水平向左的力 10kN，往上画力的大小 10kN，值为负的 10kN，DE 段同样水平画，最后在 E 点遇到水平向左的力 10kN，往上画力的大小 10kN，刚好回到终点 E 的杆轴，表明轴力图(N 图)绘制正确。轴力图如图 1.52(c)所示。

任务 1.5　单跨静定梁的内力和内力图绘制

如前所述，当杆件受到垂直于杆轴的外力作用或在纵向平面内受到力偶作用[图 1.53(a)]时，杆轴由直线弯成曲线，这种变形称为弯曲。以弯曲变形为主的杆件称为梁。例如房屋建筑中的楼面梁和阳台挑梁，受到楼面荷载和梁自重的作用，将发生弯曲变形，如图 1.53(b)所示。

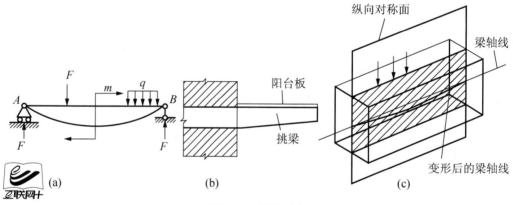

图 1.53　梁的受力

工程中常见的梁，其横截面往往有一根对称轴，这根对称轴与梁轴线所组成的平面，称为纵向对称平面[图 1.53(c)]。如果作用在梁上的外力(包括荷载和支座反力)和外力偶都位于纵向对称平面内，梁变形后，轴线将在此纵向对称平面内弯曲。这种梁的弯曲平面与外力作用平面相重合的弯曲，称为平面弯曲。平面弯曲是一种最简单，也是最常见的弯曲变形，本节将主要讨论等截面单跨直梁的内力的求解。

知识导航

1.5.1　单跨静定梁基本形式与内力

1. 单跨静定梁的基本形式

工程中对于单跨静定梁按其支座情况分为下列三种形式。

(1) 悬臂梁——梁的一端为固定端，另一端为自由端，如图1.54(a)所示。
(2) 简支梁——梁的一端为固定铰支座，另一端为可动铰支座，如图1.54(b)所示。
(3) 外伸梁——梁的一端或两端伸出支座的简支梁，如图1.54(c)所示。

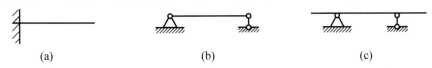

图1.54 单跨静定梁的形式

2. 剪力和弯矩

图1.55(a)所示为一简支梁，荷载 F 和支座反力 F_{Ay}、F_B 是作用在梁的纵向对称平面内的平衡力系。现用截面法分析任一截面 $m—m$ 上的内力。假想将梁沿 $m-m$ 截面分为两部分，取左段为研究对象，从图1.55(b)可见，因有支座反力 F_{Ay} 作用，为使左段满足 $\sum Y = 0$，截面 $m—m$ 上必然有与 F_{Ay} 等值、平行且反向的内力 F_Q 存在，这个内力 F_Q 称为剪力；同时，因 F_A 对截面 $m—m$ 的形心点有一个力矩 $F_{Ay} \cdot a$ 的作用，为满足矩的平衡，截面 $m—m$ 上也必然有一个与力矩 $F_{Ay} \cdot a$ 大小相等且转动相反的内力偶矩 M 存在，这个内力偶矩 M 称为弯矩。由此可知，梁发生弯曲时，横截面上同时存在着两个内力，即剪力 F_Q 和弯矩 M。

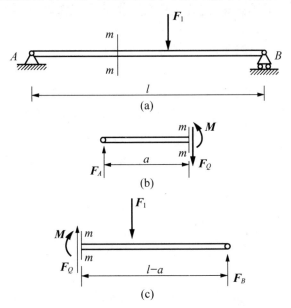

图1.55 梁的剪力和弯矩

剪力的常用单位为 N 或 kN，弯矩的常用单位为 N·m 或 kN·m。剪力和弯矩的大小，可由左段梁的静力平衡方程求得，即

$$\sum Y = 0, \text{可得} F_{Ay} - F_Q = 0, \quad F_Q = F_{Ay}$$
$$\sum M_{m-m} = 0, \text{可得} -F_{Ay} \cdot a + M = 0, \quad M = F_{Ay} \cdot a$$

如取右段梁作为研究对象，同样可求得截面 $m—m$ 上的 F_Q 和 M，根据作用与反作用力的关系，它们与从左段梁求出 $m—m$ 截面上的 F_Q 和 M 大小相等，方向相反，如图1.55(c)所示。

3. 剪力和弯矩的正、负号规定

(1) 剪力的正负号：使梁段有顺时针转动趋势的剪力为正，反之为负，如图 1.56(a)、(b) 所示。

(2) 使梁段产生下侧受拉的弯矩为正，反之为负，如图 1.56(c)、(d)所示。

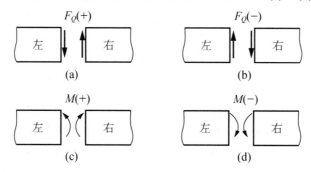

图 1.56　剪力和弯矩的正负号规定

1.5.2 利用截面法求单跨静定梁上指定截面的剪力和弯矩的内力

用截面法求指定截面上的剪力和弯矩的步骤如下：

(1) 计算支座反力；

(2) 用假想的截面在需求内力处将梁截成两段，取其中任一段为研究对象；

(3) 画出研究对象的受力图(截面上的 F_Q 和 M 都先假设为正的方向)；

(4) 建立平衡方程，解出内力。

求解悬臂梁截面内力时无须计算支座反力。

【例 1-21】 简支梁如图 1.57(a)所示。已知 F_1=18kN，试求 1—1，2—2，3—3 截面上的剪力和弯矩。

【解】

(1) 求支座反力，考虑梁的整体平衡，列平衡方程为

$$\sum M_A = 0 \quad -F_1 \times 1 - F_1 \times 4 + F_B \times 6 = 0$$

$$\sum M_B = 0 \quad -F_{Ay} \times 6 + F_1 \times 5 + F_1 \times 2 = 0$$

得

$$F_B = 15 \text{kN} (\uparrow)$$

$$F_{Ay} = 21 \text{kN} (\uparrow)$$

校核

$$\sum Y = F_{Ay} + F_B - 2F_1 = 21 + 15 - 2 \times 18 = 0$$

(2) 求 1—1 截面内力

在 1—1 截面将 AB 梁切开，取左段分析，画受力图 1.57(b)，F_{Q1}、M_1 都先按正方向假

设，列平衡方程为

$$\sum Y = 0 \qquad F_{Ay} - F_1 - F_{Q1} = 0$$

$$\sum M_1 = 0 \qquad -F_{Ay} \times 2 + F_1 \times 1 + M_1 = 0$$

得

$$F_{Q1} = 3 \text{ kN}$$

$$M_1 = 24 \text{ kN·m}$$

求得的均为正值，表示 1—1 截面上内力的实际方向与假设方向相同。

(3) 求 2—2 截面内力

在 2—2 截面将 AB 梁切开，取左段分析，画受力图 1.57(c)，F_{Q2}、M_2 都先按正方向假设，列平衡方程为

$$\sum Y = 0 \qquad F_{Ay} - F_1 - F_{Q2} = 0$$

$$\sum M_2 = 0 \qquad -F_{Ay} \times 4 + F_1 \times 3 + M_2 = 0$$

得

$$F_{Q2} = 3 \text{ kN}$$

$$M_2 = 30 \text{ kN·m}$$

求得的均为正值，表示 2—2 截面上内力的实际方向与假设方向相同。

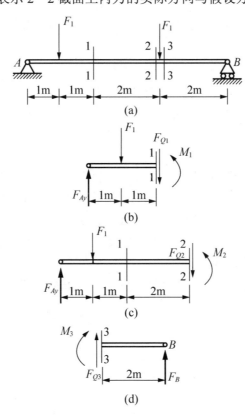

图 1.57　例 1-21 图

(4) 求 3—3 截面内力

在 3—3 截面将 AB 梁切开，取右段分析，画受力图 1.57(d)，F_{Q3}、M_3 都先按正方向假

设，列平衡方程为

$$\sum Y = 0 \quad F_B + F_{Q3} = 0$$
$$\sum M_3 = 0 \quad F_B \times 2 - M_3 = 0$$

得

$$F_{Q3} = -15 \text{ kN}$$
$$M_3 = 30 \text{ kN} \cdot \text{m}$$

求得的 F_{Q3} 为负值，表示 3—3 截面上剪力的实际方向与假设方向相反，M_3 为正值，表示 3—3 截面上弯矩的实际方向与假设方向相同。

1.5.3 利用剪力方程和弯矩方程绘制剪力图和弯矩图

为了计算梁的强度和刚度问题，除了要计算指定截面的剪力和弯矩外，还必须知道剪力和弯矩沿梁轴线的变化规律，从而找到梁内剪力和弯矩的最大值以及它们所在的截面位置。可用剪力方程和弯矩方程来解决此问题。

1. 剪力方程和弯矩方程

从【例 1-21】可以看出，梁内各截面上的剪力和弯矩一般随截面的位置而变化。若横截面的位置用沿梁轴线的坐标 x 来表示，则各横截面上的剪力和弯矩都可以表示为坐标 x 的函数，即

$$F_Q = F_Q(x) \tag{1-20}$$
$$M = M(x) \tag{1-21}$$

以上两个函数式表示梁内剪力和弯矩沿梁轴线的变化规律，分别称为剪力方程和弯矩方程。

2. 剪力图和弯矩图

为了形象地表示剪力和弯矩沿梁轴线的变化规律，可以根据剪力方程和弯矩方程分别绘制剪力图和弯矩图。以沿梁轴线的横坐标 x 表示梁横截面的位置，以纵坐标表示相应横截面上的剪力或弯矩，在土建工程中，习惯上把正的剪力画在 x 轴上方，负剪力画在 x 轴下方，如图 1.58(a)所示；而把弯矩图画在梁的受拉的一侧，即正弯矩画在 x 轴下方，负弯矩画在 x 轴上方，如图 1.58(b)所示。

【例 1-22】 简支梁受集中力作用如图 1.59 所示，试画出梁的剪力图和弯矩图。

【解】

(1) 根据整体平衡条件求支座反力

$$\sum X = 0 \quad F_{Ax} = 0 \tag{1}$$
$$\sum M_B = 0 \quad F_{Ay} = \frac{Fb}{l} \ (\uparrow) \tag{2}$$
$$\sum M_A = 0 \quad F_B = \frac{Fa}{l} \ (\uparrow) \tag{3}$$

校核

$$\sum Y = F_{Ay} + F_B - F = 0 \tag{4}$$

说明计算无误。

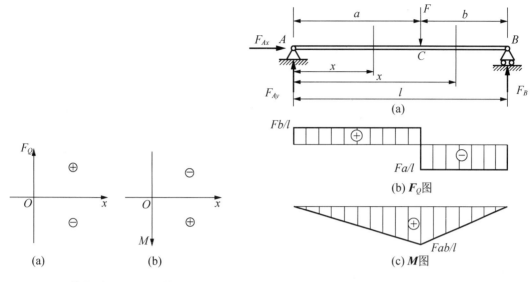

图 1.58 剪力图和弯矩图的符号规定   图 1.59 例 1-22 图

(2) 列剪力方程和弯矩方程

梁在 C 处有集中力作用,故 AC 段和 CB 段的剪力方程和弯矩方程不相同,要分段列出。

AC 段:在距 A 端为 x 的任意截面处将梁假想截开,并考虑左段梁平衡,则剪力方程和弯矩方程为

$$F_Q(x) = F_{Ay} = \frac{Fb}{l} \quad (0<x<a) \tag{5}$$

$$M(x) = F_{Ay}x = \frac{Fb}{l}x \quad (0 \leqslant x \leqslant a) \tag{6}$$

CB 段:在距 A 端为 x 的任意截面处将梁假想截开,并考虑左段梁平衡,则剪力方程和弯矩方程为

$$F_Q(x) = F_{Ay} - F = \frac{Fb}{l} - F = -\frac{Fa}{l} \quad (a<x<l) \tag{7}$$

$$M(x) = F_{Ay}x - F(x-a) = \frac{Fa}{l}(l-x) \quad (a \leqslant x \leqslant l) \tag{8}$$

(3) 画剪力图和弯矩图

根据剪力方程和弯矩方程画剪力图和弯矩图。

F_Q 图:AC 段剪力方程 $F_Q(x)$ 为常数,其剪力值为 Fb/l,剪力图是一条平行于 x 轴的直线,且在 x 轴上方。CB 段剪力方程 $F_Q(x)$ 也为常数,其剪力值为 $-Fa/l$,剪力图也是一条平行于 x 轴的直线,但在 x 轴下方。画出全梁的剪力图,如图 1.59(b)所示。

M 图:AC 段弯矩 M(x) 是 x 的一次函数,弯矩图是一条斜直线,故只要计算两个端截面的弯矩值,就可以画出弯矩图。

当
$$x = 0, \quad M_A = 0$$
$$x = a, \quad M_C = \frac{Fab}{l}$$

两点连线可以画出 AC 段的弯矩图。

CB 段弯矩 $M(x)$ 仍是 x 的一次函数，弯矩图也是一条斜直线。

当
$$x = a, \quad M_C = \frac{Fab}{l}$$
$$x = l, \quad M_B = 0$$

两点连线可以画出 CB 段的弯矩图，整梁的弯矩图如图 1.59(c)所示。从剪力图和弯矩图中可得结论：在梁的无荷载段剪力图为平行线，弯矩图为斜直线。在集中力作用处，左右截面上的剪力图发生突变，其突变值等于该集中力的大小，突变方向与该集中力的方向一致；而弯矩图出现转折，即出现尖点，尖点方向与该集中力方向一致。

【例 1-23】简支梁受均布荷载作用如图 1.60(a)所示。试画出梁的剪力图和弯矩图。

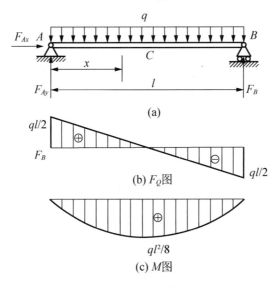

图 1.60　例 1-23 图

【解】

(1) 求支座反力

显然
$$F_{Ax} = 0 \tag{1}$$

因对称关系，可得
$$F_{Ay} = F_B = \frac{1}{2}ql \ (\uparrow) \tag{2}$$

(2) 列剪力方程和弯矩方程

在距 A 端为 x 的任意截面处将梁假想截开，并考虑左段梁平衡，则剪力方程和弯矩方程为

$$F_Q(x) = F_{Ay} - qx = \frac{1}{2}ql - qx \quad (0<x<l) \tag{3}$$

$$M(x) = F_{Ay}x - \frac{1}{2}qx^2 = \frac{1}{2}qlx - \frac{1}{2}qx \quad (0 \leqslant x \leqslant l) \tag{4}$$

(3) 画剪力图和弯矩图

由方程(3) 可知 $F_Q(x)$ 是 x 的一次函数，剪力图是一条斜直线。

当
$$x = 0, \quad F_Q(0) = \frac{1}{2}ql$$
$$x = l, \quad F_Q(l) = -\frac{1}{2}ql$$

根据这两个截面的剪力值，画出剪力图，如图 1.60(b)所示。

由方程(4) 可知，$M(x)$ 是 x 的二次函数，说明弯矩图是一条二次抛物线，三点确定一条抛物线，应至少计算三个截面的弯矩值，才可描绘出曲线的大致形状。

当
$$x = 0, \quad M_A = 0$$
$$x = \frac{l}{2}, \quad M_C = \frac{ql^2}{8}$$
$$x = l, \quad M_B = 0$$

根据以上计算结果，画出弯矩图，如图 1.60(c)所示。

从剪力图和弯矩图中可得结论：在均布荷载作用的梁段，剪力图为斜直线，弯矩图为二次抛物线。在剪力等于零的截面上弯矩取到极值。

【例 1-24】 如图 1.61 所示伸臂梁受集中力偶作用，试画出梁的剪力图和弯矩图。

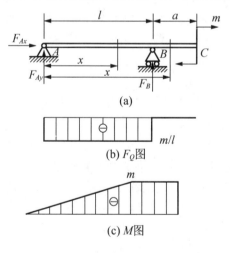

图 1.61 例 1-24 图

【解】

(1) 求支座反力，由整梁平衡得

$$\sum X = 0 \quad F_{Ax} = 0$$
$$\sum M_A = 0 \quad F_B = \frac{m}{l}(\uparrow)$$
$$\sum M_B = 0 \quad F_{Ay} = -\frac{m}{l}(\downarrow)$$

校核：
$$\sum Y = F_{Ay} + F_B = -\frac{m}{l} + \frac{m}{l} = 0$$

说明计算无误。

(2) 列剪力方程和弯矩方程

梁在 B 截面有支座反力 F_B，应分 AB、BC 两段列出剪力方程和弯矩方程。

AB 段：在距离 A 端为 x 的截面处假想将梁截开，考虑左段梁平衡，则剪力方程和弯矩方程为

$$F_Q(x) = F_{Ay} = -\frac{m}{l} \quad (0<x<l) \tag{1}$$

$$M(x) = F_{Ay}x = -\frac{m}{l}x \quad (0\leqslant x\leqslant l) \tag{2}$$

BC 段：在距离 A 端为 x 的截面处假想将梁截开，考虑右段梁平衡，则剪力方程和弯矩方程为：

$$F_Q(x) = 0 \quad (l<x<l+a) \tag{3}$$

$$M(x) = -m \quad (l\leqslant x\leqslant l+a) \tag{4}$$

(3) 画剪力图和弯矩图

F_Q 图：由方程(1)、(3)可知，梁在 AB 段和 BC 段的剪力都是常数，故剪力图是两段水平直线。画出剪力图。如图1.56(b)所示。

M 图：由方程(2)、(4)可知，梁在 AB 段内弯矩是 x 的一次函数，BC 段内弯矩是常数，故弯矩图是一段斜直线，一段水平直线。弯矩图如图1.56(c)所示。

由内力图可得结论：梁在集中力偶作用处，左右截面上的剪力无变化，而弯矩出现突变，其突变值等于该集中力偶矩。

3．画弯矩和剪力图注意事项

实际上，截面内的弯矩、剪力和分布荷载集度之间存在相互的关系。通过以上的几个例子可以总结出梁的剪力图和弯矩图的规律如下(证明略)。

(1) 在无载荷作用的一段梁上，该梁段内各横截面上的剪力 $F_Q(x)$ 为常数，则剪力图为一条水平直线；弯矩图为一斜直线，且斜直线的斜率等于该梁段上的剪力值。

(2) 在均布载荷作用的一段梁上，$q(x)$ 为常数，且 $q(x)\neq 0$。剪力图必然是一斜直线，弯矩图是二次抛物线。若某截面上的剪力 $F_Q(x)=0$，则该截面上的弯矩取到极值。

(3) 在集中力作用处的左、右两侧截面上，剪力图有突变，突变值等于集中力的值；两侧截面上的弯矩值相等，但由于两侧的剪力值不同，所以弯矩图在集中力作用处两侧的斜率不相同，弯矩图曲线发生转折，出现尖角，尖角的指向与集中力的指向相同。

(4) 集中力偶作用的左、右两侧截面上，剪力相等；弯矩发生突变，突变值等于集中力偶的数值。

利用以上规律绘制梁的内力图的主要步骤如下。

(1) 正确求解支座反力。

(2) 根据荷载及约束力的作用位置，确定控制截面。

(3) 应用截面法确定控制截面上的剪力和弯矩数值。

(4) 依据规律判断剪力图和弯矩图的形状，进而画出剪力图与弯矩图。

项目小结

1. 静力学的基本知识包括力的基本概念、静力学公理、力的合成与分解、力矩、力偶、约束、约束反力、受力图。
2. 平面任意力系平衡的重要条件：力系中所有各力在两个坐标轴上的投影的代数和等于零，力系中所有各力对于任意一点 O 的力矩代数和等于零。
3. 根据力系平衡原理及平衡方程，可以求解静定结构构件的支反力。
4. 杆件在外力作用下产生变形，从而杆件内部各部分之间就产生相互作用力。
5. 截面法求内力的步骤：
(1) 截。假想地沿待求内力所在截面将杆件截开成两部分。
(2) 取。完整地取截开后的任一部分作为研究对象。
(3) 代。画出保留部分的受力图，其中要把弃去部分对保留部分的作用以截面上的内力代替。
(4) 平衡。列出研究对象的平衡方程，计算内力的大小和方向。
6. 结构构件在外力作用下，截面内力随截面位置的变化而变化。为了形象直观地表达内力沿截面位置变化的规律，通常给出内力随横截面位置变化的图形，即内力图，根据内力图可以找出构件内力最大值及其所在截面的位置。绘制静定梁内力图的方法有截面法、方程法。

习　题

一、简答题

1. 什么是刚体、平衡、等效力系、平衡力系？
2. 何谓力？力的三要素是什么？
3. 二力平衡中的两个力，作用与反作用公理中的两个力，构成力偶的两个力各有什么不同？
4. 如何理解平行四边形和三角形公理，首尾相连的力的闭合多边形的合力是多少？
5. 常见的约束类型有哪些？各种约束反力的方向如何确定？
6. 合力矩定理的内容是什么？它有什么用途？
7. 平面一般力系的平衡方程有几种形式？应用时有无限制条件？
8. 为什么说平面一般力系只有三个独立的平衡方程，为什么任何第四个方程只是前三个方程的线性组合？
9. 平面特殊力系有哪些？它们的平衡方程各有哪些形式？应用时有无限制条件？

10. 杆件变形的基本形式有哪几种？结合生产和生活实际，列举一些产生各种基本变形的实例。

11. 什么是轴力？简述用截面法求轴力的步骤。

12. 外力、内力、应力的区别是什么？

13. 在轴向拉压杆中，轴力最大的截面一定是最危险的截面吗？如何确定最危险截面。

14. 什么是剪力和弯矩？剪力和弯矩的正负号是如何规定的？

15. 什么是剪力图和弯矩图？剪力图和弯矩图的正负号是如何规定的？

二、计算题

1. 试画出图 1.62 各物体的受力图，假设各接触面都是光滑的，未标注者自重不计。

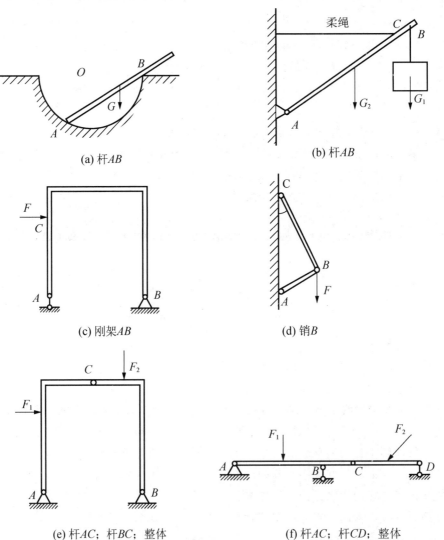

图 1.62　题 1 图

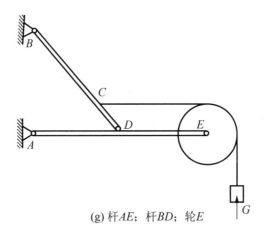

(g)杆AE；杆BD；轮E

图1.62 题1图(续)

2. 如图1.63所示一平面一般力系，已知$F_1=200N$，$F_2=100N$，$M=100N\cdot m$，欲使力系的合力F_R通过O点，问作用于已知点的水平力F应多大？

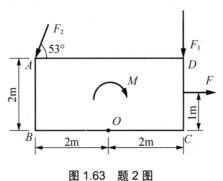

图1.63 题2图

3. 钢筋混凝土构件如图1.64所示，已知各部分的重力$G_1=1kN$，$G_2=4kN$，$G_3=6kN$，$G_4=4kN$，试求重力的合力。

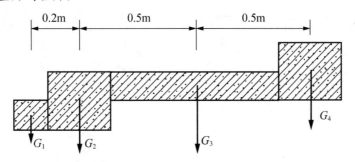

图1.64 题3图

4. 已知$F_1=F_2=100N$，$F_3=F_4=200N$，方向如图1.65所示，试求各力在x轴和y轴上的投影。

5. 试求图1.66各力F对O点的矩。

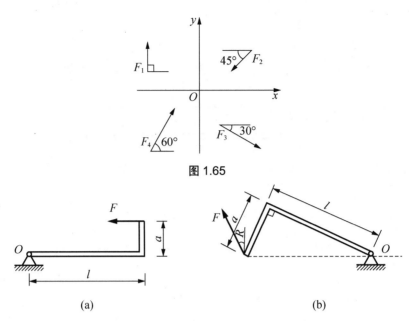

图 1.65

图 1.66 题 5 图

6. 试求图 1.67 所示梁、桁架、刚架的支座反力。

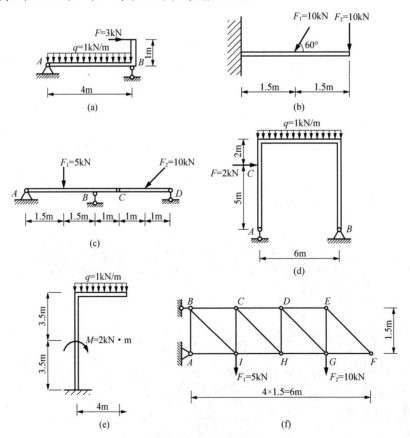

图 1.67 题 6 图

7. 四连杆机构 OABC，在图 1.68 所示位置平衡，已知：OA=40cm，CB=40cm，作用在 OA 上的力偶的力偶矩 M_1=2N·m，试求力偶矩 M_2 的大小和 AB 杆所受的内力，杆自重不计。

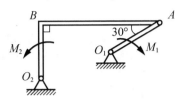

图 1.68　题 7 图

8. 试画出图 1.69 所示各杆的轴力图。

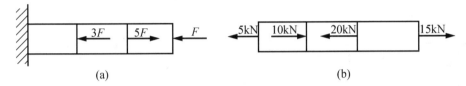

图 1.69　题 8 图

9. 试求图 1.70 所示各梁指定截面的内力。

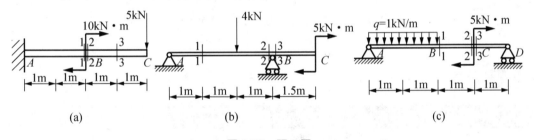

图 1.70　题 9 图

10. 试画出图 1.71 所示各梁的剪力图和弯矩图。

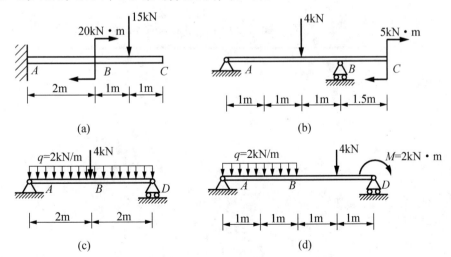

图 1.71　题 10 图

项目 2 建筑结构材料

教学目标

能力目标：①能够为钢筋混凝土结构选用基本结构材料；②能够在结构应用中采取加强钢筋与混凝土黏结的构造措施。

知识目标：①理解钢筋混凝土结构对钢筋性能的要求及混凝土强度等级的划分及混凝土立方抗压强度和轴心抗拉压强度等的确定方法；②理解钢筋和混凝土黏结的机理。

态度养成目标：培养学生按照规范要求进行查表的态度。

教学要求

能 力 要 求	相 关 知 识	权 重
能为钢筋混凝土结构选用合理结构材料	钢筋的种类、级别、形式，混凝土立方体抗压强度、轴心抗压强度、轴心抗拉强度，混凝土与钢筋的力学性能	70%
能采用合理的构造措施加强钢筋与混凝土之间的黏结力	影响黏结力的因素，加强黏结力的措施	30%

引例

项目 1 中案例二现浇钢筋混凝土框架结构教学楼,所用的材料如下:
(1) 混凝土:基础垫层采用 C15,其余采用 C30。
(2) 钢筋:采用热轧 HPB300 级钢筋和 HRB400。

任务 2.1　钢筋与混凝土结构材料

知识导航

2.1.1　结构材料的性质

钢筋混凝土结构是由钢筋和混凝土两种结构材料组成的,在建筑工程中应用非常广泛。钢筋混凝土结构的主要优点是:取材容易,用材合理,耐久性较钢结构好,耐火性较好,可模性好,整体性强等;主要缺点是自重大,抗裂性差,隔热隔声性能也较差。针对上述缺点,通常采用轻质高强混凝土及预应力混凝土以减轻自重,改善钢筋混凝土结构的抗裂性能。

混凝土是一种脆性材料,抗压强度较高而抗拉强度较低。因此,钢筋在结构中主要承受拉力。钢筋混凝土结构对钢筋性能的要求,概括地说,即要求强度高,塑性及焊接性能好。此外,还要求和混凝土有良好的黏结性能,同时质量稳定且经济。

(1) 强度。强度包括钢筋的屈服强度和极限强度。通常强度高的钢筋,塑性及焊接性能较差。提高钢筋强度的根本途径不是单纯的增加钢材中碳的含量,而是改变钢材的化学成分,生产出新的钢种,使其既有良好的塑性和焊接性能,又具有较高的强度。现有钢筋中的 HRB400 级钢筋,就是采用上述方法初步研制成功生产出来的新的钢筋品种。因此,它也是目前在钢筋混凝土结构中首先推广使用的钢筋品种。对于预应力混凝土结构,可以采用高强度的钢丝和钢绞线,以节约材料。

(2) 塑性。塑性指钢筋在断裂前具有足够的应变能力。工程中,可以通过检验钢筋的伸长率和弯曲试验保证钢筋的塑性性能,塑性是反映钢筋混凝土构件破坏的信号。如果钢筋的塑性好,在钢筋断裂之前会有足够的变形,给人足够的警示以采取措施补救或疏散;如果钢筋的塑性不好,就会发生事先毫无预兆的突然断裂。

(3) 焊接性能。焊接性能是指在一定的工艺条件下,要求钢筋焊接后不产生裂纹或过大变形,保证焊接后接头有良好的受力性能。

(4) 黏结力。它包括水泥胶体和钢筋表面起化学作用的胶结力、混凝土收缩紧压(握裹)钢筋在滑移时产生的摩擦力,以及带肋钢筋表面与混凝土之间的机械咬合力。黏结力是保证钢筋和混凝土共同工作的基础。就钢筋来说,其表面的形状对黏结力有重要的影响;此外，钢筋的锚固和有关构造要求，也是保证两者之间具有良好黏结力的有效措施。

(5) 质量稳定性。钢筋具有稳定的力学性能十分重要。规模生产的钢筋产品，其强度及延性稳定，匀质性好，性能有保证。对钢筋进行二次加工，如冷加工(冷拉、冷拔、冷轧、冷扭、冷镦)以后，离散度加大、质量变得不稳定。尤其是小规模作坊式的生产，由于母材普遍超粗，加工工艺粗糙，缺乏有效的技术管理及产品检验，不合格率较高。如用于工程，往往影响结构安全，形成隐患。

(6) 经济性。衡量钢筋经济性的指标是强度价格比(MPa·t/元)即每元钱可购得的单位钢筋的强度，强度价格比越高的钢筋越经济。它不仅可以减少配筋率，方便施工，还可减少加工、运输、施工等一系列附加费用。

能力导航

2.1.2 钢筋

1．钢筋的种类

我国在钢筋混凝土结构中目前通用的是普通钢筋，它可分为热轧碳素钢和普通低合金钢两种，二者的主要区别在于化学成分不同。

热轧碳素钢除含有铁元素外，还含有少量的碳、硅、锰、硫、磷等元素，其力学性能主要与含碳量有关：含碳量高，强度高，质地硬，但塑性低。在钢筋中目前常用的碳素钢主要是低碳钢，其含碳量低于 0.25%，如热轧光面钢筋 HPB300(亦称 3 号钢)即属此类。

普通低合金钢的成分，除含有热轧碳素钢的元素外，再加入微量的合金元素，如硅锰、钒、钛、铌等，这些合金元素虽然含量不多，但能有效改善钢材的塑性性能。

依据《混凝土结构设计规范》(GB 50010—2010)的规定，在钢筋混凝土结构中所用的国产普通钢筋有以下四种级别。

(1) HPB300：即热轧光面钢筋 300 级。

(2) HRB335、HRBF335：即热轧带肋钢筋 335 级。

(3) HRB400、HRBF400、RRB400：即热轧带肋钢筋 400 级。

(4) HRB500、HRBF500：即热轧带肋钢筋 500 级。

在上述四种级别钢筋中，除 HPB300 级为光面钢筋外，其他三级为带肋钢筋。

1) 普通钢筋的性能和特点

(1) HPB300 级钢筋。由碳素钢经热轧而成的光面圆钢筋[图 2.1(a)]。它是一种低碳钢，其质量稳定、塑性好易焊接、易加工成型，以直条或盘圆交货，大量用于钢筋混凝土板和小型构件的受力钢筋以及各种构件的构造钢筋。由于它的屈服强度较低，不宜用作各种大、中型钢筋混凝土结构构件以及混凝土强度等级较高的结构构件的受力钢筋。

(2) HRB335 级钢筋。主要是由 20MnSi 低合金钢经热轧而成的钢筋。为增加钢筋与混凝土之间的黏结力，表面热轧制成外形为等高肋(螺纹)[图 2.1(b)]，一般为月牙肋[图 2.1(c)]，其表面一般有强度等级的标志(以阿拉伯数字 2 表示)，易识别。该种钢筋的强度比 HPB235 级高，塑性和焊接性能都比较好，易加工成型，主要用于大、中型钢筋混凝土结构构件的受力钢筋和构造钢筋以及预应力混凝土结构构件中的非预应力钢筋。特别适合作为承受重复荷载、地震荷载以及其他振动和冲击荷载结构构件的受力主筋，是我国钢筋混凝土结构构件结构用钢的最主要品种之一。

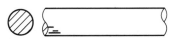   

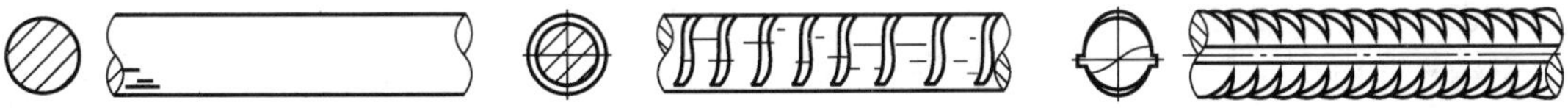

(a) 光面钢筋　　　　　　　(b) 等高肋钢筋　　　　　　(c) 月牙肋钢筋

图 2.1　普通钢筋

(3) HRB400 级钢筋。这是我国对原《混凝土结构设计规范》(GBJ 10—1989)规定的Ⅲ级钢筋经过改进后的品种，又称为新Ⅲ级钢筋，外形为月牙肋，表面有"3"的标志，含碳量与 HRB335 级钢筋相当，微合金含量除与 HRB335 级钢筋相同外，分别添加钒、铌、钛等元素，强度比 HRB335 级钢筋高，同时具有足够的塑性和良好的焊接性能，主要用于大、中型钢筋混凝土结构和高强混凝土结构构件的受力钢筋，是今后我国钢筋混凝土结构构件受力钢筋用材最主要的品种之一。

(4) RRB400 级钢筋。它是用 HRB335 级钢筋(即 20MnSi)经热轧后，穿过生产作业线上的高压水湍流管进行快速冷却，而后利用钢筋芯部的余热自行回火而成的。钢筋的强度和硬性较高，并且保持足够的塑性和韧性。和 HRB400 级钢筋一样，《规范》规定，对轴心受拉和小偏心受拉构件，其强度取值也只能按 HRB335 级的钢筋强度值取用。此外，RRB400 级钢筋的生产条件受限，目前还只能小批量生产供货。

2) 预应力钢筋的性能和特点

用于预应力混凝土结构、构件的预应力钢筋宜采用预应力钢绞线、钢丝[图 2.2(b)、(c)、(d)]，也可采用热处理钢筋[图 2.2(a)]。根据国际修订标准，列入了系列的预应力钢丝、钢绞线，其强度由 1470～1860MPa 不等；同时，为满足不同结构的需要，增加品种规格。钢绞线除七股以外，增加了三股形式[图 2.2(c)]，其直径有 8.6～15.2mm 共七种。值得注意的是，钢绞线的直径系指外接圆直径(轮廓直径)，《预应力混凝土钢绞线》(GB/T 5224—2014)中的公称直径 D_g。因此不能以 $\pi d^2/4$ 计算其承载面积，而应按钢筋表查找相应的公称截面面积，以免犯错误。

《预应力混凝土钢丝》(GB/T 5223—2014)列入了消除应力的光面钢丝、螺旋肋钢丝、三面刻痕钢丝；并增加了直径规格(4～9mm)。前者用于有锚具的后张拉法预应力结构中，而后者用于先张拉自锚的预应力构件中。

热处理钢筋强度为 1470MPa，直径 6～10mm。在实际工程中应用很少，仅用于某些预应力预制构件。

   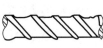

(a) 热处理钢筋　　　　　(b) 刻痕钢丝　　　　　(c) 钢绞线　　　　　(d) 螺旋肋钢丝

图 2.2　预应力钢筋

2．钢筋的力学和变形性能

1) 钢筋的应力—应变曲线

钢筋混凝土结构所用的钢筋按其单向受拉试验所得的应力-应变曲线的不同性质，可分为有明显屈服点钢筋和无明显屈服点钢筋两大类。

(1) 有明显屈服点的钢筋(软钢)。

图2.3所示为有明显屈服点钢筋的应力-应变曲线。由图2.3可以看出：在 a 点以前应力-应变为直线关系，a 点的钢筋应力称为"比例极限"。过 a 点以后应变增长加快，达到 b 点后钢筋开始进入屈服阶段，其强度与加载速度、截面形式、试件表面光洁度等多种因素有关，很不稳定，b 点称为屈服上限。超过 b 点以后钢筋的应力下降到 c 点，此时应力基本不变，应变不断增长产生较大的塑性变形，c 点称为屈服下限或屈服点。与 c 点相对应的钢筋应力称为"屈服强度"，以 σ_s 表示；水平段 cd 称为屈服台阶或流幅。超过 d 点以后，钢筋的应力-应变表现为上升曲线；到达顶点 e 后钢筋产生颈缩现象，应力开始下降，但应变仍继续增长，直到 f 点钢筋在其某个较为薄弱部位被拉断。相应于 e 点的钢筋应力称为它的极限抗拉强度，以 σ_b 表示，通常曲线的 de 段称为"强化段"，ef 段称为"下降段"。

在钢筋混凝土构件计算中，一般取钢筋的屈服强度 σ_s 作为强度计算指标。这是因为当结构构件某个截面中的受拉或受压钢筋应力达到屈服、进入屈服台阶后，在应力基本不增长的情况下将产生较大的塑性变形，使构件最终产生不可闭合的裂缝而导致破坏，故取钢筋的屈服强度作为构件破坏时的强度计算指标。

(2) 没有明显屈服点的钢筋(硬钢)。

冷轧钢筋、预应力所用的钢丝、钢绞线和热处理钢筋等为硬钢。图2.4为没有明显屈服点钢筋的应力—应变曲线。由图2.4可以看出：钢筋没有明显的流幅，塑性变形较小。通常取相应于残余应变为0.2%的应力 $\sigma_{0.2}$ 作为其假定的屈服点，即条件屈服点。$\sigma_{0.2}$ 大致相当于极限抗拉强度的0.86～0.90倍。为了统一起见，《混凝土结构设计规范》取 $\sigma_{0.2}$ 为极限抗拉强度 σ_b 的0.85倍。

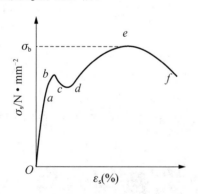
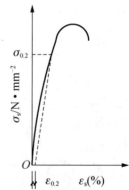

图2.3 有明显屈服点钢筋的应力-应变曲线　　图2.4 无明显屈服点钢筋应力-应变曲线

当钢材的应力在比例极限范围以内时，其应力与应变关系，可用式(2-1)表示。

$$E_s = \sigma_s / \varepsilon_s \tag{2-1}$$

式中：E_s ——钢材的弹性模量，N/mm²；

σ_s——钢材的应力，N/mm²；

ε_s——钢材的应变。

钢筋弹性模量按表2-1取用。

根据可靠度要求，取具有95%保证率的屈服强度σ_s作为钢筋的强度标准值f_{yk}。就热轧钢筋而言，各等级钢筋强度标准值用于正常使用极限状态的验算，而承载能力极限状态计算应采用强度设计值f_y(抗拉)及f'_y(抗压)。强度设计值是由标准值除以材料分项系数γ_s得到，普通钢材的γ_s取1.10，见表2-2。

预应力钢丝、钢绞线的强度等级以其抗拉强度标准值来标志，即f_{ptk}取具有95%保证率的抗拉强度值。强度标准值f_{ptk}、强度设计值f_{py}(抗拉)及f'_{py}(抗压)的取值见表2-3。

表2-1 钢筋的弹性模量　　　　　　　　　　　　　　　　单位：N·mm²

钢筋品种	弹性模量
HPB300级钢筋	$2.1×10^5$
HRB335、HRB400、HRB500钢筋 HRBF335、HRBF400、HRBF500钢筋 RRB400钢筋 预应力螺纹钢筋	$2.00×10^5$
消除应力钢丝、中强度预应力钢丝	$2.05×10^5$
钢绞线	$1.95×10^5$

表2-2 普通钢筋强度的标准值和设计值　　　　　　　　　　单位：N·mm²

强度等级	符号	直径/mm	f_{yk}	f_y	f'_y
HPB300	Φ	6～22	300	270	270
HRB335 HRBF335	Φ Φ^F	6～50	335	300	300
HRB400 HRBF400 RRB400	Φ Φ^F Φ^R	6～50	400	360	360
HRB500 HRBF500	Φ Φ^F	6～50	500	435	410

表2-3 预应力钢筋强度的标准值和设计值　　　　　　　　　单位：N·mm⁻²

钢筋品种	公称直径 d/mm	符号	f_{ptk}	f_{py}	f'_{py}
中强预应力钢丝	光面 螺纹钢	Φ^{PM} Φ^{HM}	620 780 980	510 650 810	410
预应力螺纹钢筋	螺纹	Φ^T	980 1080 1230	650 770 900	410

18、25、32、40、50

续表

钢筋品种		公称直径 d/mm	符号	f_{ptk}	f_{py}	f'_{py}
钢绞线	三股	8.6、10.8、12.9	ϕ^S	1570	1110	390
				1720	1220	
	七股	9.5、12.7、15.2、17.8、21.6		1860	1320	
				1960	1390	
消除应力钢丝	光面 螺旋肋	5、7、9	ϕ^P ϕ^H	1470	1040	410
				1570	1110	
				1860	1320	

2) 塑性性能

钢筋的塑性指应力超过钢筋的屈服点以后，由于塑性应变，钢筋可以拉得很长，或绕着很小的直径能够弯转很大的角度而不至断裂的性能，通常钢筋的塑性通过钢筋的伸长率和弯曲试验来确定。

(1) 伸长率。钢筋的伸长率是指在标距范围内钢筋试件拉断后的残余变形与原标距之比，可用式(2-2)表示。

即

$$\delta = \frac{l - l_0}{l_0} \times 100\% \tag{2-2}$$

式中：l_0——试件拉伸前的标距。目前国内采用两种试验标距，短试件取 $l_0=5d$，长试件取 $l_0=10d$，相应的伸长率分别用 δ_5 及 δ_{10} 表示；

d——钢筋的直径；

l——试件拉断后且重新在断口拼接起来量测得到的标距，即产生残余伸长量后的标距。

通过试验所得的伸长率，通常 $\delta_5 > \delta_{10}$，这是因为残余变形主要集中在试件的颈缩区段内，标距愈短，所得的平均残余应变就越大。由式(2-2)可知，钢筋的伸长率越大，塑性性能就越好。表 2-4 列出各种钢筋的强度、伸长率 δ_5 的性能指标。

表 2-4 钢筋的性能指标

钢筋级别(牌号)	公称直径 d/mm	屈服强度标准值 σ_s/N·mm^{-2}	极限强度标准值 σ_b/N·mm^{-2}	总伸长率限值 δ_5(%)
HPB300	6～22	300	420	10
HRB335 HRBF335	6～50	335	455	7.5
HRB400 HRBF400 RRB400	6～50	400	540	7.5 / 5.0
HRB500 HRBF500	6～50	500	630	7.5

(2) 弯曲试验。钢筋弯曲试验是检验钢筋在弯折加工时及在使用中不至脆断的一种方法，而伸长率不能反映钢筋的这一脆性性能。

如图 2.5 所示，在常温下将钢筋绕规定的直径 D 弯曲 α 角度而不出现裂纹、鳞落或断裂现象，即认为钢筋的弯曲性能符合要求。通常 D 值越小、α 值越大的钢筋弯曲性能越好。

总之，伸长率大，钢筋的塑性性能好，破坏时有明显的拉断预兆；钢筋的弯曲性能好，构件破坏时不至于发生脆断。因此，对钢筋品种的选择，应考虑强度和塑性两方面的要求。

3. 钢筋的冷加工

对有明显屈服点的钢筋进行机械冷加工，可以使钢材内部组织结构发生变化，从而提高钢材的强度，具体方法有冷拉、冷拔、冷轧等。

(1) 冷拉。所谓冷拉时是指利用有明显屈服点的热轧钢筋"屈服强度/极限抗拉强度"比值(称屈强比)低的特性，在常温条件下把钢筋应力拉到超过其原有的屈服点，然后完全放松，若钢筋再次受拉，则能获得较高屈服强度的一

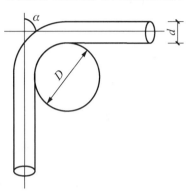

图 2.5 钢筋的弯曲试验

α—弯曲角度；D—弯心直径

种加工方法。图 2.6 所示，若将钢筋应力拉到超过原有屈服点 S 的 K 点然后放松，则钢筋应力在曲线图中将沿着平行于 OA 的直线 KE 回到应力为零的 E 点，钢筋发生了残余应变。此时如果立即再次张拉，则钢筋的应力-应变曲线将沿图 2.6 的 $EKBC$ 线发展，图形中的转折点 K 高于冷拉前的屈服点 S，从而钢筋在第二次受拉时能够获得比原来更高的屈服强度，这种特性称为钢筋的"冷拉强化"。如果钢筋冷拉经放松后，放置一段时间再进行张拉，则应力-应变曲线将沿图 2.6 的 $EK'DF$ 线发展，此时的屈服强度提高到了 K'，钢筋的伸长率减小，这种特性称为"时效硬化"。

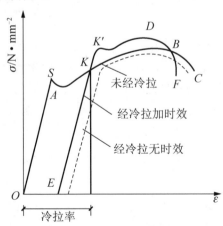

图 2.6 钢筋冷拉前、后的应力-应变曲线

钢筋冷拉时合理选择 K 点可使钢筋屈服强度有所提高，同时又保持一定的塑性，这时 K 点的应力称为冷拉控制应力，对应于冷拉控制应力的应变称为冷拉伸长率。对冷拉控制

应力的选择，使用时应符合有关的专门规定。还应该注意：冷拉只能提高钢筋的抗拉屈服强度，却不能提高其抗压屈服强度。因此，当用冷拉钢筋做受压钢筋时，其屈服强度与冷拉前相同。同时，HPB300级钢筋通过冷拉也可达到拉直除锈的目的，一般可拉长7%～10%，从而节约钢材，通常可用于普通钢筋混凝土结构。

(2) 冷拔。冷拔是将钢筋(盘条)用强力拔过比它本身直径还小的硬质合金拔丝模，这时钢筋同时受到纵向拉力和横向压力的作用，使其强度得以提高。钢筋经多次冷拔后，截面变细而长度增长，强度比原来提高很多，但塑性降低，硬度提高，冷拔后钢丝的抗压强度也获得提高。

(3) 冷轧。目前，冷加工中普遍采用将热轧钢筋再进行冷轧，将钢筋表面轧制成不同的形状，其材料内部组织变得更加密实，使钢筋强度和黏结性能有所提高，但塑性性能有所下降的一种加工方法。国内已经生产的品种有冷轧带肋钢筋，采用低碳热轧盘圆进行冷轧减径，并在其表面轧出横肋的钢筋。外形为月牙肋，与热轧带肋钢筋外形基本相同，但有二面肋与三面肋两种，规格为4～12mm，抗拉强度设计值为360N/mm^2，黏结性能好，适用于钢筋混凝土板类构件配筋，也适用焊接各种形状的钢筋网。强度更高的冷轧钢筋(对直径为4mm、6mm的钢筋)，其抗拉强度设计值有430N/mm^2，适用于中小型预应力混凝土构件的配筋。

4．混凝土结构用钢筋的选择

根据《混凝土结构设计规范》(GB 50010—2010)，关于受力钢筋的选择如下。

(1) 纵向受力普通钢筋宜采用HRB400、HRB500、HRBF400、HRBF500钢筋，也可采用HPB300、HRB335、HRBF335、RRB400钢筋。

(2) 梁、柱纵向受力普通钢筋应采用HRB400、HRB500、HRBF400、HRBF500钢筋。

(3) 箍筋宜采用HRB400、HRBF400、HPB300、HRB500、HRBF500钢筋，也可采用HRB335、HRBF335钢筋。

(4) 预应力筋宜采用预应力钢丝、钢绞线和预应力螺纹钢筋。

此外，构件中的钢筋可采用并筋的配置形式。直径28mm及以下的钢筋并筋数量不应超过3根；直径32mm的钢筋并筋数量宜为2根；直径36mm及以上的钢筋不应采用并筋。并筋应按单根等效钢筋进行计算，等效钢筋的等效直径应按截面面积相等的原则换算确定。当进行钢筋代换时，除应符合设计要求的构件承载力、最大力下的总伸长率、裂缝宽度验算以及抗震规定以外，尚应满足最小配筋率、钢筋间距、保护层厚度、钢筋锚固长度、接头面积百分率及搭接长度等构造要求。

2.1.3 混凝土

混凝土是由水泥、砂、石子、水和少量外加剂按照一定比例拌和在一起，经过凝结和硬化而形成的人造石材，是最常见的建筑材料。

1．混凝土的强度

混凝土的强度与水泥强度等级、水灰比有很大关系，也与骨料的性质、混凝土的级配、混凝土成型方法、硬化时的环境条件及混凝土的龄期等众多因素有关。同时，试件的大小和形状、试验方法和加载速率也将影响混凝土强度的试验结果。例如，当试件上下表面不涂润滑剂加压、试件尺寸越小、加载速度越快时测得的极限强度值就越高。

1) 混凝土强度标准值

(1) 混凝土的立方体抗压强度和强度等级。因为立方体试件的强度比较稳定，所以我国把立方体强度值作为混凝土强度的基本指标，并把立方体抗压强度作为评定混凝土强度等级的标准。我国规定以边长为 150mm 的立方体为标准试件，在(20±3)℃的温度和相对湿度90%以上的潮湿空气中养护 28 天，以每秒 0.3～0.5N/mm² 的速度加载，具有 95%保证率的抗压强度作为混凝土的立方体抗压强度标准值，用 $f_{cu,k}$ 表示，单位为 N/mm²。并以此来划分混凝土的 14 个强度等级，即 C15、C20、C25、C30、C35、C40、C45、C50、C55、C60、C65、C70、C75 和 C80。例如，C30 表示立方体抗压强度标准值为 30N/mm²。其中，C50～C80 属高强度混凝土范畴。

《混凝土结构设计规范》规定，钢筋混凝土结构的混凝土强度等级不应低于 C15；当采用 HRB335 级钢筋时，混凝土强度等级不宜低于 C20；当采用 HRB400 和 RRB400 级钢筋以及承受重复荷载的构件，混凝土强度等级不得低于 C20。预应力混凝土结构的混凝土强度等级不应低于 C30；当采用钢绞线、钢丝、热处理钢筋作预应力钢筋时，混凝土强度等级不宜低于 C40。

(2) 混凝土的轴心抗压强度。《普通混凝土力学性能试验方法》规定以 150mm×150mm×300mm 的棱柱体作为混凝土轴心抗压强度试验的标准试件，《混凝土结构设计规范》规定以上述棱柱体试件试验测得的具有 95%保证率的抗压强度作为混凝土轴心抗压强度标准值，用符号 f_{ck} 表示，单位为 N/mm²。

考虑到实际结构构件制作、养护和受力情况，实际构件强度与试件强度之间存在的差异，《混凝土结构设计规范》基于安全取偏低值，轴心抗压强度标准值与立方体抗压强度标准值的关系为

$$f_{ck} = 0.88\alpha_{c1}\alpha_{c2}f_{cu,k} \tag{2-3}$$

式中：α_{c1}——棱柱体强度与立方体强度之比，对混凝土强度等级为 C50 及以下的取 $\alpha_{c1}=0.76$，对 C80 取 $\alpha_{c1}=0.82$，在此之间按直线规律进行线性插值；

α_{c2}——混凝土的脆性折减系数，对 C40 及以下取 $\alpha_{c2}=1.00$，对 C80 取 $\alpha_{c2}=0.87$，中间按直线规律进行线性插值；

0.88——考虑实际构件与试件混凝土强度之间的差异而取用的折减系数；

$f_{cu,k}$——混凝土的立方体抗压强度标准值。

(3) 混凝土的轴心抗拉强度。混凝土的轴心抗拉强度也是混凝土的基本力学指标之一，也可用它间接地衡量混凝土的冲切强度等其他力学性能。国内外常用图 2.7 所示的圆柱体或立方体的劈裂试验来间接测试混凝土的轴心抗拉强度。一般情况下，轴心抗拉强度只有立方抗压强度的 1/17～1/8，混凝土强度等级越高，这个比值越小。考虑到构件与试件的差别、尺寸效应、加载速度等因素的影响，《混凝土结构设计规范》考虑了从普通强度混凝土到高强度混凝土的变化规律，取轴心抗拉强度标准值 f_{tk} 与立方体抗压强度标准值 $f_{cu,k}$ 的关系为

$$f_{tk} = 0.88 \times 0.395 f_{cu,k}^{0.55}(1-1.645\delta)^{0.45} \times \alpha_{c2} \tag{2-4}$$

式中：δ——变异系数；

0.88——考虑实际构件与试件混凝土强度之间的差异而取用的折减系数。

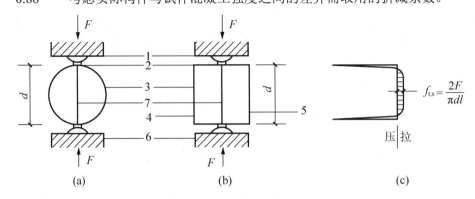

图 2.7 混凝土劈裂试验示意图

(a) 用圆柱体劈裂试验；(b) 用立方体劈裂试验；(c) 劈裂面中水平应力分布
1—压力机上压板；2—弧形垫条及垫层各一条；3—试件；4—浇模顶面；
5—浇模底面；6—压力机下垫板；7—试件破裂线

2) 混凝土强度设计值

混凝土的材料分项系数 γ_c 取 1.4，(原规范是 1.35)，这是考虑适当提高混凝土结构的安全度并逐步与国际混凝土结构安全度接近。因此，混凝土强度设计值见式(2-5)和式(2-6)。

轴心抗压强度设计值
$$f_c = \frac{f_{ck}}{1.4} \tag{2-5}$$

轴心抗拉强度设计值
$$f_t = \frac{f_{tk}}{1.4} \tag{2-6}$$

按以上结果得到的混凝土轴心抗压强度标准值和设计值的取值见表 2-5。

表 2-5 混凝土强度标准值和设计值 单位：N/mm²

强度种类	符号	混凝土强度等级												
		C15	C20	C25	C30	C35	C40	C45	C50	C55	C60	C65	C70	C75	C80
轴抗压强度	f_{ck}	10.0	13.4	16.7	20.1	23.4	26.8	29.6	32.4	35.5	38.5	41.5	44.5	47.4	50.2
	f_c	7.2	9.6	11.9	14.3	16.7	19.1	21.1	23.1	25.3	27.5	29.7	31.8	33.8	35.9
轴抗拉强度	f_{tk}	1.27	1.54	1.78	2.01	2.20	2.39	2.51	2.64	2.74	2.85	2.93	2.99	3.05	3.11
	f_t	0.91	1.10	1.27	1.43	1.57	1.71	1.80	1.89	1.96	2.04	2.09	2.14	2.18	2.22

2. 混凝土的变形性能

混凝土的变形可以分成两种：一种是由于荷载产生的受力变形，另一种是由于混凝土的收缩和温度改变等引起的体积变形。

1) 单轴受压时的应力-应变关系

混凝土单轴受压时的应力-应变关系是混凝土最基本的力学性能。在钢筋混凝土结构承载力计算、变形验算、超静定结构内力重分布分析、结构延性计算和有限元非线性分析等方面，它都是理论分析的基础。混凝土单轴受压时的应力-应变关系曲线常采用棱柱体试件来测定。采用等应力速度加载，到达混凝土轴心抗压强度 f_c 时，试件会产生突然的脆性破坏，试验只能测得应力-应变曲线的上升段，而不能测得超过 f_c 后的下降段。而采用等应变速度加载，或在试件旁附设高弹性元件与试件一同受压，以吸收试验机内积聚的应变能，就可以测得应力-应变曲线的下降段。典型的混凝土单轴受压应力-应变全曲线如图 2.8 所示，从图中可知：当应力较小时($\sigma \leq 0.3f_c$)，即曲线的 OA 段，混凝土中的骨料和水泥处于弹性阶段，应力-应变曲线接近直线；当应力增大($0.3f_c \leq \sigma \leq 0.8f_c$)时，即曲线的 AB 段，其应变增长加快，呈现材料的塑性性质，混凝土试件内的微裂缝有所发展，但较稳定；当应力处于 BC 段($0.8f_c \leq \sigma \leq 1.0f_c$)时，裂缝不断扩展，裂缝数量及宽度急剧增加，达到最大压应力 C 点时，试件即将破坏，此时的最大应力值称为混凝土的轴心抗压强度 f_c，此时的应变 ε 在 0.002 附近；应力超过 f_c 后，CE 下降段裂缝快速的发展，最后达到极限压应变而被压坏。

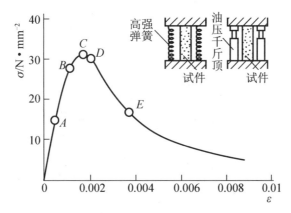

图 2.8 混凝土单轴受压应力-应变关系

影响混凝土应力-应变曲线的因素很多，如混凝土的强度、组成材料的性质、配合比、龄期、试验方法以及箍筋约束等。试验表明，混凝土的强度对其应力-应变曲线有一定的影响。如图 2.9 所示，对于上升段，混凝土强度的影响较小；随着混凝土强度的增大，则应力峰值点处的应变也稍大些。对于下降段，混凝土强度有较大的影响，混凝土强度越高，下降段的坡度越陡，即应力下降相同幅度时变形越小，延性越差。另外，混凝土受压应力-应变曲线的形状与加载速度也有着密切的关系。

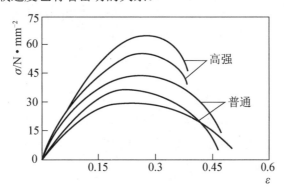

图 2.9 不同强度混凝土的受压应力－应变曲线

2) 混凝土的弹性模量

在分析混凝土构件的截面应力、构件变形以及预应力混凝土构件中的预应力和预应力损失等时，需要利用混凝土的弹性模量。由于混凝土的应力-应变关系为非线性，在不同的应力阶段，应力与应变之比的变形模量是一个变数，混凝土的变形模量有三种表示方法。

(1) 原点弹性模量。混凝土棱柱体受压时，在应力-应变曲线的原点(图中的 O 点)作切线，该切线的斜率即为混凝土的原点弹性模量，称为弹性模量，以 E_c 表示，如图 2.10 所示，即

$$E_c = \tan \alpha_0 = \frac{\sigma_c}{\varepsilon_{ce}} \tag{2-7}$$

式中：α_0——混凝土应力-应变曲线在原点处的切线与横坐标的夹角。

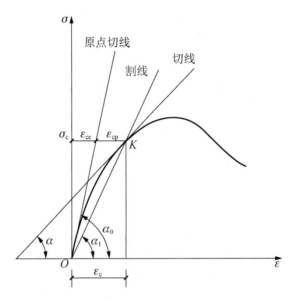

图 2.10 混凝土的弹性模量、变形模量和切线模量

当混凝土进入塑性阶段后，初始的弹性模量已不能反映此时的应力-应变性质，因此，有时用变形模量或切线模量来表示这时候的应力-应变关系。

(2) 变形模量。图 2.10 所示，连接混凝土应力-应变曲线的原点 O 及曲线上任一点 K 作一割线，K 点的混凝土应力为 σ_c，应变为 ε_c，则该割线(OK)的斜率即为变形模量，也称为割线模量或弹塑性模量，以 E_c' 表示，即

$$E_c' = \tan \alpha_1 = \frac{\sigma_c}{\varepsilon_c} \tag{2-8}$$

可以看出，混凝土的变形模量是个变值，它随应力的大小而不同。

(3) 切线模量。如图 2.10 所示，在混凝土应力-应变曲线上某一应力 σ_c 处作一切线，该切线的斜率即为相应于应力 σ_c 时的切线模量，以 E_c'' 表示，即

$$E_c'' = \tan \alpha_0 = \frac{d\sigma_c}{d\varepsilon_c} \tag{2-9}$$

可以看出，混凝土的切线模量是一个变值，它随着混凝土的应力增大而减小。

我国《混凝土结构设计规范》规定的弹性模量确定方法是：对标准尺寸 150mm×150mm×300mm 的棱柱体试件，先加载至$\sigma_c=0.5f_c$，然后卸载至零，再重复加载、卸载 5～10 次。由于混凝土不是弹性材料，每次卸载至应力为零时，存在残余变形，随着加载次数增加，应力-应变曲线渐趋稳定并基本上趋于直线。该直线的斜率即定为混凝土的弹性模量。试验结果表明，按上述方法测得的弹性模量比按应力-应变曲线原点切线斜率确定的弹性模量要略低一些。根据试验结果，《混凝土结构设计规范》规定，混凝土受压弹性模量按下式计算，也可见表 2-6。

$$E_c = \frac{10^5}{2.2 + \dfrac{34.7}{f_{cu,k}}} \tag{2-10}$$

式中：E_c 和 $f_{cu,k}$ 的计量单位为 N/mm^2。

表 2-6 混凝土的弹性模量($\times 10^4 N/mm^2$)

混凝土强度等级	C15	C20	C25	C30	C35	C40	C45	C50	C55	C60	C65	C70	C75	C80
E_c	2.20	2.55	2.80	3.00	3.15	3.25	3.35	3.45	3.55	3.60	3.65	3.70	3.75	3.80

3）混凝土的徐变和收缩

(1) 混凝土的徐变。如果在混凝土棱柱体试件上加载，并维持一定的压应力(例如加载应力不小于 $0.5f_c$)不变时，经过若干试件后，发现其应变还在继续增加。这种混凝土在某一不变荷载的长期作用下，其应变随时间而增长的现象称为混凝土的徐变。

通常认为引起混凝土的徐变有两方面的原因：一方面是水泥、骨料和水拌和成混凝土后，一部分水泥颗粒水化后形成一种结晶体化合物，它是一种弹性体。另一部分是被结晶体所包围尚未水化的水泥颗粒以及晶体之间存在着游离水分和空隙等形成的水泥凝胶体，它需要较长的时间来进行水化和内部水分的迁移。由于水泥凝胶体具有很大的塑性，其在变形过程中要将自身受到的压力逐步传给骨料和水化后结晶体，二者形成应力重分布而造成徐变变形。另一方面是由于混凝土内部微裂缝在长期荷载作用下不断发展和增长，从而导致应变的增加。

(2) 混凝土的收缩。混凝土在空气中结硬时体积减小的现象称为收缩。如图 2.11 所示，混凝土的收缩变形随着时间而增长，初期收缩变形发展较快，一个月约可完成 50%，三个月后增长缓慢，一般两年后趋于稳定，最终收缩值约为$(2～5)\times 10^{-4}$。

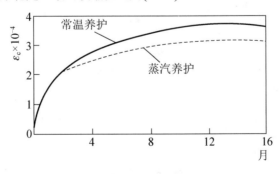

图 2.11 混凝土的收缩

引起混凝土收缩的原因，在硬化初期主要是水与水泥的水化作用，形成一种较原材料体积小的水泥结晶体，从而引起混凝土体积的收缩，即所谓凝缩；后期主要是混凝土内自由水蒸发而引起的干缩。混凝土收缩与众多因素有关：一般情况下，水泥强度高、水泥用量多、水灰比大，则收缩量大；骨料粒径大、混凝土级配好、弹性模量大、混凝土越密实，则收缩量小；混凝土构件的体积与其表面面积的比值愈大，收缩量愈小；在结硬和使用过程中，周围环境的湿度大，则收缩量小等。

当在较高的气温条件下浇筑混凝土时，其表面水分容易蒸发而出现过大的收缩变形和过早的开裂，因此，应注意对混凝土的早期养护。同时，在结构中设置温度缝，可以减少其收缩应力。在构件中设置构造钢筋，使收缩应力均匀，可避免发生集中的大裂缝。

任务 2.2　钢筋与混凝土的黏结

知识导航

2.2.1　两类黏结应力

钢筋和混凝土这两种材料能够结合在一起共同工作，除了二者具有相近的线膨胀系数外，更主要的是由于混凝土硬化后，在钢筋长度方向上钢筋与混凝土之间产生了良好的黏结。钢筋端部与混凝土的黏结称为锚固。为保证钢筋不被从混凝土中拔出或压出，要求钢筋有良好的锚固。黏结和锚固是钢筋和混凝土形成整体、共同工作的基础。

钢筋混凝土构件受力后会沿钢筋和混凝土接触面上产生剪应力，通常把这种剪应力称为黏结应力。若构件中的钢筋和混凝土之间既不黏结，钢筋端部也不加锚具，在荷载作用下，钢筋与混凝土就不能共同受力。钢筋端部加弯钩、弯折，或在锚固区贴焊短钢筋、贴焊角钢等，都可以提高锚固能力。光圆钢筋末端均需设置弯钩。

根据受力性质不同，钢筋与混凝土之间的黏结应力可分为裂缝间的局部黏结应力(局部黏结)和钢筋端部的锚固黏结应力(锚固黏结)两种，如图 2.12 所示。

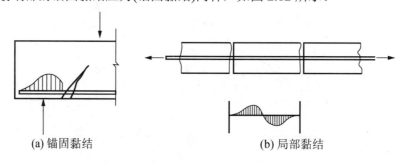

图 2.12　钢筋和混凝土之间的两种黏结示意图

(1) 裂缝间的局部黏结应力(局部黏结)。局部黏结是在相邻两个开裂截面之间产生的，钢筋应力的变化受到黏结应力的影响，黏结应力使相邻两个裂缝之间的混凝土参与受拉。局部黏结应力的丧失会影响构件刚度的降低和裂缝的开展。

(2) 钢筋端部的锚固黏结应力(锚固黏结)。筋伸进支座或在连续梁中承担负弯矩的上部钢筋在跨中截断时需要延伸一定的长度，即锚固长度。要使钢筋承受拉力，就要求受拉钢筋有足够的锚固长度来累积足够的黏结力，否则，将发生锚固破坏。

2.2.2 黏结力的组成及其影响因素

1. 黏结力的组成

钢筋与混凝土的黏结作用主要由以下三部分组成。

(1) 钢筋与混凝土接触面上的化学吸附作用力(胶结力)。
(2) 混凝土收缩握裹钢筋而产生摩阻力。
(3) 钢筋表面凹凸不平与混凝土之间产生的机械咬合作用力(咬合力)，这种咬合力来自表面的粗糙不平。

光圆钢筋与变形钢筋具有不同的黏结机理，其主要差别是，光圆钢筋的黏结力主要来自胶结力和摩阻力，而变形钢筋的黏结力主要来自机械咬合力作用。

2. 影响黏结力的因素

影响黏结力的因素有很多，主要有钢筋表面形状、混凝土强度、浇筑位置、保护层厚度、钢筋净间距、横向钢筋和横向压力等。

(1) 相同条件下，变形钢筋的黏结力比光圆钢筋大。试验表明，变形钢筋的黏结力是光圆钢筋的2～3倍，因此变形钢筋所需的锚固长度要比光圆钢筋短。

(2) 浇筑混凝土时钢筋所处的位置对黏结力有明显的影响。对于混凝土浇筑深度超过300mm以上的顶部水平钢筋，其下部的混凝土由于水分、气泡的逸出和泌水下沉，与钢筋之间形成了空隙层，从而削弱了钢筋与混凝土之间的黏结力。

(3) 保护层厚度和钢筋间距对黏结力也有重要的影响。对于高强变形钢筋来说，混凝土保护层太薄易使外围混凝土发生径向劈裂而使黏结力下降；钢筋净距太小易使整个保护层崩落，从而使黏结力显著下降。

(4) 横向钢筋(如梁中箍筋)可以延缓径向劈裂裂缝的发展和限制裂缝的宽度，从而提高黏结力。因此，在较大直径钢筋的锚固或搭接长度范围内，以及当一层并列的钢筋根数较多时，均应设置一定数量的附加箍筋，以防止混凝土保护层的劈裂崩落。

能力导航

2.2.3 保证可靠黏结的构造措施

保证黏结的构造措施有如下几个方面：对不同等级的混凝土和钢筋，要保证最小搭接长度和锚固长度；必须满足钢筋最小间距和混凝土保护层最小厚度的要求；在钢筋的搭接接头范围内应加密箍筋；在钢筋端部应设置弯钩。此外，在浇筑较深混凝土构件时，为防止在钢筋底面出现沉淀收缩和泌水,形成疏松空隙层,削弱黏结力,应分层浇筑或二次浇捣;钢筋表面的粗糙程度会影响摩擦阻力,从而影响黏结强度。轻度锈蚀的钢筋,其黏结强度比新轧制的无锈钢筋要高,比除锈处理的钢筋更高,因此除重锈钢筋外,一般可不必除锈。

1．锚固长度

钢筋受拉会产生向外的膨胀力,这个膨胀力导致拉力传送到构件表面。为了保证钢筋与混凝土之间有可靠的黏结,钢筋必须有一定的锚固长度。钢筋的锚固长度取决于钢筋强度及混凝土抗拉强度,并与钢筋的外形有关。为了充分利用钢筋的抗拉强度,《混凝土结构设计规范》规定以纵向受拉钢筋的锚固长度作为钢筋的基本锚固长度 l_a,它与钢筋强度、混凝土强度、钢筋直径及外形有关,可按式(2-11)和式(2-12)计算。

普通钢筋:
$$l_a = \alpha \frac{f_y}{f_t} d \tag{2-11}$$

预应力钢筋:
$$l_a = \alpha \frac{f_{py}}{f_t} d \tag{2-12}$$

式中： l_a——受拉钢筋的锚固长度;

f_y, f_{py}——普通钢筋、预应力钢筋的抗拉强度设计值;

f_t——混凝土轴心抗拉强度设计值;

d——钢筋的公称直径;

α——钢筋的外形系数,按照表 2-7 采用。

表 2-7 钢筋的外形系数

钢筋类型	光面钢筋	带肋钢筋	刻痕钢筋	螺旋肋钢丝	三股钢绞线	七股钢绞线
α	0.16	0.14	0.19	0.13	0.16	0.17

钢筋的锚固可采用机械锚固的形式,机械锚固的形式如图 2.13 所示,主要有弯钩、焊锚板及贴焊钢筋等。采用机械锚固可以提高钢筋的锚固力,因此可以减少锚固长度。《混凝土结构设计规范》规定的锚固长度修正系数(折减系数)为 0.7,同时要有相应的配箍直径、间距及数量等构造措施。

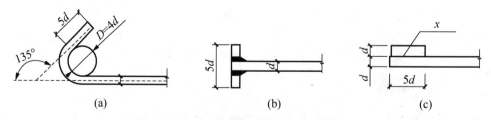

图 2.13 钢筋机械锚固的形式及构造要求

(a) 末端 135°弯钩;(b) 末端与钢板穿孔塞焊;(c) 末端与短钢筋双面贴焊

2．钢筋的搭接

钢筋长度不够或需要采用施工缝及后浇带等构造措施时,钢筋就需要搭接。搭接是指将两根钢筋的端头在一定长度内并放，并采用适当的连接将一根钢筋的力传给另一根钢筋。力的传递可以通过各种连接接头实现。由于钢筋通过连接接头传力总不如整体钢筋，所以钢筋搭接的原则是接头应设置在受力较小处，同一根钢筋上应尽量少设接头，机械连接接头能产生较牢固的连接力，所以应优先采用机械连接。

当受拉钢筋直径小于 28mm，受压钢筋直径小于 32mm 时，可采用绑扎搭接。其连接区段的长度为 1.3 倍搭接长度 l_l，凡是搭接接头中点位于该连接区段长度内的搭接接头均属于同一连接区段。同一区段内纵向钢筋搭接接头面积百分率是指该区段内有搭接接头的纵向受力钢筋截面面积与全部纵向受力钢筋截面面积之比，如图 2.14 所示。该图内同一区段内的搭接接头钢筋有两根，当钢筋的直径相同时，钢筋搭接接头面积百分率是 50%。《混凝土结构设计规范》规定对于梁、板、墙类构件，同一区段内纵向受拉钢筋搭接接头面积百分率不宜大于 25%，对柱类不宜大于 50%。

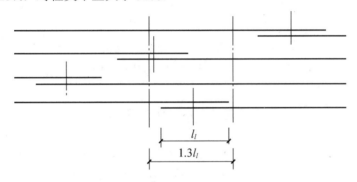

图 2.14 同一区段内纵向受拉钢筋绑扎搭接接头

受拉钢筋绑扎搭接接头的搭接长度 l_l 按式(2-13)计算为

$$l_l = \zeta l_a \tag{2-13}$$

式中：ζ——受拉钢筋搭接长度修正系数，它与同一连接区段内搭接钢筋的截面面积有关，取值见表 2-8；

l_a——受拉钢筋的锚固长度。

对于受压钢筋的搭接接头及焊接骨架的搭接，也应满足相应的构造要求以保证力的传递。

表 2-8 纵向受拉钢筋搭接长度的修正系数

纵向钢筋搭接接头面积百分率(%)	≤25	50	100
ζ	1.2	1.4	1.6

项目小结

1. 《混凝土结构设计规范》(GB 50010—2010)规定混凝土结构中采用的钢筋有热轧钢筋、热处理钢筋、钢丝、钢绞线，当采用其他钢筋时应符合专门规范的规定。钢筋的基本力学性能指标为：抗拉强度、屈服强度和伸长率、冷弯性能。
2. 混凝土强度的基本指标由立方体抗压强度、轴心抗压强度和轴心抗拉强度。
3. 影响混凝土与钢筋黏结力的原因及提高黏结力的构造措施。

习　题

一、简答题

1. 钢筋混凝土结构对钢筋的性能有哪些要求？
2. 我国建筑结构用钢筋的品种有哪些？并说明各种钢筋的应用范围。
3. 钢筋冷加工的方法有哪几种？冷拉和冷拔后钢筋的力学性能有何变化？
4. 什么是钢筋的塑性性能？
5. 混凝土立方抗压强度 $f_{cu,k}$、轴心抗压强度 f_{ck} 和轴心抗拉强度 f_{tk} 是如何确定的？
6. 混凝土的强度等级根据什么确定的？《混凝土结构设计规范》(GB 50010—2010)规定的混凝土强度等级有哪些？
7. 混凝土的变形模量和弹性模量是怎么样确定的？
8. 什么是钢筋和混凝土之间的黏结力？
9. 黏结力的组成有哪些？影响钢筋和混凝土黏结力的主要因素有哪些？
10. 为保证钢筋和混凝土之间有足够的黏结力要采取哪些措施？

二、动手题

1. 试绘出软钢和硬钢的应力-应变曲线，并说明二者的强度取值有何不同。
2. 混凝土单轴受压时的应力-应变关系如何？试绘图，并说明各阶段的特点。

项目 3 结构设计方法与设计指标

教学目标

能力目标：①能够进行简单的荷载效应组合；②能够确定建筑的结构抗震设防等级。
知识目标：①掌握荷载的分类及计算方法；②熟悉结构抗震等级的划分。
态度养成目标：培养学生按照规范要求进行查表的态度。

教学要求

能 力 要 求	相 关 知 识	权 重
能计算结构所受的荷载	荷载的分类、荷载的代表值、荷载效应	30%
能进行简单的荷载效应组合	结构功能要求、承载能力极限状态、正常使用极限状态、荷载效应组合	40%
能够确定建筑物的抗震设防等级	震级、烈度、设防烈度、三水准设防标准、抗震设防分类标准、抗震设防等级	30%

引例

项目 1 中案例二现浇钢筋混凝土框架结构教学楼，教室的楼盖，由梁和板组成，其上有桌椅、人群等荷载由梁和板承受，并通过梁、板传递到柱子上，再传递到基础上。分析楼盖承受了哪些荷载？梁板上所承受的荷载是多少？怎样才能保证结构的可靠性？

任务 3.1 建筑结构荷载与荷载效应

知识导航

3.1.1 结构上的作用

建筑结构在施工和使用期间，要承受其自身和外加的各种作用，这些作用在结构中产生不同的效应(内力和变形)。这些能使结构产生效应(结构或构件的内力、应力、位移、应变裂缝等)的各种原因通称为结构上的作用。

按出现的方式不用，可将结构上的作用分为直接作用和间接作用。

1. 直接作用

直接作用是指直接以力的不同集结形式(集中力或均匀分布力)施加在结构上的作用，通常也称为结构的荷载。例如，结构的自重、楼面人群及物品重量、土压力、风压力、雪压力、积灰、积水等。

2. 间接作用

间接作用是指能够引起结构外加变形、约束变形或振动的各种原因。间接作用并不是直接以力的形式施加在结构上，例如，地基的不均匀沉降、温度变化、地震作用、材料的收缩和膨胀变形等。

3.1.2 荷载的分类

在实际工程中，结构常见的作用多为直接作用，即通常说的荷载。所以本书介绍的内容以直接作用为主。按照不同的分类方法可将荷载进行不同的分类。

1. 按荷载随时间的变异性分类

(1) 永久荷载。永久荷载是指结构在使用期间，其值不随时间变化，或其变化幅度与平均值相比可以忽略不计的荷载，如结构自重、土压力、预应力等，永久荷载也称为恒荷载。

(2) 可变荷载。可变荷载是指结构在使用期间，其值随时间变化，且其变化幅度与平均值相比不可忽略的荷载，如楼面活荷载、积灰荷载、屋面活荷载、吊车荷载、风荷载、雪荷载等，可变荷载也称为活荷载。

(3) 偶然荷载。偶然荷载是指结构在设计使用期间可能出现，但不一定出现，而一旦出现，其持续时间很短但量值很大的荷载如地震力、爆炸力、撞击力等。

2．按荷载的作用范围分类

(1) 集中荷载。集中荷载是指荷载的作用面积与结构的尺寸相比很小，可将其简化为作用于一点的荷载，单位是 kN 或 N。例如梁传给柱子的力、次梁传给主梁的力都可看作集中荷载。

(2) 分布荷载。分布荷载是指荷载连续地分布在整个结构或结构某一部分上。其中分布荷载又包括体荷载、面荷载、线荷载。体荷载是指分布在物体的体积内的荷载，单位是 N/mm^3 或 kN/m^3，常用 γ 表示。面荷载是指分布在物体表面的荷载，单位是 N/mm^2 或 kN/m^2，常用 p 表示。线荷载是指将面荷载、体荷载简化成连续分布在一段长度上的荷载，单位是 N/mm 或 kN/m，常用 q 表示。

能力导航

3.1.3 结构荷载的代表值

作用在结构上的荷载是随时间而变化的不确定的量，如风荷载的大小和方向，楼面活荷载的大小和作用位置均随时间而变化。即使是恒荷载，也随材料比重的变化以及实际尺寸与设计尺寸的偏差而变化。由于各种荷载都具有一定的变异性，在结构设计时，对荷载应赋予一个规定的量值，称为荷载代表值。

《建筑结构荷载规范》(GB 50009—2012)(以下简称《荷载规范》)给出的荷载的 4 种代表值：标准值、组合值、频遇值、准永久值。荷载标准值是荷载的基本代表值，而其他代表值都可在标准值的基础上乘以相应的系数后得出。建筑结构设计时，对不同荷载应采用不同的代表值，对永久荷载应采用标准值作为代表值。对可变荷载应根据设计要求采用标准值、组合值、频遇值或准永久值作为代表值。对偶然荷载应按建筑结构使用的特点确定其代表值。

1．荷载标准值

荷载标准值是指结构在正常使用情况下，在其设计基准期(50 年)内可能出现的具有一定保证率的最大荷载值。

永久荷载标准值(G_k)，对结构自重，可按结构构件的设计尺寸与材料单位体积的自重计算确定。对常用材料和构件可参《荷载规范》附录 A 采用。表 3-1 列出部分常用材料和构件自重。

设计时可计算求得永久荷载标准值。例如，某矩形钢筋混凝土梁，$b \times h = 300mm \times 600mm$，计算跨度 $l_0 = 4.5mm$。查表 3-1 取钢筋混凝土自重为 25 kN/m^3，则该梁沿跨度方向均匀分布的自重标准值为：$g_k = 0.3 \times 0.6 \times 25 = 4.5\ kN/m$。

表 3-1 部分常用材料和构件自重

序号	名称	单位	自重	备注
1	素混凝土	kN/m³	22～24	振捣或不振捣
2	钢筋混凝土	kN/m³	24～25	
3	水泥砂浆	kN/m³	20	
4	石灰砂浆	kN/m³	17	
5	混合砂浆	kN/m³	17	
6	浆砌普通砖	kN/m³	18	
7	浆砌机砖	kN/m³	19	
8	水磨石地面	kN/m²	0.65	10mm 面层，20mm 水泥砂浆打底
9	贴瓷砖墙面	kN/m²	0.5	包括水泥浆打底，共厚 25mm
10	木框玻璃窗	kN/m²	0.2～0.3	

可变荷载标准值（Q_k）是根据观测资料和实验数据，并考虑工程实践经验而确定，可由《荷载规范》各章中的规定确定。表 3-2 列出部分民用建筑楼面均布活荷载标准值及其组合值、频遇值系数。

表 3-2 部分民用建筑楼面均布活荷载标准值及其组合值、频遇值和准永久值系数

项次	类别			标准值 kN/m²	组合值系数 ψ_c	频遇值系数 ψ_f	准永久值系数 ψ_q
1	(1) 住宅、宿舍、旅馆、办公楼、医院病房、托儿所、幼儿园			2.0	0.7	0.5	0.4
	(2) 实验室、阅览室、会议室、医院门诊室			2.0	0.7	0.6	0.5
2	教室、食堂、餐厅、一般资料档案室			2.5	0.7	0.6	0.5
3	(1) 礼堂、剧场、影院、有固定座位的看台			2.5	0.7	0.6	0.5
	(2) 公共洗衣房			3.0	0.7	0.6	0.5
4	(1) 商店、展览厅、车站、港口、机场大厅及其旅客等候室			3.5	0.7	0.6	0.5
	(2) 无固定座位的看台			3.5	0.7	0.5	0.3
5	(1) 健身房、演出舞台			4.0	0.7	0.6	0.5
	(2) 运动场、舞厅			4.0	0.7	0.6	0.3
6	(1) 书库、档案室、储藏室			5.0	0.9	0.9	0.8
	(2) 密集柜书库			12.0	0.9	0.9	0.8
7	通风机房、电梯机房			7.0	0.9	0.9	0.8
8	汽车通道及客车停车库	(1) 单向板楼盖(板跨不小于2m)和双向板楼盖(板跨不小于3m×3m)	客车	4.0	0.7	0.7	0.6
			消防车	35.0	0.7	0.5	0.0
		(2) 双向板楼盖(板跨不小于6m×6m)和无梁楼盖(柱网尺寸不小于6m×6m)	客车	2.5	0.7	0.7	0.6
			消防车	20.0	0.7	0.5	0.0

续表

项次	类别		标准值 kN/m²	组合值系数 Ψ_c	频遇值系数 Ψ_f	准永久值系数 Ψ_q
9	厨房	(1) 餐厅	4.0	0.7	0.7	0.7
		(2) 其他	2.0	0.7	0.6	0.5
10	浴室、厕所、盥洗室		2.5	0.7	0.6	0.5
11	走廊、门厅	(1) 宿舍、旅馆、医院病房、托儿所、幼儿园、住宅	2.0	0.7	0.5	0.4
		(2) 办公楼、餐厅、医院门诊部	2.5	0.7	0.6	0.4
		(3) 教学楼及其他能出现人员密集的情况	3.5	0.7	0.5	0.3
12	楼梯	(1) 多层住宅	2.0	0.7	0.5	0.4
		(2) 其他	3.5	0.7	0.5	0.3
13	阳台	(1) 可能出现人员密集的情况	3.5	0.7	0.6	0.5
		(2) 其他	2.5	0.7	0.6	0.5

2. 可变荷载组合值 $\Psi_c Q_k$

当结构上同时作用两种或两种以上可变荷载时，可变荷载同时达到其标准值的可能性较小，因此要考虑其组合值。除其中产生最大效应的荷载(主导荷载)仍取其标准值外，其他伴随的可变荷载均采用小于其标准值的组合值为代表值。这种经调整后的可变荷载代表值，称为可变荷载组合值。《荷载规范》规定，可变荷载组合值用可变荷载的组合系数 Ψ_c($\Psi_c \leq 1$)与相应的可变荷载标准值 Q_k 的乘积来确定，即 $\Psi_c Q_k$，Ψ_c 取值参见表 3-2。

3. 可变荷载频遇值 $\Psi_f Q_k$

可变荷载频遇值是指可变荷载在设计基准期内，其超越的总时间为规定的较小比率或超越频率为规定频率的荷载值。可变荷载频遇值是针对结构上偶尔出现的较大荷载，具有较短的总持续时间或较少的发生次数的特性。《荷载规范》规定，可变荷载频遇值应取可变荷载标准值 Q_k 乘以荷载频遇值系数 Ψ_f($\Psi_f \leq 1$)，即 $\Psi_f Q_k$，Ψ_f 取值参见表 3-2。

4. 可变荷载准永久值 $\Psi_q Q_k$

可变荷载准永久值是指可变荷载在设计基准期内，其超越的总时间约为设计基准期一半的荷载值。可变荷载准永久值是针对在结构上经常作用的可变荷载，即在规定的期限内，该部分可变荷载具有较长的总持续时间，对结构的影响类似于永久荷载。《荷载规范》规定，可变荷载准永久值应取可变荷载标准值 Q_k 乘以荷载准永久值系数 Ψ_q，即 $\Psi_q Q_k$，Ψ_q 取值参见表 3-2。

特别提示

永久荷载应采用标准值作为代表值。可变荷载应根据设计要求采用标准值、组合值、频遇值或准永久值作为代表。偶然荷载应按建筑结构使用的特点确定其代表值。

3.1.4 结构的荷载效应

作用效应(S)是指各种作用在结构上的内力(弯矩、剪力、轴力、扭矩等)和变形(挠度、扭转、弯曲、拉伸、压缩、裂缝等)。当作用为荷载时，引起的效应称为荷载效应。

一般情况下，荷载效应(S)与荷载(Q)的关系式为

$$S = CQ \tag{3-1}$$

式中：C——荷载效应系数，由力学分析确定；

Q——某荷载代表值；

S——与荷载 Q 相应的荷载效应。

例如某简支梁上作用有均布线荷载 q，其计算跨度 l，由结构力学方法计算可知，其跨中最大弯矩值为 $M=\frac{1}{8}ql^2$，支座处剪力为 $V(F_Q)=\frac{1}{2}ql$。q 相当于荷载 Q，弯矩 M 和剪力 $V(F_Q)$ 都相当于荷载效应 S，$\frac{1}{8}l^2$ 和 $\frac{1}{2}l$ 则相当于荷载效应系数 C。

【例 3-1】某钢筋混凝土楼板厚度为 100mm，板上铺水磨石地面，求地面构造层与板自重标准值。

【解】

(1) 楼板的自重荷载常采用面荷载，单位为 kN/m^2，100mm 厚钢筋混凝土楼板的自重可以取为 $25kN/m^3×0.1m=2.5kN/m^2$。

(2) 查表 3-1 得出水磨石地面的自重标准值为 $0.65kN/m^2$。

(3) 故该地面构造层与板自重标准值$=2.5kN/m^2+0.65kN/m^2=3.15\ kN/m^2$。

案例点评

注意各种荷载的单位，最后要保持单位的统一。

任务 3.2　建筑结构的设计方法

知识导航

3.2.1　结构的功能要求

建筑结构的设计目的是要使结构在预定的使用年限内完成预期的各种功能要求，有较好的经济性且便于施工。建筑结构的功能要求包括：安全性、适用性和耐久性。

1．安全性

安全性是指结构在正常施工和正常使用条件下，能承受可能出现的各种作用，在偶然事件发生时和发生后，结构仍能保持必需的整体稳定性，即结构仅产生局部损坏而不发生倒塌。

2．适用性

适用性是指结构在正常使用条件下，具有良好的工作性能。例如不发生影响使用的过

大变形、振幅和裂缝等。

3. 耐久性

耐久性是指结构在正常维护条件下,具有足够的耐久性,能够使用到预定的设计使用年限。如钢筋不发生严重锈蚀、混凝土不发生严重风化和腐蚀等。

结构的三大功能概括起来称为结构的可靠性,即在规定的时间内(设计使用年限),在规定的条件下(正常设计、正常施工、正常使用和维护),完成结构预定功能(安全性、适用性耐久性)的能力。结构满足其功能要求的概率称为可靠概率或可靠度。

设计使用年限是指按规定指标设计的建筑结构或构件,在正常施工、正常使用和维护下,不需要进行大修即可达到其预定功能要求的使用年限。《建筑结构可靠度设计统一标准》(GB 50068—2001),将设计使用年限分为四个类别,如表3-3 所示。

表 3-3　结构设计使用年限分类

类别	设计使用年限/年	示　　　例	类别	设计使用年限/年	示　　　例
1	5	临时性结构	3	50	普通房屋和构筑物
2	25	易于替换的结构构件	4	100	纪念性建筑和特别重要的建筑物

3.2.2 结构的极限状态

结构能够满足设计规定的某一功能要求且能够良好的工作,我们称之为该功能处于可靠状态;反之,称之为该功能处于失效状态。这种"可靠"与"失效"之间必然存在某一特定的界限状态,此特定状态称为该功能的极限状态。

结构的极限状态分为两类:承载能力极限状态和正常使用极限状态。

1. 承载能力极限状态

承载能力极限状态对应于结构或结构构件达到最大承载能力或不适于继续承载的变形。超过这一极限状态,整个结构或构件便不能满足安全性的功能要求。

当结构或结构构件出现下列状态之一时,应认为超过了承载能力极限状态:

(1) 整个结构或结构的一部分作为刚体失去平衡(如倾覆等)。

(2) 结构构件或连接因超过材料强度而破坏(包括疲劳破坏),或因过度变形而不适于继续承载。

(3) 结构由几何不变体系转变为机动体系。

(4) 结构或结构构件丧失稳定(如压屈等)。

(5) 地基丧失承载能力而破坏(如失稳等)。

2. 正常使用极限状态

正常使用极限状态对应于结构或结构构件达到正常使用或耐久性能的某项规定限值。超过这一极限状态,整个结构或构件便不能满足实用性或耐久性的功能要求。

当结构或结构构件出现下列状态之一时,应认为超过了正常使用极限状态:

(1) 影响正常使用或外观的变形。
(2) 影响正常使用或耐久性能的局部损坏(包括裂缝)。
(3) 影响正常使用的振动。
(4) 影响正常使用的其他特定状态。

 **能力导航**

3.2.3 极限状态表达式在结构设计中的应用

1. 极限状态方程

结构和结构构件的工作状态可以用作用效应 S 和结构抗力 R 的关系式来描述

$$Z = g(R,S) = R - S \tag{3-2}$$

式中：Z——结构极限状态功能函数；

R——结构抗力，指结构或结构构件承受作用效应的能力，如结构构件的承载力、刚度和裂缝度等；

S——作用效应，指作用引起的结构或结构构件的内力、变形和裂缝等。

如上所述，R 和 S 都是非确定性的随机变量，故 $Z=g(R，S)$ 是一个随机变量函数。按 Z 值的大小不同，可以用来描述结构所处的三种不同工作状态：

(1) 当 $Z>0$，即 $R>S$，结构能够完成预定功能，结构处于可靠状态；
(2) 当 $Z<0$，即 $R<S$，结构不能完成预定功能，结构处于失效状态；
(3) 当 $Z=0$，即 $R=S$，结构处于极限状态，称为极限状态方程。

2. 承载力极限状态实用设计表达式

用结构的失效率来度量结构的可靠性，已为国际上所公认。但计算失效率在数学上比较烦琐，且需要大量的统计数据。考虑到多年的设计习惯和使用上的简便，我国《建筑结构可靠度设计统一标准》采用以概率理论为基础的极限状态设计方法，引入分项系数的实用设计表达式进行计算。

1) 设计表达式

结构构件在进行承载能力极限状态设计时应采用下列实用设计表达式

$$\gamma_0 S \leqslant R \tag{3-3}$$

式中：γ_0——结构构件的重要性系数，见表 3-4；

S——承载能力极限状态的荷载效应组合设计值；

R——结构构件的抗力设计值。

2) 结构构件的重要性系数 γ_0

建筑结构的安全等级，在进行建筑结构设计时，根据结构破坏可能产生的后果严重与否，即危及人的生命、造成经济损失和生产社会影响等的严重程度，采用不同的安全等级进行设计。《建筑结构可靠度设计统一标准》将建筑结构划分为三个安全等级，设计时应根据具体情况，按表 3-4 的规定选用适当的安全等级。

表 3-4 建筑结构的安全等级

安 全 等 级	重要性系数 γ_0	破 坏 后 果	建筑物类型
一级	1.1	很严重	重要的房屋
二级	1.0	严重	一般的房屋
三级	0.9	不严重	次要的房屋

3) 荷载效应组合设计值 S

如果结构上同时作用有多种可变荷载，就要考虑荷载效应的组合问题。荷载效应组合是指在所有可能同时出现的各种荷载组合下，确定结构或构件内产生的总效应。荷载效应组合分为基本组合与偶然组合两种情况。最不利组合是指所有可能产生的荷载组合中，对结构构件产生总效应最为不利的一组。

对于承载能力极限状态，应按荷载效应的基本组合进行荷载效应组合，必要时应按荷载效应的偶然组合进行荷载效应组合。

对于基本组合，荷载效应组合的设计值 S 应从下列组合中取最不利值确定。

(1) 由可变荷载效应控制的组合：

$$S = \gamma_G S_{GK} + \gamma_{Q1} S_{Q1K} + \sum_{i=2}^{n} \gamma_{Qi} \psi_{Ci} S_{QiK} \tag{3-4}$$

(2) 由永久荷载效应控制的组合：

$$S = \gamma_G S_{GK} + \sum_{i=1}^{n} \gamma_{Qi} \psi_{Ci} S_{QiK} \tag{3-5a}$$

式中： γ_G ——永久荷载的分项系数，见表 3-5；

γ_{Q1}， γ_{Qi} ——第一个和第 i 个可变荷载分项系数，见表 3-5；

S_{GK} ——按永久荷载标准值 G_K 计算的荷载效应值；

S_{Q1K}， S_{QiK} ——起控制作用的一个可变荷载荷载标准值 Q_{1K} 和第 i 个可变荷载标准值 Q_{iK} 计算的荷载效应；

ψ_{Ci} ——第 i 个可变荷载的组合值系数，按表 3-2 取用。

(3) 对于一般排架、框架结构，式(3-5a)可采用下列简化设计表达式：

$$S = \gamma_G S_{GK} + \psi \sum_{i=1}^{n} \gamma_{Qi} S_{QiK} \tag{3-5b}$$

式中： ψ ——简化的可变荷载组合系数，一般可取 $\psi = 0.90$，当只有一个可变荷载时，取 $\psi = 1.0$。

对于偶然组合，荷载效应组合的设计值应按有关规范的规定确定。

表 3-5 荷载分项系数

荷载类别	荷载特征	荷载分项系数 γ_G 或 γ_Q
永久荷载	当其效应对结构不利时： 对由可变荷载效应控制的组合；	1.2
	对由永久荷载效应控制的组合	1.35

续表

荷载类别	荷载特征	荷载分项系数 γ_G 或 γ_Q
永久荷载	当其效应对结构有利时： 一般情况； 对结构的倾覆、滑移或漂浮验算	1.0 0.9
可变荷载	一般情况； 对标准值＞4kN/m² 的工业房屋楼面活荷载	1.4 1.3

3．正常使用极限状态实用设计表达式

正常使用极限状态主要验算结构构件的变形、抗裂度或裂缝宽度等，以便来满足结构适用性和耐久性的要求。由于其危害程度不及承载力破坏结果造成的损失大，对其可靠度的要求可适当降低。在对正常使用状态计算时，荷载及材料强度均取标准值，不再考虑荷载和材料的分项系数，也不考虑结构的重要性系数 γ_0。

1) 设计表达式

正常使用极限状态按下列设计表达式进行设计：

$$S \leqslant C \tag{3-6}$$

式中：S——正常使用极限状态的荷载效应组合值；

C——结构或结构构件达到正常使用要求的规定限制(如变形、裂缝、应力等限值)，按有关规定采用。

2) 荷载效应组合设计值 S

对正常使用状态的荷载效应组合时，应根据不同设计目的，分别按荷载效应的标准组合、频遇组合和准永久组合进行设计。

(1) 荷载的标准组合：

$$S = S_{GK} + S_{Q1K} + \sum_{i=2}^{n} \psi_{Ci} S_{QiK} \tag{3-7}$$

(2) 荷载的频遇组合：

$$S = S_{GK} + \psi_{f1} S_{Q1K} + \sum_{i=2}^{n} \psi_{qi} S_{QiK} \tag{3-8}$$

(3) 荷载的准永久组合：

$$S = S_{GK} + \sum_{i=1}^{n} \psi_{qi} S_{QiK} \tag{3-9}$$

式中：ψ_{f1}——在频遇组合中起控制作用的一个可变荷载的频遇值系数，按表 3-2 取用；

ψ_{qi}——第 i 个可变荷载的准永久值系数，按表 3-2 取用。

【例 3-2】 某钢筋混凝土办公楼矩形截面简支梁，计算跨度 l_0=6m，梁上的永久荷载(包含自重)标准值 g_K=12kN/m，可变荷载标准值 q_K=5kN/m，安全等级为二级，分别按承载力极限状态和正常使用极限状态设计时的各项组合计算梁跨中弯矩设计值。

【解】

(1) 均布荷载标准值 g_K 和 q_K 作用下的跨中弯矩标准值。

永久荷载作用下 $M_{GK} = \frac{1}{8}g_K l_0^2 = \frac{1}{8} \times 12 \times 6^2 = 54 \,(\text{KN} \cdot \text{m})$

可变荷载作用下 $M_{QK} = \frac{1}{8}q_K l_0^2 = \frac{1}{8} \times 5 \times 6^2 = 22.5 \,(\text{KN} \cdot \text{m})$

(2) 承载力极限状态设计时的跨中弯矩设计值。

安全等级为二级，查表 3-4，取 $\gamma_0 = 1.0$。

按可变荷载效应控制的组合计算。

查表 3-5，取 $\gamma_G = 1.2$，$\gamma_Q = 1.4$

$$M = \gamma_0(\gamma_G M_{GK} + \gamma_{Q1} M_{Q1K}) = 1.0 \times (1.2 \times 54 + 1.4 \times 22.5) = 96.3 \,(\text{KN} \cdot \text{m})$$

按永久荷载效应控制的组合计算。

查表 3-5，取 $\gamma_G = 1.35$，$\gamma_Q = 1.4$；查表 3-2，取 $\psi_c = 0.7$

$$M = \gamma_0(\gamma_G M_{GK} + \gamma_{Q1}\psi_c M_{Q1K}) = 1.0 \times (1.35 \times 54 + 1.4 \times 0.7 \times 22.5) = 94.95 \,(\text{KN} \cdot \text{m})$$

故该梁按承载力极限状态设计时，跨中弯矩设计值应取上述较大值，即 $M = 96.3$ KN·m。

(3) 正常使用极限状体设计时的跨中弯矩设计值。

查表 3-2，取 $\psi_c = 0.5$，$\psi_q = 0.4$

按标准组合时 $M = M_{GK} + M_{Q1K} = 54 + 22.5 = 76.5 \,(\text{KN} \cdot \text{m})$

按频遇组合时 $M = M_{GK} + \psi_{f1} M_{Q1K} = 54 + 0.5 \times 22.5 = 65.25 \,(\text{KN} \cdot \text{m})$

按准永久组合时 $M = M_{GK} + \psi_{q1} M_{Q1K} = 54 + 0.4 \times 22.5 = 63 \,(\text{KN} \cdot \text{m})$

案例点评

注意结合建筑结构荷载组合公式，理解荷载分项系数的含义。

任务 3.3 建筑结构抗震设防简介

知识导航

3.3.1 地震的基本概念

1. 地震的定义

地震是一种自然现象。据统计，地球每年平均发生 500 万次左右的地震，其中，5 级以上的强烈地震 1000 次左右。如果强烈地震发生在人类聚居区，就可能造成地震灾害。为了抵御与减轻地震灾害，有必要进行工程结构的抗震分析与抗震设计。

2. 地震的类型

地震可以划分为诱发地震和天然地震两大类。诱发地震主要是由于人工爆破、矿山开采及重大工程活动(如兴建水库)所引发的地震，诱发地震一般不太强烈，仅有个别情况(如水库地震)会造成较严重的地震灾害。天然地震包括构造地震与火山地震。前者由地壳构造运动产生，后者则由火山爆发引起。比较而言，构造地震发生数量多(约占地震发生总数的90%)、影响范围广，是地震工程的主要研究对象。

对于构造地震，可以从宏观背景和局部机制两个层次上解释其成因。从宏观背景上考察，地球内部由三个圈层构成：地壳、地幔与地核。通常认为，地球最外层是由一些巨大的板块所组成，板块向下延伸的深度为70～100km。由于地幔物质的对流，这些板块一直在缓慢地相互运动。板块的构造运动，是构造地震产生的根本原因。从局部机制上分析，地球板块在运动过程中，板块之间的相互作用力会使地壳中的岩层发生变形。当这种变形积聚到超过岩石所能承受的程度时，该处岩体就会发生突然断裂或错动，从而引起地震。

地球内部断层错动并引起周围介质振动的部位称为震源。震源正上方的地面位置称为震中。地面某处至震中的水平距离称为震中距。通常将震源深度小于70km的叫浅源地震，深度在70～300km的叫中源地震，深度大于300km的叫深源地震。对于同样大小的地震，由于震源深度不一样，对地面造成的破坏程度也不一样。震源越浅，破坏越大，但波及范围也越小，反之亦然。

地震时，地下岩体断裂、错动并产生振动。振动以波的形式从震源向外传播，就形成了地震波，其中在地球内部传播的波称为体波，而沿地球表面传播的波叫做面波。体波有纵波和横波两种形式。纵波是由震源向外传递的压缩波，其介质质点的运动方向与波的前进方向一致。纵波一般周期较短、振幅较小，在地面引起上下颠簸运动。横波是由震源向外传递的剪切波，其质点的运动方向与波的前进方向相垂直。横波一般周期较长，振幅较大，引起地面水平方向的运动。面波主要有瑞雷波和乐夫波两种形式。瑞雷波传播时，质点在波的前进方向与地表法向组成的平面内做逆向的椭圆运动。这种运动形式被认为是形成地面晃动的主要原因。乐夫波传播时，质点在与波的前进方向相垂直的水平方向运动，在地面上表现为蛇形运动。面波周期长，振幅大。由于面波比体波衰减慢，故能传播到很远的地方。地震波的传播速度，以纵波最快，横波次之，面波最慢。所以，在地震发生的中心地区人们的感觉是，先上下颠簸，后左右摇晃。当横波或面波到达时，地面振动最为猛烈，产生的破坏作用也较大。在离震中较远的地方，由于地震波在传播过程中能量逐渐衰减，地面振动减弱，破坏作用也逐渐减轻。

3. 地震的震级

地震震级是表示地震大小的一种度量，与震源释放的能量大小有关，其数值是根据地震仪记录到的地震波图确定的，国际上通用的是里氏震级，用符号 M 表示。大于2.5级的浅震，在震中附近地区的人就有感觉，称为有感地震；5级以上的地震，会造成明显的破坏，称为破坏性地震。世界上已记录到的最大地震的震级为8.9级。

4. 地震烈度

地震烈度是指某一区域内的地表和各类建筑物遭受一次地震影响的平均强弱程度。一次地震，表示地震大小的震级只有一个。然而，由于同一次地震对不同地点的影响不一样，随着距离震中的远近变化，会出现多种不同的地震烈度。一般来说，距离震中近，地震烈度就高；距离震中越远，地震烈度也越低。为评定地震烈度而建立起来的标准称为地震烈度。不同国家所规定的地震烈度表往往是不同的，我国规定的地震烈度表是12度烈度表。

5. 抗震设防烈度

抗震设防烈度是一个地区抗震设防依据的地震烈度，是指国务院地震行政主管部门对建设工程制定的必须达到的抵御地震破坏的准则和技术指标。它是综合考虑地容、环境、工程的重要程度、要达到的安全目标和国家经济承受能力等因素的基础上确定的。抗震设防烈度为6度及以上地区的建筑，必须进行抗震设计。

3.3.2 建筑抗震设防目的与设防标准

一般来说，建筑抗震设计包括三个层次的内容与要求：概念设计、抗震计算与构造措施。概念设计在总体上把握抗震设计的基本原则；抗震计算为建筑抗震设计提供定量手段；构造措施则可以在保证结构整体性、加强局部薄弱环节等意义上保证抗震计算结果的有效性。抗震设计上述三个层次的内容是一个不可割裂的整体，忽略任何一部分，都可能造成抗震设计的失败。

1. 抗震设防的目的和要求

工程抗震设防的基本目的是在一定的经济条件下，最大限度地限制和减轻建筑物的地震破坏，保障人民生命财产的安全。为了实现这一目的，近年来，许多国家的抗震设计规范都趋向于以"小震不坏、中震可修、大震不倒"作为建筑抗震设计的基本准则。

《建筑抗震设计规范》(GB 50011—2010)明确提出了三个水准的抗震设防要求。

第一水准：当遭受低于本地区设防烈度的多遇地震影响时，主体结构不受损坏或不需修理可继续使用；

第二水准：当遭受相当于本地区设防烈度的地震影响时，可能损坏，但经一般性修理可继续使用；

第三水准：当遭受高于本地区设防烈度的罕遇地震影响时，不致倒塌或发生危及生命安全的严重破坏。

在进行建筑抗震设计时，原则上应满足上述三水准的抗震设防要求。在具体做法上，《建筑抗震设计规范》采用了简化的两阶段设计方法。

第一阶段设计：按多遇地震烈度对应的地震作用效应和其他荷载效应的组合验算结构构件的承载能力和结构的弹性变形。

第二阶段设计：按罕遇地震烈度对应的地震作用效应验算结构的弹塑性变形。

第一阶段的设计，保证了第一水准的强度要求和变形要求。第二阶段的设计，则旨在保证结构满足第三水准的抗震设防要求，如何保证第二水准的抗震设防要求，尚在研究之中。目前一般认为，良好的抗震构造措施有助于第二水准要求的实现。

2. 建筑物重要性分类与设防标准

对于不同使用性质的建筑物，地震破坏所造成后果的严重性是不一样的。因此，对于不同用途建筑物的抗震设防，不宜采用同一标准，而应根据其破坏后果加以区别对待。为此，我国建筑抗震设计规范将建筑物按其用途的重要性分为四类。

甲类建筑：指重大建筑工程和地震时可能发生严重次生灾害的建筑。这类建筑的破坏会导致严重的后果，其确定须经国家规定的批准权限予以批准；

乙类建筑：指地震时使用功能不能中断或需尽快恢复的建筑。例如抗震城市中生命线工程的核心建筑。城市生命线工程一般包括供水、供气、供电、交通、通信、消防、医疗救护等系统。

丙类建筑：指一般建筑，包括除甲、乙、丁类建筑以外的一般工业与民用建筑，如普通工业厂房、居民住宅、商业建筑等。

丁类建筑：指次要建筑，包括一般的仓库，人员较少的辅助建筑物等。

对各类建筑抗震设防标准的具体规定为：甲类建筑，地震作用应高于本地区抗震设防烈度的要求，其值应按批准的地震安全性评价结果确定；抗震措施，当抗震设防烈度为6～8度时，应符合本地区抗震设防烈度提高一度的要求，当为9度时，应符合比9度抗震设防更高的要求。乙类建筑，地震作用应符合本地区抗震设防烈度的要求；抗震措施，一般情况下，当抗震设防烈度为6～8度时，应符合本地区抗震设防烈度提高一度的要求，当为9度时，应符合比9度抗震设防更高的要求；地基基础的抗震措施，应符合有关规定。对较小的乙类建筑，当其结构改用抗震性能较好的结构类型时，应允许仍按本地区抗震设防烈度的要求采取抗震措施。丙类建筑，地震作用和抗震措施均应符合本地区抗震设防烈度的要求。丁类建筑，一般情况下，地震作用仍应符合本地区抗震设防烈度的要求；抗震措施应允许比本地区抗震设防烈度的要求适当降低，但抗震设防烈度为6度时不应降低。

3.3.3 建筑的抗震设防等级

抗震等级是结构构件抗震设防的标准。钢筋混凝土房屋应根据烈度、结构类型和房屋高度采用不同的抗震等级，并应符合相应的计算和构造措施要求。抗震等级体现了不同的抗震要求，共分为四级，其中一级抗震要求最高。丙类建筑的抗震等级应按表3-6确定。

表3-6 现浇钢筋混凝土房屋的抗震等级表

结构类型		烈 度							
		6		7		8		9	
框架结构	高度/m	≤25	>25	≤35	>35	≤35	>35	≤25	
	框架	四	三	三	二	二	一	一	
框架-抗震墙结构	高度/m	≤60	>60	≤24	25～60	>60	≤24	25～60	>60	≤24	25～50
	框架	四	三	四	三	二	三	二	一	二	一
	抗震墙	三		三	二		二	一		一	
抗震墙结构	高度/m	≤80	>80	≤24	25～80	>80	≤24	25～80	>80	≤24	25～60
	剪力墙	四	三	四	三	二	三	二	一	二	一

续表

结构类型		烈 度							
		6		7			8		9
部分框支抗震墙结构	高度/m	≤80	>80	≤24	25~80	>80	≤24	25~80	
	抗震墙 一般部位	四	三	四	三	二	三	二	
	抗震墙 加强部位	三	二	三	二	一	二	一	
	框支层框架	二		二			一		
框架-核心筒结构	框架	三		二			一		一
	核心筒	二		二			一		一
筒中筒结构	外筒	三		二			一		一
	内筒	三		二			一		一
板柱-抗震墙结构	高度/m	≤35	>35	≤35	>35		≤35	>35	
	板柱的柱	三	二	二	二		一		
	抗震墙	二	二	二	二		一		

注: 1. 接近或等于高度分界时, 应允许结合房屋不规则程度及场地、地基条件确定抗震等级;

2. 建筑场地为Ⅰ类时, 除6度外可按表内降低一度所对应的抗震等级采取抗震构造措施, 但相应的计算要求不应降低;

3. 部分框支抗震墙结构中, 抗震墙加强部位以上的一般部位, 应允许按抗震墙结构确定其抗震等级。

项目小结

1. 建筑结构的功能要求、极限状态、荷载效应、结构抗力的概念。
2. 结构构件承载力极限状态和正常使用极限状态的实用设计表达式, 以及表达式中各符号所代表的含义。
3. 建筑抗震分类标准及抗震等级的确定。

习 题

一、简答题

1. 什么是结构上的作用? 什么是直接和间接作用?
2. 荷载是怎样进行分类的?
3. 什么是荷载的代表值? 荷载的代表值有哪些?
4. 什么是荷载的组合值? 常见的荷载组合值有哪些?
5. 建筑结构的三大功能要求是什么?
6. 什么是荷载分项系数? 它的数值为多少?

7. 什么是地震震级、地震烈度和设防烈度？
8. 抗震设防的目标是什么？

二、计算题

1. 某教学楼楼面构造层分别为：20mm 厚水泥砂浆抹面；50mm 厚钢筋混凝土垫层；120mm 厚现浇混凝土楼板；16mm 厚底板抹灰。楼面均布活荷载 2.5kN/m^2，求该楼板的荷载设计值。

2. 某办公楼楼面采用预应力混凝土七孔板，安全等级为二级。板长 3.3m，计算跨度为 3.18m，板宽 0.9m，板自重 2.04kN/m^2，后浇混凝土层厚 40mm，板底抹灰层厚 20mm，可变荷载取 2.0kN/m^2，准永久值系数为 0.4，试计算按承载能力极限状态和正常使用极限状体设计时的跨中截面弯矩设计值。

项目 4 钢筋混凝土结构基本构件

教学目标

通过本项目的学习,掌握钢筋混凝土结构基本构件的构造要求与详图表达,理解钢筋混凝土结构基本构件的受力特点以及基本结构设计原理;了解预应力混凝土构件的基本概念与主要构造要求。

教学要求

能 力 要 求	相 关 知 识	权 重
对钢筋混凝土结构基本构件进行基本结构构造设计	钢筋混凝土结构基本构件的结构构造要求	20%
能够识读与绘制钢筋混凝土结构基本构件结构详图	钢筋混凝土结构基本构件结构详图的制图规则与表达方法	60%
能对单筋矩形截面梁进行截面设计和截面复核	受弯构件的正截面承载力计算	20%

学习重点

钢筋混凝土柱、梁、板的构造要求。

引例

钢筋混凝土的发明出现在近代,1868 年一个法国园丁获得了钢筋混凝土花盆和用于公路护栏的钢筋混凝土梁柱的发明专利,1872 年世界第一座钢筋混凝土结构在美国纽约建成,人类建筑历史上一个崭新的纪元从此开始,钢筋混凝土结构在 1900 年以后在世界得到大规模地采用,1928 年一种新型的混凝土结构形式预应力混凝土问世,并在第二次世界大战后广泛用于工程实践,我国钢筋混凝土的发展起源于 20 世纪 60 年代,随后制定了大量的钢筋混凝土设计规范,目前在中国钢筋混凝土为应用最多的一种结构形式,占总数的绝大多数,钢筋混凝土建筑主要由柱、梁、板等基本构件组成,用于承受各类荷载,它们的意义重大,这些基本构件的设计在保证建筑的安全等可靠性方面举足轻重。试问:

(1) 这些混凝土结构基本构件是否产生变形,若产生变形以什么变形为主?
(2) 在结构的基本构造设计中如何进行混凝土结构基本构件常规取值?
(3) 梁、板、柱中是否需要配置钢筋与混凝土共同抵抗变形?需要配置哪些钢筋?
(4) 如何进行梁、板、柱等钢筋详图的表达?

任务 4.1　钢筋混凝土受弯构件

知识导航

4.1.1　受弯构件的受力特点

承受弯矩和剪力作用的构件称为受弯构件,钢筋混凝土梁和板是房屋建筑工程中典型的受弯构件。

受弯构件的破坏有两种可能,如图 4.1 所示。(1)正截面破坏:由弯矩引起,破坏截面与构件的纵轴线垂直。它有三种形态:延性破坏(适筋破坏)、受压脆性破坏(超筋破坏)和受拉脆性破坏(少筋破坏)。(2)斜截面破坏:由弯矩和剪力共同作用引起,破坏截面不与构件的纵轴线垂直,是倾斜的,这种破坏也有三种形态:剪压破坏、斜压破坏和斜拉破坏。

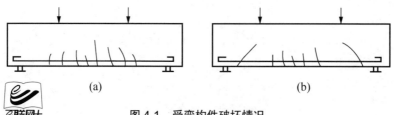

图 4.1　受弯构件破坏情况

(a) 正截面破坏;(b) 斜截面破坏

受弯构件的设计一般包括正截面受弯承载力计算、斜截面受剪承载力计算、构件的变形和裂缝宽度验算,同时必须满足各种构造要求。

特别提示

《混凝土结构设计规范》(GB 50010—2010)对钢筋混凝土结构基本构件作出了各种构造规定,其中包含对受弯构件梁、板的各种构造要求。

能力导航

4.1.2 梁、板的一般构造要求

1. 梁的构造

(1) 梁的截面形式及尺寸。梁最常用的截面形式有矩形和 T 形。此外,根据需要还可做成花篮形、十字形、倒 T 形、倒 L 形、工字形等截面,如图 4.2 所示。从刚度条件出发,可按表 4-1 初选梁的截面高度,再根据强度条件、裂缝要求及其他设计要求经过计算确定。

图 4.2 梁的截面形式

表 4-1 钢筋混凝土梁最小截面高度

项次	构件种类		简支梁	两端连续梁	悬臂梁
1	整体肋形梁	次梁	$l_0/15$	$l_0/20$	$l_0/8$
		主梁	$l_0/12$	$l_0/15$	$l_0/6$
2	独立梁		$l_0/12$	$l_0/15$	$l_0/6$

注:表格中 l_0 为梁的计算跨度。

为了方便施工,利于模板的制作与重复利用,梁的高度一般满足模数要求,梁的高度可采用 $h=250mm$、$300mm$、…、$750mm$、$800mm$、$900mm$、$1000mm$ 等尺寸。梁高 800mm 以下的级差为 50mm,800mm 以上的级差为 100mm。

矩形截面梁的宽度常根据高宽比进行取值,高宽比 h/b 一般取 2.0~3.5;T 形截面梁的 h/b 一般取 2.5~4.0(此处 b 为梁肋宽)。矩形截面的宽度或 T 形截面的肋宽 b 一般取为 100、(120)、150、(180)、200、(220)、250 和 300mm,250mm 以上的级差为 50mm;括号中的数值仅用于木模。

特别提示

在普通框架结构中,梁的高度包含楼板的厚度。

(2) 梁的配筋。普通简支梁中的钢筋通常有纵向受力钢筋、弯起钢筋、箍筋、架立钢筋和梁侧构造钢筋等,如图 4.3 所示。

普通框架梁中的钢筋通常有下部通长筋、上部通长筋、支座负筋、腰筋、箍筋和拉结筋等，如图 4.4 所示。

① 纵向受力钢筋。梁中纵向受力钢筋的作用主要是承受弯矩在梁内产生的拉力，应设置在梁截面内的受拉一侧，其数量通过计算确定，但不得少于 2 根。梁中纵向受力钢筋分为下部通长筋、上部通长筋和支座负筋，宜采用 HRB335 级和 HRB400 级或 RRB400 级。常用直径为 12mm、14mm、16mm、18mm、20mm、22mm 和 25mm。直径的选择应适中，太粗则不易加工且与混凝土的黏结力较差；太细则根数增加，在截面内不好布置，甚至降低受弯承载力。在同一构件中采用不同直径的钢筋时，其种类一般不宜过多，钢筋直径差应不小于 2mm，以方便施工。

图 4.3 简支梁配筋详图

(a) 立面图；(b) 截面图

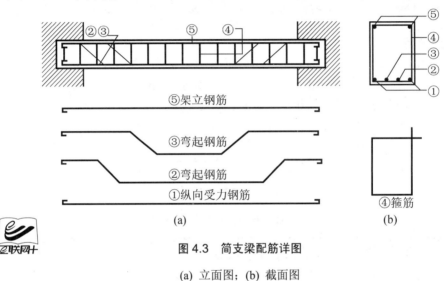

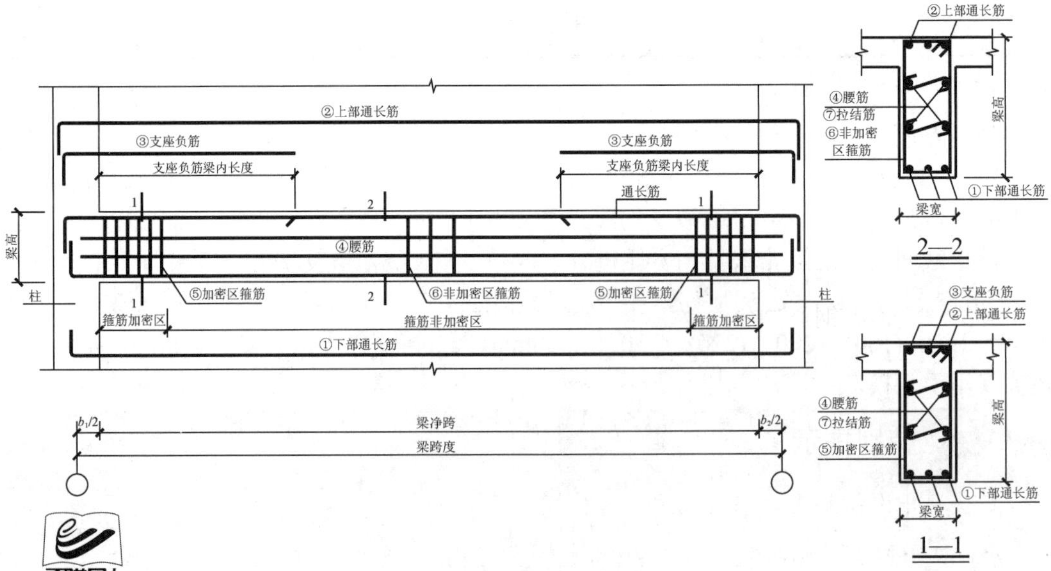

图 4.4 某框架梁配筋详图

 **特别提示**

简支梁常应用于砖混结构直接搁置在砖墙之上,在力学中常将简支梁的梁端当作固定铰支座考虑故只在梁下部存在正弯矩而上部无负弯矩,所以简支梁上部通常只配置架立筋;框架梁两端与柱浇筑在一起,在计算中不能当成固定铰支座,框架梁上部有负弯矩的存在,所以框架梁的上部需要配置支座负筋。

为便于混凝土的浇捣,梁纵向受力钢筋净间距(钢筋外边缘之间的最小距离)应满足图 4.5 所示的要求:上部钢筋不应小于 30mm 和 $1.5d$(d 为纵向受力钢筋的最大直径);下部钢筋不应小于 25mm 和 d,下部钢筋配置若多于 2 层,从第 3 层起钢筋水平中距应比下面两层增大 1 倍。各层钢筋之间的净间距不应小于 25mm 和 d。

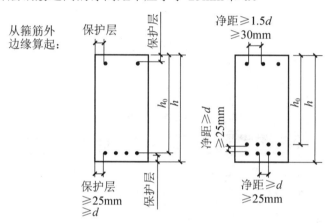

图 4.5 钢筋的净距和混凝土的保护层

梁内纵向受力筋除了需要满足根数、间距等要求外,还需要锚固于支座内,当计算中充分利用钢筋的抗拉强度时,受拉钢筋的锚固长度应按式(4-1)计算

$$l_{ab} = \alpha \frac{f_y}{f_t} d \tag{4-1}$$

式中:l_{ab}——受拉钢筋的基本锚固长度,按表 4-2 取用;

f_y——钢筋的抗拉强度设计值;

f_t——混凝土轴心抗拉强度设计值,当混凝土强度等级高于 C60 时,按 C60 取值;

d——锚固钢筋的直径;

α——锚固钢筋的外形系数,按表 4-3 取用。

表 4-2 受拉钢筋基本锚固长度 l_{ab}、l_{abE}

钢筋种类	抗震等级	混凝土强度等级							
		C20	C25	C30	C35	C40	C45	C50	C55	≥C60
HPB300	一、二级(l_{abE})	$45d$	$39d$	$35d$	$32d$	$29d$	$28d$	$26d$	$25d$	$24d$
	三级(l_{abE})	$41d$	$36d$	$32d$	$29d$	$26d$	$25d$	$24d$	$23d$	$22d$
	四级(l_{abE}) 非抗震(l_{ab})	$39d$	$34d$	$30d$	$28d$	$25d$	$24d$	$23d$	$22d$	$21d$

续表

钢筋种类	抗震等级	混凝土强度等级								
		C20	C25	C30	C35	C40	C45	C50	C55	≥C60
HRB335 HRBF335	一、二级(l_{abE})	44d	38d	33d	31d	29d	26d	25d	24d	24d
	三级(l_{abE})	40d	35d	31d	28d	26d	24d	23d	22d	22d
	四级(l_{abE}) 非抗震(l_{ab})	38d	33d	29d	27d	25d	23d	22d	21d	21d
HRB400 HRBF400 RRB400	一、二级(l_{abE})	—	46d	40d	37d	33d	32d	31d	30d	29d
	三级(l_{abE})	—	42d	37d	34d	30d	29d	28d	27d	26d
	四级(l_{abE}) 非抗震(l_{ab})	—	40d	35d	32d	29d	28d	27d	26d	25d
HRB500 HRBF500	一、二级(l_{abE})	—	55d	49d	45d	41d	39d	37d	36d	35d
	三级(l_{abE})	—	50d	45d	41d	38d	36d	34d	33d	32d
	四级(l_{abE}) 非抗震(l_{ab})	—	48d	43d	39d	36d	34d	32d	31d	30d

表 4-3 锚固钢筋的外形系数

钢筋类型	光圆钢筋	带肋钢筋	螺纹肋钢丝	三股钢绞线	七股钢绞线
a	0.16	0.14	0.13	0.16	0.17

② 弯起钢筋。钢筋在跨中下侧承受正弯矩产生的拉力,在靠近支座的位置利用弯起段承受弯矩和剪力共同产生的主拉应力的钢筋称作弯起钢筋,由于施工困难,现在较少采用。当梁高 h≤800mm 时,弯起角度采用 45°;当梁高 h>800mm 时,采用 60°。

③ 箍筋。箍筋的作用是承受剪力,固定纵筋,并且和其他钢筋一起形成钢筋骨架。梁的箍筋宜采用 HPB300 级、HRB335 级和 HRB400 级钢筋,常用直径是 8mm 和 10mm。

箍筋通常沿着梁跨全长布置,箍筋的间距常取为 100~200mm。框架梁在两边支座处离开柱边 50mm 处开始设置加密区,中间部分为非加密区。对框架梁,箍筋的最大间距、最小直径和加密区长度见表 4-4。

表 4-4 梁端箍筋最大间距、最小直径和加密区长度

抗震等级	箍筋最大间距/mm (取三者中最小值)	箍筋最小直径/mm	箍筋加密区长度/mm (取两者中最大值)
一	h_b/4, 6d, 100	10	2h_b, 500
二	h_b/4, 8d, 100	8	1.5h_b, 500
三	h_b/4, 8d, 150	8	1.5h_b, 500
四	h_b/4, 8d, 150	8	1.5h_b, 500

④ 架立钢筋。架立钢筋的作用是固定箍筋的位置,与纵向受力钢筋形成骨架,并承受温度变化及混凝土收缩而产生的拉应力,以防止裂缝的发生。当梁跨 l_0<4m 时,直径不宜小于 8mm;当梁跨 l_0=4~6m 时,直径不宜小于 10mm;当梁跨 l_0>6m 时,直径不宜小于 12mm。架立筋一般需配置 2 根,设置在梁的受压区外缘的两侧,如在受压区已配置受压钢

筋时，受压纵筋可兼作架立钢筋。架立钢筋的直径可参考表 4-5 选用。

表 4-5 架立钢筋的直径

梁的跨度/m	最小直径/mm
$l_0 < 4$	≥8
$4 \leqslant l_0 \leqslant 6$	≥10
$l_0 > 6$	≥12

⑤ 腰筋和拉结筋。梁内腰筋分为梁侧构造腰筋和抗扭腰筋。当截面腹板高度 $h_w \geqslant$ 450mm 时需在梁侧面对称设置纵向构造钢筋以抵抗温度应力及混凝土收缩产生的裂缝，同时与箍筋构成钢筋骨架。每侧纵向钢筋的截面面积不应小于腹板截面面积(bh_w)的 1‰，其间距不宜大于 200mm，如图 4.6 所示。梁两侧的纵向构造钢筋宜用拉结筋联系，拉结筋的间距一般为非加密区箍筋间距的两倍。当梁需要抵抗扭转变形时常在梁两侧对称配置抗扭腰筋。

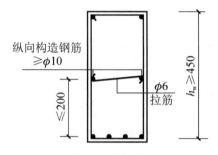

图 4.6 梁侧构造筋布置

 **特别提示**

梁的腹板高度 h_w 的计算公式：
矩形截面梁取梁的有效高度 $h_w = h_0$；
T 形截面梁取有效高度减去翼缘高度 $h_w = h_0 - h'_f$；
工形截面梁取腹板净高 $h_w = h - h_f - h'_f$。

(3) 梁的配筋详图表达。梁的配筋详图主要包括梁的立面图和截面图，如图 4.4 框架梁配筋详图所示，立面图与截面图中将混凝土当成透明的，主要表达清楚梁的截面尺寸与配筋。配筋详图根据工程制图规则主要注明梁的跨度、净跨、梁高以及各类钢筋的位置、根数、直径、级别等内容。

【例 4-1】若某单跨次梁的跨度为 6.4m，净跨 6m，楼板的厚度为 120mm，该梁上的荷载、设计年限、环境类别均按一般条件考虑，假设该梁内下部通长筋为 3Φ22，架立筋为 2Φ14，箍筋为Φ8@150，试根据已知条件选定该次梁的截面尺寸，再根据已知的钢筋数量、级别和直径作出该次梁的配筋详图。

【解】
(1) 定梁高，在力学计算中，常将结构中的单跨次梁简化为独立简支梁，根据表 4-1 钢筋混凝土梁最小截面高度选定该梁的截面高度为 6400mm/12=533.33mm，为满足梁高度模

数要求梁高 h 可取为 550mm。

(2) 定梁宽，矩形截面梁的宽度常根据高宽比进行取值，高宽比 h/b 一般取 2.0～3.5，b 可以取为 250mm。

(3) 作详图，根据题目已知条件作该次梁的配筋详图，如图 4.7 所示。

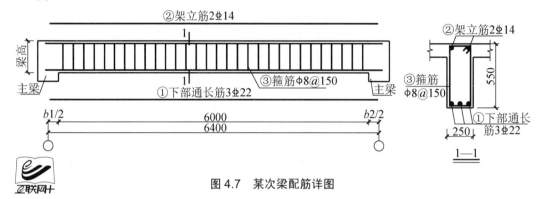

图 4.7　某次梁配筋详图

2．板的构造

(1) 板的截面形式及厚度。板的常见截面形式有实心板、槽形板、空心板等。板的截面厚度除应满足承载力、刚度和抗裂的要求外，还要考虑使用、施工等因素。工程中现浇板的常用厚度为 60～120mm，板厚以 10mm 为模数。表 4-6 为按刚度要求规定的最小板厚。

现浇板的宽度一般较大，设计时可取单位宽度(b=1000mm)进行计算。

表 4-6　现浇钢筋混凝土板的最小厚度

板 的 类 型		厚度/mm
单向板	屋面板	60
	民用建筑楼板	60
	工业建筑楼板	70
	行车道下的楼板	80
双向板		80
密肋板	面板	50
	肋高	250
悬臂板(根部)	板的悬臂长度不大于 500mm	60
	板的悬臂长度大于 500mm	100
无梁楼板		150
现浇空心楼盖		200

楼板厚度除了需要满足最小厚度要求与模数要求外，板截面厚度可根据楼板的高跨比 h/l_0 确定，现浇钢筋混凝土板截面高跨比见表 4-7。

表 4-7　现浇钢筋混凝土板截面高跨比参考值

板 类 型	高跨比 h/l_0
单向板	1/40～1/35
双向板	1/50～1/40

续表

板 类 型		高跨比 h/l_0
悬臂板		1/12～1/10
无梁楼板	有柱帽	1/40～1/32
	无柱帽	1/35～1/30

(2) 板的配筋。

① 板的受力钢筋。板中受力钢筋的作用主要是承受弯矩在板内产生的拉力，应设置在板的受拉的一侧，其数量通过计算确定。常用直径为 8～12mm 的 HPB300 级钢筋，大跨度板常采用 HRB335 级和 HRB400 级钢筋。为防止施工时钢筋被踩下，现浇板的板面钢筋直径不宜小于 8mm。为保证钢筋周围混凝土的密实性，板中钢筋间距不宜太密；为了正常地分担内力，也不宜过稀，一般板中受力钢筋的间距为 70～200mm，为使板内钢筋受力均匀，配置时应尽量采用直径小的钢筋。在同一板块中采用不同直径的钢筋时，其种类一般不宜多于 2 种，且钢筋直径差应不小于 2mm，以方便施工。

② 板的分布钢筋。当按单向板(只在一个方向受弯的板)设计时，除沿受力方向布置受力钢筋外，还应在受力钢筋的内侧布置与其垂直的分布钢筋，如图 4.8 所示。分布钢筋宜采用 HPB300 级和 HRB335 级钢筋，常用直径为 8mm 和 10mm。板中分布钢筋的作用是将板承受的荷载均匀地传给受力钢筋；承受温度变化及混凝土收缩在垂直板跨方向所产生的拉应力；在施工中固定受力钢筋的位置。

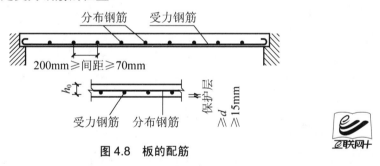

图 4.8 板的配筋

《规范》规定：单位长度上分布钢筋的截面面积不宜小于单位宽度上受力钢筋截面面积的 15%，且配筋率不宜小于该方向板截面面积的 0.15%，分布钢筋的间距不宜大于 250mm，直径不宜小于 6mm。对于集中荷载较大的情况，分布钢筋的截面面积应适当加大，其间距不宜大于 200mm。

(3) 板的配筋详图表达。板的配筋详图主要包括板的平面图和截面图，平面图为俯视图，在平面图中表达清楚板的长度与宽度尺寸以及各个方向钢筋的配置情况，在平面图中底筋的弯钩朝上或朝左，上部钢筋的弯钩朝下或朝右，每个部位仅画出一个代表。截面图中将混凝土当成透明的，截面图根据工程制图规则主要注明板的长度或宽度、厚度以及各类钢筋的位置、根数、直径、级别等内容。图 4.9 所示为单向板的配筋详图。

【例 4-2】 若某楼板的长边尺寸为 6.3m，短边尺寸为 2m，该楼板上的荷载、设计年限、环境类别均按一般条件考虑，假设该梁内下部受力筋为 Φ10@150，下部分布筋为 Φ8@200，该楼板的上表面不需配筋，试根据已经条件选定该楼板的厚度，再根据已知的钢筋数量、级别和直径作出该楼板的配筋详图。

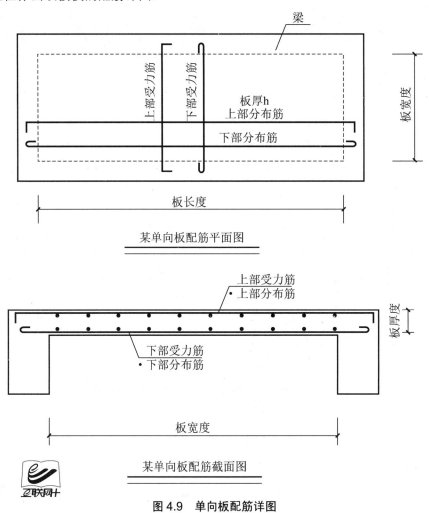

图4.9　单向板配筋详图

【解】

(1) 定板厚，根据该板的长短边之比>3，确定该板为单向板，由表 4-7 楼板的高跨比 h/l_0 经验值可知，选定该楼板的截面厚度为 2000mm/35=57.14mm，为满足楼板厚度模数要求与刚度最小值要求，板厚 h 可取为 100mm。

(2) 作详图，根据题目已知条件作该单向板的配筋详图，如图 4.10 所示。

3. 混凝土的保护层厚度和截面的有效高度

为防止钢筋锈蚀，保证混凝土与钢筋之间的足够黏结，梁、板的钢筋表面必须有足够的混凝土保护层厚度 c。它是指最外层钢筋的外边缘至混凝土的外边缘的距离，纵向受力钢筋的混凝土保护层最小厚度应符合表 4-8 的规定，且不小于受力钢筋的直径。

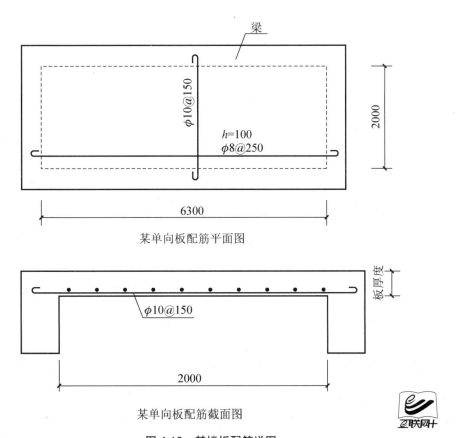

图 4.10 某楼板配筋详图

 **特别提示**

悬臂板由于上部受拉下部受压,受力筋应放置在受拉一侧即板的上部,在施工现场注意钢筋放置位置以免引起事故。

表 4-8 混凝土最小保护层厚度

环境类别	板、墙	梁、柱
一	15	20
二 a	20	25
二 b	25	35
三 a	30	40
三 b	40	50

注:1. 表中混凝土保护层厚度指最外层钢筋外边缘至混凝土表面的距离,适用于设计使用年限为 50 年的混凝土结构。

2. 构件中受力钢筋的保护层厚度不应小于钢筋的公称直径。

3. 设计使用年限为 100 年的混凝土结构,一类环境中,最外层钢筋的保护层厚度不应小于表中数值的 1.4 倍;二、三类环境中,应采取专门的有效措施。

4. 混凝土强度等级不大于 C25 时,表中保护层厚度数值应增加 5。

5. 基础底面钢筋的保护层厚度,有混凝土垫层时应从垫层顶面算起,且不应小于 40mm。

在进行受弯构件配筋计算时,要确定梁、板的有效高度 h_0,所谓有效高度是指受拉钢筋的重心至截面受压边缘的垂直距离,它与受拉钢筋的直径和排数有关,截面的有效高度可表示为

$$h_0 = h - a_s \tag{4-2}$$

式中:h_0——截面有效高度;

h ——截面高度;

a_s ——受拉钢筋的重心至截面受拉边缘的距离。对于室内正常环境下的梁,当混凝土的强度等级≥C25 时,a_s 取 35mm(单层钢筋),a_s 取 60mm(双层钢筋);板的 a_s 取 20mm。

纵向受拉钢筋的配筋百分率是指纵向受拉钢筋总截面面积 A_s 与正截面的有效面积 bh_0 的比值,称为纵向受拉钢筋的配筋百分率,用 ρ 表示,或简称配筋率,用百分数来计量,即

$$\rho = \frac{A_s}{bh_0} \tag{4-3}$$

纵向受拉钢筋的配筋百分率 ρ 在一定程度上标志了正截面上纵向受拉钢筋与混凝土之间的面积比率,它是对梁的受力性能有很大影响的一个重要指标。根据我国的经验,板的经济配筋率为 0.3%~0.8%;单筋矩形梁的经济配筋率为 0.6%~1.5%。

4.1.3 受弯构件的正截面承载力

1. 正截面的破坏形态

(1) 延性破坏(适筋破坏)。配筋合适的构件,具有一定的承载力,同时破坏时具有一定的延性,如适筋梁 $\rho_{min} \leq \rho \leq \rho_b$($\rho_{min}$、$\rho_b$ 分别为纵向受拉钢筋的最小配筋率和界限配筋率),破坏形态如图 4.11(a)所示,其特点是首先纵向受拉钢筋屈服,最终受压区混凝土达到极限压应变,构件被压坏,破坏时,钢筋的抗拉强度和混凝土的抗压强度都得到了充分发挥。

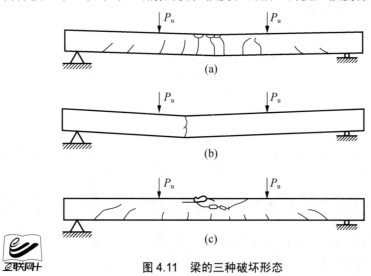

图 4.11 梁的三种破坏形态

(a) 适筋梁;(b) 少筋梁;(c) 超筋梁

(2) 受拉脆性破坏(少筋破坏)。配筋过少的构件,承载力很小且取决于混凝土的抗拉强

度，破坏特征与素混凝土构件类似。这种破坏在混凝土一开裂时就产生了，没有预兆，受拉混凝土一旦开裂，钢筋应力急剧增大并迅速屈服进入强化至构件被拉断，如少筋梁 $\rho<\rho_{min}$，破坏形态如图 4.11(b)所示。发生此种破坏时，混凝土的抗压强度未得到发挥。

(3) 受压脆性破坏(超筋破坏)。配筋过多的构件，具有较大的承载力，取决于混凝土的抗压强度，延性能力较差，如超筋梁 $\rho>\rho_b$，破坏形态如图 4.11(c)所示。由于钢筋过多，使得钢筋应力还小于屈服强度时，受压边缘混凝土已达到极限压应变而被压碎，发生此种破坏时，钢筋的抗拉强度没有发挥。

上面三种不同类型的破坏形态中，受拉脆性破坏和受压脆性破坏的变形性能都很差且破坏没有明显征兆，在实际工程中，应避免。

现就发生延性破坏的适筋梁展开讨论。

2. 基本公式及适用条件

单筋矩形截面适筋梁的正截面承载力计算时，应采用以下的简化。

(1) 截面应变保持平面。

(2) 不考虑混凝土的抗拉强度。

(3) 受压区混凝土用等效矩形应力图形代替曲线应力图形[图 4.12(a)]，等效代换的原则是与压应力的合力 C 大小相等，合力 C 的作用点位置不变，如图 4.12(b)所示。

(4) 钢筋的应力-应变关系满足：$\sigma_s=E_s \cdot \varepsilon_s \leqslant f_y$，受拉钢筋的极限拉应变取 0.01。

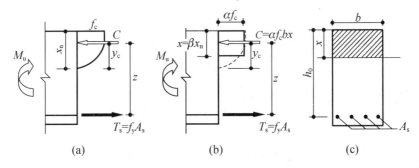

图 4.12 受弯构件正截面计算应力图

(a) 实际应力图形；(b) 等效应力图形；(c) 计算横截面

图中：α——矩形应力图与轴心抗压强度设计值的比值，按表 4-9 取用；

β——计算高度与实际受压高度比值，按表 4-9 取用。

表 4-9 混凝土受压区等效矩形应力图系数

	≤C50	C55	C60	C65	C70	C75	C80
α	1.0	0.99	0.98	0.97	0.96	0.95	0.94
β	0.8	0.79	0.78	0.77	0.76	0.75	0.74

根据静力平衡条件(力和力矩的平衡条件)并满足极限状态的要求，单筋矩形截面梁正截面承载力计算的基本公式为

$$\alpha f_c b x = f_y A_s \tag{4-4}$$

$$M \leqslant M_u = \alpha f_c bx\left(h_0 - \frac{x}{2}\right) = f_y A_s\left(h_0 - \frac{x}{2}\right) \quad (4\text{-}5)$$

式中：f_c ——混凝土轴心抗压强度设计值；
　　　b ——截面宽度；
　　　x ——混凝土的计算受压区高度；
　　　f_y ——钢筋抗拉强度设计值；
　　　A_s ——纵向受拉钢筋截面面积；
　　　h_0 ——截面的有效高度，$h_0 = h - a_s$；
　　　M ——作用在截面上的弯矩设计值；
　　　M_u ——截面破坏时的极限弯矩。

为保证不发生超筋和少筋破坏，上述公式的适用条件如下。

① 防止超筋脆性破坏：

$$x \leqslant \xi_b h_0 \quad (4\text{-}6a)$$

或

$$\xi \leqslant \xi_b \quad (4\text{-}6b)$$

或

$$\rho = \frac{A_s}{bh_0} \leqslant \rho_b \quad (4\text{-}6c)$$

② 防止少筋脆性破坏

$$A_s > \rho_{\min} bh \quad (4\text{-}7)$$

式中：　ξ ——相对受压区高度，$\xi = \dfrac{x}{h_0}$；

　　　　ξ_b ——界限相对受压区高度，对于混凝土等级≤C50时 HPB300 筋 ξ_b 取 0.614；HRB335 筋 ξ_b 取 0.550；HRB400 及 RRB400 筋 ξ_b 取 0.518；

　　　　ρ ——配筋率；

　　　　$\rho_b, \rho_{\min}$ ——界限，最小配筋率，$\rho_b = \xi_b \dfrac{\alpha f_c}{f_y}$，$\rho_{\min} = 0.45 \dfrac{f_t}{f_y}$，且 ≥0.20%；

　　　　f_t ——混凝土抗拉强度设计值。

3. 截面设计与承载力计算

单筋矩形截面设计与承载力计算共包括截面设计、截面复核两类问题。

1) 截面设计

已知：弯矩设计值 M、截面尺寸(b，h)、材料强度设计值(α，f_c，f_y)，求纵向钢筋的截面面积 A_s。

其计算步骤如下。

(1) 确定截面的有效高度 h_0。

(2) 计算混凝土受压区高度，并判断是否超筋破坏。

由式(4-5)得

$$x = h_0 - \sqrt{h_0^2 - \frac{2M}{\alpha f_c b}} \qquad (4\text{-}8)$$

如 $x \leqslant \xi_b h_0$，则不属超筋梁；反之加大截面尺寸或提高混凝土强度等级或改用双筋截面。

(3) 计算选筋。

根据式(4-4)计算得 A_s

即
$$A_s = \frac{\alpha f_c b x}{f_y} \qquad (4\text{-}9)$$

查表 4-10 选择钢筋的根数和直径，并复核一排是否能放下。如纵筋需两排放置，应改变截面的有效高度 h_0，重新计算并再次选筋。

(4) 验算最小配筋率 $\rho_{\min}$。

用实际的钢筋面积验算最小配筋率 $\rho_{\min}$。如 $A_s > \rho_{\min} bh$，则不属于少筋梁，满足要求；如 $A_s < \rho_{\min} bh$，应适当减小截面尺寸，或按最小配筋率 $A_s = \rho_{\min} bh$ 配筋。

2) 截面复核

已知：梁的截面尺寸(b, h)、材料强度设计值(α, f_c, f_y)、钢筋的截面面积 A_s，验算在给定的弯矩设计值 M 的情况下截面是否安全，或计算梁所能承担的弯矩设计值 M_u。

其计算步骤如下：

(1) 根据实际配筋情况，确定截面的有效高度 h_0。

(2) 计算截面受压区高度 x。

由式(4-4)得
$$x = \frac{f_y A_s}{\alpha f_c b} \qquad (4\text{-}10)$$

(3) 验算适用条件为 $A_s \geqslant \rho_{\min} bh$

(4) 判断截面承载力安全与否。如 $x \leqslant \xi_b h_0$，则为适筋梁，将 x 代入式(4-5)中得 $M_u = \alpha f_c b x \left(h_0 - \frac{x}{2} \right)$；如 $x > \xi_b h_0$，则为超筋梁，取 $M_u = \alpha f_c b x_b \left(h_0 - \frac{x_b}{2} \right)$，将求出的 M_u 与弯矩设计值 M 比较，确定正截面承载力是否安全。如 $M_u \geqslant M$ 表示截面承载力安全，反之，截面不安全。

表 4-10 钢筋的计算截面面积及理论重量表

公称直径/mm	不同根数的钢筋的计算截面面积/mm²									单根钢筋的理论质量/kg·m⁻¹
	1	2	3	4	5	6	7	8	9	
6	28.3	57	85	113	142	170	198	226	255	0.222
6.5	33.2	66	100	133	166	199	232	265	299	0.260
8	50.3	101	151	201	252	302	352	402	453	0.395
8.2	52.8	106	158	211	264	317	370	423	475	0.432
10	78.5	157	236	314	393	471	550	628	707	0.617
12	113.1	226	339	452	565	678	791	904	1017	0.888
14	153.9	308	461	615	769	923	1077	1231	1385	1.21
16	201.1	402	603	804	1005	1206	1407	1608	1809	1.58

续表

公称直径/mm	不同根数的钢筋的计算截面面积/mm²									单根钢筋的理论质量/kg·m⁻¹
	1	2	3	4	5	6	7	8	9	
18	254.5	509	763	1017	1272	1527	1781	2036	2290	2.00
20	314.2	628	942	1256	1570	1884	2199	2513	2827	2.47
22	380.1	760	1140	1520	1900	2281	2661	3041	3421	2.98
25	490.9	982	1473	1964	2454	2945	3436	3927	4418	3.85
28	615.8	1232	1847	2463	3079	3695	4310	4926	5542	4.83
32	804.2	1609	2413	3217	4021	4826	5630	6434	7238	6.31
36	1017.9	2036	3054	4072	5089	6107	7125	8143	9161	7.99
40	1256.6	2513	3770	5027	6283	7540	8796	10053	11310	9.87
50	1964	3928	5892	7856	9820	11784	13748	15712	17676	15.42

注：表中直径 d=8.2mm 的计算截面面积及理论质量仅适用于有纵肋的热处理钢筋。

【例 4-3】某钢筋混凝土简支梁截面尺寸 $b×h$ =250mm×550mm，采用 C30 混凝土及 HRB335 级钢筋，由荷载设计值产生的弯矩 M = 200 kN·m，试进行截面配筋。

【解】

(1) 查表得出有关设计计算数据。

f_c =14.3 N/mm²， f_t =1.43 N/mm²， f_y = 300 N/mm²， ξ_b = 0.550， α = 1.0

(2) 确定截面的有效高度 h_0。

先按一排钢筋考虑，则 $h_0 = h - a_s$ = 550mm − 35mm = 515 mm

(3) 计算受压区高度，并判断是否超筋破坏。

$$x = h_0 - \sqrt{h_0^2 - \frac{2M}{\alpha f_c b}} = 515\text{mm} - \sqrt{515\text{mm}^2 - \frac{2 \times 200\text{kN} \cdot \text{m} \times 10^6}{1.0 \times 14.3\text{kN} \cdot \text{m} \times 250\text{mm}}} = 123.42 \text{ mm}$$

$$< \xi_b h_0 = 0.550 \times 515\text{mm} = 283.25 \text{ mm}$$

不属于超筋梁。

(4) 计算钢筋的面积 A_s。

$$A_s = \frac{\alpha f_c b x}{f_y} = \frac{1.0 \times 14.3\text{N/mm}^2 \times 250\text{mm} \times 123.42\text{mm}}{300\text{N/mm}^2} = 1470.76 \text{ mm}^2$$

(5) 选筋：选用 4Φ22（ A_s = 1520 mm²）。

(6) 判断是否属于少筋梁。

$$0.45\frac{f_t}{f_y} = 0.45 \times \frac{1.43\text{N} \cdot \text{m}}{300\text{N} \cdot \text{mm}^2} = 0.21\% > 0.20\% \text{ 取 } \rho_{min} = 0.21\%，$$

$$A_{s,min} = \rho_{min} bh = 0.21\% \times 250\text{mm} \times 550\text{mm} = 288.75 \text{ mm}^2 < A_s = 1520 \text{ mm}^2$$

不属于少筋梁，符合要求。

【例 4-4】如图 4.13 所示，某钢筋混凝土梁截面尺寸 $b×h$ =250mm×500mm，采用 C30 混凝土及 HRB335 级钢筋，受拉钢筋为 4Φ20（ A_s =1256 mm²），弯矩设计值 M = 120 kN·m，验算该梁是否安全。

【解】

(1) 查表得出有关设计计算数据。

$f_c = 14.3\,\text{N/mm}^2$，$f_t = 1.43\,\text{N/mm}^2$，$f_y = 300\,\text{N/mm}^2$，$\xi_b = 0.550$，$\alpha = 1.0$

梁的有效高度 $h_0 = h - 35\,\text{mm} = 500\,\text{mm} - 35\,\text{mm} = 465\,\text{mm}$

(2) 计算截面受压区高度 x。

$$x = \frac{f_y A_s}{\alpha f_c b} = \frac{300\,\text{N/mm}^2 \times 1256\,\text{mm}^2}{1.0 \times 14.3\,\text{N/mm}^2 \times 250\,\text{mm}} = 105.40\,\text{mm}$$

(3) 验算适用条件。

$$0.45 \frac{f_t}{f_y} = 0.45 \times \frac{1.43\,\text{N/mm}^2}{300\,\text{N/mm}^2} = 0.21\% > 0.20\%\ \text{取}\ \rho_{\min} = 0.21\%$$

$A_s = 1256\,\text{mm}^2\ /\ \rho_{\min} bh = 0.21\% \times 250\,\text{mm} \times 500\,\text{mm} = 262.5\,\text{mm}^2$

(4) 求 M_u 并判断安全与否

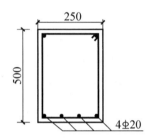

图 4.13　钢筋混凝土梁截面尺寸

$$M_u = \alpha f_c b x \left(h_0 - \frac{x}{2}\right) = 1.0 \times 14.3\,\text{N/mm}^2 \times 250\,\text{mm} \times 105.40\,\text{mm} \times \left(465\,\text{mm} - \frac{105.40\,\text{mm}}{2}\right)/10^6$$

$$= 155.36\,\text{kN·m} > M = 110\,\text{kN·m}$$

故正截面承载力满足要求。

特别提示

配筋计算中，理论上实际配筋与计算钢筋面积的误差在 ±5% 范围内。

4．双筋矩形截面和 T 形截面特点

(1) 双筋矩形截面梁。双筋截面是指同时配置受拉和受压钢筋的情况，如图 4.14 所示，其中受拉筋面积用 A_s 表示，受压筋面积用 A_s' 表示。一般来说，在正截面受弯构件中，采用纵向受压钢筋协助混凝土承受压力是不经济的，工程中从承载力计算角度出发通常仅在以下情况下采用。

① 弯矩很大，按单筋矩形截面计算所得的 ξ 大于 ξ_b，而梁截面尺寸受到限制，混凝土强度等级又不能提高时，即在受压区配置钢筋以补充混凝土受压能力的不足。

② 在不同荷载组合情况下，其中在某一组合情况下截面承受正弯矩，另一种组合情况下承受负弯矩，即梁截面承受异号弯矩，这时也应设双筋截面。

此外，由于受压钢筋可以提高截面的延性，因此，在抗震结构中要求框架梁必须配置一定比例的受压钢筋。

(2) T形截面。T形截面由翼缘和腹板组成，如图4.15所示。由于翼缘宽度较大，使得混凝土有足够的受压区，因此很少设置受压钢筋，一般按单筋截面考虑。T形截面在工程中应用十分广泛，如屋面梁、吊车梁，整体现浇肋形楼盖中的主、次梁等常采用T形截面布置。

图4.14 双筋截面　　　　　图4.15 T形截面

T形截面梁根据受压区高度的大小，可分为两类T形截面。

① 第一类T形：中和轴在翼缘内，即 $x \leqslant h'_f$，受压区的面积为矩形，如图4.16(a)所示。

② 第二类T形：中和轴在梁肋内，即 $x > h'_f$，受压区的面积为T形，如图4.16(b)所示。

其设计计算原理基本与单筋矩形截面相同。

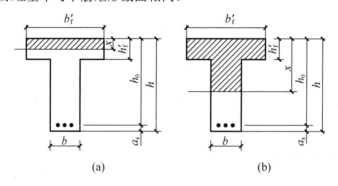

图4.16 两类T形截面

(a) 第一类T形截面；(b) 第二类T形截面

4.1.4 受弯构件的斜截面承载力

受弯构件在弯矩和剪力的共同作用下，截面上既有正应力又有剪应力，梁内中和轴附近的主拉应力方向大致和梁轴成45°，当主拉应力超过混凝土的抗拉极限时，会出现垂直于主应力方向的斜裂缝，进而发生斜截面破坏，为了防止这种破坏发生，应保证构件具有足够的截面尺寸，并配置足够的箍筋及弯起钢筋。其中，箍筋和弯起钢筋统称为腹筋。

1．斜截面的破坏形态

(1) 剪跨比。剪跨比 λ 为集中荷载到临近支座的距离 a 与梁截面有效高度 h_0 的比值，即 $\lambda = a/h_0$；某截面的广义剪跨比为该截面上弯矩 M 与剪力 V 和截面有效高度 h_0 乘积的比值，即 $\lambda = M/(Vh_0)$。剪跨比反映了梁中正应力与剪应力的比值。

① 承受集中荷载时，
$$\lambda = \frac{M}{Vh_0} = \frac{a}{h_0} \tag{4-11}$$

② 承受均布荷载时，设 βl 为计算截面离支座的距离，则
$$\lambda = \frac{M}{Vh_0} = \frac{\beta - \beta^2}{1 - 2\beta} \frac{l}{h_0} \tag{4-12}$$

(2) 斜截面受剪破坏形态。无腹筋梁的斜截面受剪承载力很低，且破坏时呈现脆性。故《规范》规定，除了截面高度小于 150mm 的梁可不设置腹筋外，一般的梁都需设置腹筋。配置腹筋是提高梁斜截面受剪承载力的有效方法。为了施工方便，一般采用垂直箍筋。而弯起钢筋的方向大致与主拉应力方向一致，与梁轴线交角一般为 45°(当梁高为 800mm 时弯起角取为 60°)，弯起钢筋大多由跨中的纵向钢筋直接弯起，当弯起钢筋直径较粗和根数较少时，受力不很均匀，传力较为集中，有可能引起弯起处混凝土发生劈裂现象。所以在配置腹筋时，一般首先配置一定数量的箍筋，当箍筋用量较大时，则可同时配置部分弯起钢筋。

根据剪跨比 λ 及箍筋的配置情况，梁中可能出现三种形式的斜截面破坏：斜拉破坏、斜压破坏、剪压破坏，如图 4.17 所示。

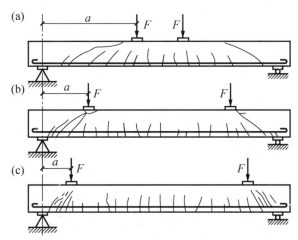

图 4.17 斜截面的破坏形态

(a) 斜拉破坏；(b) 剪压破坏；(c) 斜压破坏

① 斜拉破坏。剪跨比较大($\lambda > 3$)时，或箍筋配置不足时出现。破坏由梁中主拉应力引起，其特点是斜裂缝一出现梁即破坏，破坏呈明显脆性，类似于正截面承载力中的少筋破坏。

② 斜压破坏。当剪跨比较小($\lambda < 1$)时，或箍筋配置过多时易出现。斜压破坏由梁中主压应力引起，类似于正截面承载力中的超筋破坏，表现为混凝土压碎，呈明显脆性，但不如斜拉破坏明显。这种破坏多发生在剪力大而弯矩小的区段以及梁腹板很薄的 T 形截面或工字形截面梁内。破坏时，混凝土被腹剪斜裂缝分割成若干个斜向短柱而被压坏，破坏相当突然。

③ 剪压破坏。当剪跨比一般($1 \leqslant \lambda \leqslant 3$)时，箍筋配置适中时出现。梁中剪压区压应力和剪应力的联合作用导致此种破坏，类似于正截面承载力中的适筋破坏。其破坏的特征通

常是，在弯剪区段的受拉区边缘先出现一些竖向裂缝，它们沿竖向延伸一小段长度后，就斜向延伸形成一些斜裂缝，而后又产生一条贯穿的较宽的主要斜裂缝(该裂缝称为临界斜裂缝)，临界斜裂缝出现后迅速延伸，使斜截面剪压区的高度缩小，最后导致剪压区的混凝土破坏，使斜截面丧失承载力。

设计中，斜压破坏和斜拉破坏主要靠构造要求来避免，而剪压破坏则通过配箍计算来防止。对有腹筋梁来说，只要截面尺寸合适，箍筋数量适当，剪压破坏是斜截面受剪破坏中最常见的一种破坏形式。下面就剪压破坏的受力特点进行介绍。

2．基本公式及适用条件

(1) 基本假定。

① 假定梁的斜截面受剪承载力 V_u 由斜裂缝上剪压区混凝土的抗剪能力 V_c，与斜裂缝相交的箍筋的抗剪能力 V_{sv} 和与斜裂缝相交的弯起钢筋的抗剪能力 V_{sb} 三部分所组成，如图 4.18 所示。由平衡条件 $\sum Y = 0$ 可得

$$V_u = V_{cs} + V_{sb} \tag{4-13}$$

其中

$$V_{cs} = V_c + V_{sv} \tag{4-14}$$

式中：V_{cs}——混凝土和箍筋共同的抗剪承载力。

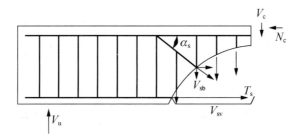

图 4.18　斜截面受剪承载力计算简图

② 梁剪压破坏时，与斜裂缝相交的箍筋和弯起钢筋的拉应力都达到其屈服强度，但要考虑拉应力可能不均匀，特别是靠近剪压区的箍筋有可能达不到屈服强度。

③ 斜裂缝处的骨料咬合力和纵筋的销栓力，在无腹筋梁中的作用还较显著，两者承受的剪力可达总剪力的 50%～90%，但试验表明在有腹筋梁中，它们所承受的剪力仅占总剪力的 20%左右。

④ 截面尺寸的影响主要针对无腹筋的受弯构件而言，故仅在不配箍筋和弯起钢筋的厚板计算时才予以考虑。

⑤ 剪跨比是影响斜截面承载力的重要因素之一，但为了计算公式应用简便，仅在计算受集中荷载为主的梁时才考虑 λ 的影响。

(2) 斜截面受剪承载力的计算公式。斜截面的计算公式分以下几种情况。

① 均布荷载作用下矩形、T 形和 I 形截面的简支梁，当仅配箍筋时，斜截面受剪承载力的计算公式为

$$V \leqslant V_u = V_{cs} = 0.7 f_t b h_0 + 1.25 f_{yv} \frac{A_{sv}}{s} h_0 \tag{4-15}$$

② 对集中荷载作用下的矩形、T 形和 I 形截面独立简支梁当仅配箍筋时，斜截面受剪承载力的计算公式为

$$V \leqslant V_u = V_{cs} = \frac{1.75}{\lambda + 1.0} f_t b h_0 + 1.0 f_{yv} \frac{A_{sv}}{s} h_0 \tag{4-16}$$

③ 配有箍筋和弯起钢筋时梁的斜截面受剪承载力，其斜截面承载力设计表达式为

$$V \leqslant V = V_{cs} + 0.8 f_y A_{sb} \sin \alpha_s \tag{4-17}$$

以上各式中：

V ——构件计算截面上的剪应力值；

f_t ——混凝土轴心抗拉强度设计值；

b ——截面宽度；

h_0 ——混凝土截面的有效高度；

f_{yv} ——箍筋抗拉强度设计值；

A_{sv} ——同一截面内箍筋的截面面积，$A_{sv}=nA_{sv1}$，其中 n 为同一截面内箍筋的肢数，A_{sv1} 为单肢箍筋的截面面积；

s ——箍筋间距；

λ ——计算截面的剪跨比，当 $\lambda < 1.5$ 时，取 $\lambda = 1.5$；当 $\lambda > 3$ 时，取 $\lambda = 3$；

A_{sb} ——同一截面内弯起钢筋的截面面积；

α_s ——斜截面上弯起钢筋的切线与构件纵向轴线的夹角。

(3) 计算公式的适用范围。

① 上限值—最小截面尺寸。

当 $\frac{h_w}{b} \leqslant 4.0$ 时，属于一般的梁，应满足 $V \leqslant 0.25 \beta_c f_c b h_0$ \hfill (4-18)

当 $\frac{h_w}{b} \geqslant 6.0$ 时，属于薄腹梁，应满足 $V \leqslant 0.2 \beta_c f_c b h_0$ \hfill (4-19)

当 $4.0 < \frac{h_w}{b} < 6.0$ 时，属于薄腹梁，按上两式内插取用。

式中： β_c ——高强混凝土的强度折减系数，当混凝土强度不超过 C50 时，取 $\beta_c = 1.0$；当混凝土强度为 C80 时，取 $\beta_c = 0.8$，其间按线性内插法取用；

h_w ——截面的腹板高度，对矩形截面为有效高度，T 形截面为有效高度减去翼缘高度，工字形截面为腹板净高。

② 下限值—箍筋最小量。

为了避免发生斜拉破坏，《混凝土结构设计规范》规定，抗剪箍筋配筋率应大于箍筋最小配筋率，即

$$\rho_{sv} = \frac{nA_{sv1}}{bs} \geqslant \rho_{sv,min} = 0.24 \frac{f_t}{f_{yv}} \tag{4-20}$$

同时，箍筋还应满足最小直径和最大间距的要求，见表 4-11。

表 4-11　梁中箍筋的最大间距/mm

梁高 h	V>0.7f$_t$bh$_0$	V≤0.7f$_t$bh$_0$	梁高 h	V>0.7f$_t$bh$_0$	V≤0.7f$_t$bh$_0$
150<h≤300	150	200	500<h≤800	250	350
300<h≤500	200	300	h>800	300	400

(4) 斜截面受剪承载力的计算方法和步骤。

① 计算截面位置确定，如图 4.19 所示的各截面需要进行承载力计算。

a. 支座边缘的斜截面，如 1—1 截面。

b. 腹板宽度或截面高度改变处的斜截面，如 2—2 截面。

c. 箍筋直径或间距改变处的斜截面，如 3—3 截面。

d. 弯起钢筋弯起点处的斜截面，如 4—4 截面。

以上这些斜截面都是受剪承载力较薄弱之处，计算时应取这些斜截面范围内的最大剪力，即取斜截面起始端处的剪力作为计算的剪力。

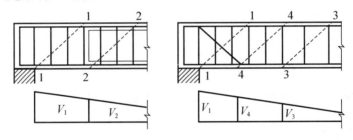

图 4.19　斜截面受剪计算截面的确定

② 斜截面受剪承载力计算步骤如下。

a. 求内力，绘制构件的剪力图。

b. 验算是否满足截面限制条件，如不满足，则应加大截面尺寸或提高混凝土的强度等级。

c. 验算是否需要按计算配置腹筋。

d. 计算腹筋：对仅配置箍筋的梁，可按式(4-21)计算，算出 nA_{sv1}/s，根据构造要求选择箍筋的直径 d 和肢数 n，而后算出箍筋的间距 s，箍筋间距应满足 $s \leq s_{max}$。

$$\frac{nA_{sv1}}{s} \geq \frac{V - 0.7f_t bh_0}{1.25 f_{yv} h_0} \quad (4-21)$$

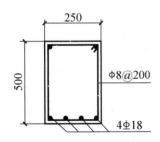

图 4.20　钢筋混凝土简支梁截面

【例 4-5】如图 4.20 所示，某钢筋混凝土简支梁截面尺寸 $b \times h = 250\text{mm} \times 500\text{mm}$，净跨 l_n=6m，采用 C30 混凝土，纵向钢筋 4Φ18（A_s =1017 mm²）及 HPB300 级箍筋，承受均布荷载设计值 p=45kN/m，根据斜截面抗剪承载力确定箍筋数量。

【解】

(1) 求支座截面的剪力设计值。

$$V = \frac{1}{2}pl_n = \frac{1}{2} \times 45\text{kN/m} \times 6\text{m} = 135 \text{ kN}$$

(2) 验算截面尺寸。

底部配一排钢筋，故 h_w =500mm－35mm=465mm

$$\frac{h_w}{b} = \frac{465}{250} = 1.86 < 4$$

$0.25\beta_c f_c bh_0$=0.25×1.0×14.3×250×465=415.6×10³N=415.6kN>135kN

截面条件满足要求。

(3) 验算是否需要按计算配置腹筋。

$0.7f_t bh_0$=0.7×1.43×250×465=116.4×10³N=116.4 kN<135 kN，应按照计算确定箍筋。

(4) 计算箍筋的用量，由式(4-21)得

$$\frac{nA_{sv1}}{s} \geq \frac{V - 0.7f_t bh_0}{1.25 f_{yv} h_0} = \frac{135 \times 10^3 - 0.7 \times 1.43 \times 250 \times 465}{1.25 \times 270 \times 465} = 0.119 \text{ mm}$$

选用双肢箍Φ8(A_{sv1}=50.3mm²)，箍筋间距为

$s \leq \dfrac{2 \times 50.3}{0.153} = 657.5$ mm，按照构造要求，s_{max}=200mm，取 s=200mm，实际配筋为双肢箍Φ8@200。

(5) 验算配箍率

$$\rho_{sv} = \frac{nA_{sv1}}{bs} = \frac{2 \times 50.3}{250 \times 200} = 0.201\%$$

$$\rho_{min} = 0.24\frac{f_t}{f_{yv}} = 0.24 \times \frac{1.43}{270} \times 100\% = 0.127\%$$

由于 $\rho_{sv} > \rho_{min}$，满足要求。

(6) 保证斜截面受弯承载力的构造措施。

① 抵抗弯矩图的概念。抵抗弯矩图就是以各截面实际纵向受拉钢筋所能承受的弯矩为纵坐标，以相应的截面位置为横坐标，所作出的弯矩图(或称材料图)，简称 M_u 图。

当梁的截面尺寸，材料强度及钢筋截面面积确定后，其抵抗弯矩值，可由式(4-22)确定

$$M_u = A_s f_y \left(h_0 - \frac{f_y A_s}{2\alpha f_c b} \right) \tag{4-22}$$

② 纵向钢筋的弯起。对梁纵向钢筋的弯起必须满足以下三个要求：满足斜截面受剪承载力的要求；满足正截面受弯承载力的要求。即设计时，必须使梁的抵抗弯矩图不小于相应的荷载计算弯矩图；满足斜截面受弯承载力的要求。亦即当纵向钢筋弯起时，其弯点与充分利用点之间的距离不得小于 $0.5h_0$。同时，弯起钢筋与梁纵轴线的交点应位于按计算不需要该钢筋的截面以外。

③ 纵向钢筋的截断。当一根钢筋由于弯矩图变化，不考虑其抗力而切断时，从按正截面承载力计算"不需要该钢筋的截面"须外伸一定的长度 l_1，作为受力钢筋应有的构造措施。同时，在设计时，为了避免发生斜截面受弯破坏，使每一根纵向受力钢筋在结构

中发挥其承载力的作用,应从其"强度充分利用截面"外伸一定的长度 l_2,依靠这段长度与混凝土的黏结锚固作用维持钢筋有足够的抗力。在结构设计中,应从上述两个条件中确定的较长外伸长度作为纵向受力钢筋的实际延伸长度 l_d,作为其真正的切断点,如图 4.21 所示。

钢筋混凝土连续梁、框架梁支座截面的负弯矩纵向钢筋不宜在受拉区截断。如必须截断时,其延伸长度 l_d 可在 l_1 和 l_2 中取外伸长度较长者确定,按表 4-12 取值。其中 l_1 是从"按正截面承载力计算不需要该钢筋的截面"延伸出的长度;l_2 是从"充分利用该钢筋强度的截面"延伸出的长度。

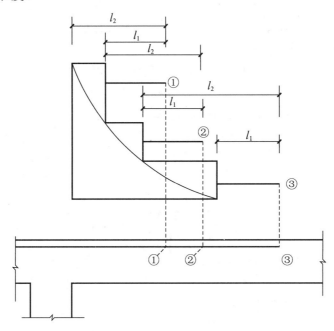

图 4.21 负弯矩钢筋截断构造

表 4-12 负弯矩钢筋延伸长度 l_d 取 l_1 和 l_2 中的较大值

截面剪力条件	l_1	l_2
$V \leqslant 0.7 f_t b h_0$	$\geqslant 20d$	$\geqslant 1.2 l_a$
$V > 0.7 f_t b h_0$	$\geqslant 20d$,且 $\geqslant h_0$	$\geqslant 1.2 l_a + h_0$
$V > 0.7 f_t b h_0$,按上述规定的截断点仍位于负弯矩受拉区内	$\geqslant 20d$,且 $\geqslant 1.3 h_0$	$\geqslant 1.2 l_a + 1.7 h_0$

注:l_1 为从钢筋理论截断点伸出的长度;l_2 为从钢筋强度充分利用点伸出的长度。

在钢筋混凝土悬臂梁中,应有不少于两根的上部钢筋伸至悬臂梁的端部并向下弯折不小于 $12d$;剩余钢筋不应在梁的上部截断,而应按规定的弯起点位置将部分纵向受拉钢筋向下弯折,同时在弯终点外留有平行于轴线方向的锚固长度,受拉区不应小于 $20d$,受压区不应小于 $10d$,如图 4.22 所示。

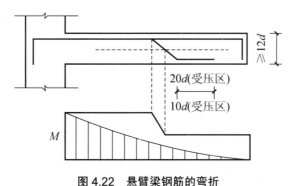

图 4.22 悬臂梁钢筋的弯折

④ 纵向钢筋在支座处的锚固。为防止纵向受力钢筋在支座处被拔出导致构件沿斜截面的弯曲破坏，梁、板中的纵向受力钢筋在支座处的锚固长度 l_{as} 应满足以下要求：

对于简支梁和连续梁简支端的下部纵向受力钢筋而言，当 $V \leqslant 0.7 f_t b h_0$ 时，$l_{as} \geqslant 5d$；当 $V > 0.7 f_t b h_0$ 时，带肋钢筋 $l_{as} \geqslant 12d$，光面钢筋 $l_{as} \geqslant 15d$，此处 d 为纵向受力筋的直径。

简支板和连续板简支端的下部纵向受力钢筋伸入支座的锚固长度 l_{as} 不应小于 $5d$（d 为纵向受力筋的直径）。

 特别提示

腹筋包括弯起钢筋和箍筋，由于弯起钢筋施工比较麻烦，现在工程中已很少采用，实际工程中多用箍筋，国家图集 11G101—1 也没有对弯起钢筋进行构造规定。

任务 4.2　钢筋混凝土受压构件

在工程结构中，以承受纵向压力为主的构件称为受压构件，最常见的受压构件为钢筋混凝土柱，此外屋架的受压弦杆、腹杆、桥梁中的桥墩，高层建筑中的剪力墙均属受压构件，如图 4.23 所示。

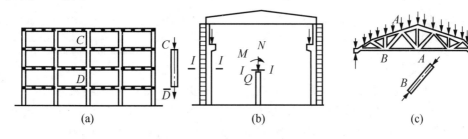

图 4.23　钢筋混凝土受压构件

(a) 框架柱；(b) 单层厂房柱；(c) 屋架腹杆

 **知识导航**

4.2.1 受压构件的分类

受压构件按照纵向压力作用位置的不同可分为轴心受压构件和偏心受压构件。当轴向压力与构件轴线重合时，称为轴心受压构件，此时构件截面上的内力只有轴力。当轴向压力与构件轴线不重合，称为偏心受压构件。其中，偏心受压构件又可进一步分为单向偏心受压构件和双向偏心受压构件。如果纵向压力只在一个方向有偏心时，称为单向偏心受压构件；如果在两个方向都有偏心时，称为双向偏心受压构件。此时构件截面上的内力除了轴力还有弯矩，如图 4.24 所示。

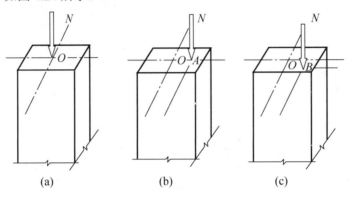

图 4.24 受压构件的分类

(a) 轴心受压；(b) 单向偏心受压；(c) 双向偏心受压

 **特别提示**

框架柱属偏心受压构件，一般采用对称配筋，在中间轴线上的框架柱按单向偏心受压考虑，边柱按双向偏心受压考虑。

 **能力导航**

4.2.2 受压构件的构造要求

1. 材料强度等级

(1) 混凝土。受压构件的承载力主要取决于混凝土的强度。受压构件一般应采用强度等级较高的混凝土，这样可减小构件截面尺寸并节约钢材。目前我国一般结构中柱的混凝土强度等级常用 C25～C40，在高层建筑中，C50～C60 级混凝土也经常使用。

(2) 钢筋。在受压构件中，受力筋通常采用 HRB335 级和 HRB400 级钢筋，不宜过高。这是因为高强度钢筋在与混凝土共同受压时，并不能充分发挥其高强作用。箍筋通常采用 HPB300 级钢筋。

2. 截面形状和尺寸

考虑制作模板方便，轴心受压柱通常采用正方形截面，也可采用矩形截面或圆形截面；偏心受压柱通常采用矩形截面。单层工业厂房的预制柱常采用工字形截面，以减轻自重。圆形截面主要用于桥墩、桩和公共建筑中的柱。柱的截面尺寸不宜过小，矩形柱截面边长，非抗震设计时不宜小于 250mm，圆形截面柱直径不宜小于 350mm，一般应控制构件的长细比满足 $l_0/b \leq 30$ 及 $l_0/h \leq 25$（l_0 为柱的计算长度）。当柱截面的边长在 800mm 以下时，一般以 50mm 为模数；边长在 800mm 以上时，以 100mm 为模数。

3. 纵向受力钢筋

(1) 纵向钢筋的最小配筋率。《规范》规定，轴心受压构件、偏心受压构件全部纵向钢筋的配筋率不应小于 0.6%；一侧受压钢筋的配筋率不应小于 0.2%，受拉钢筋最小配筋率的要求同受弯构件。另外，考虑到施工布筋过多将会影响混凝土的浇筑质量，全部纵筋的配筋率不宜超过 5%。纵向钢筋的经济配筋率在 0.6%~3%之间。

全部纵向钢筋的配筋率按 $\rho = (A_s' + A_s)/A$ 计算，一侧受压钢筋的配筋率按 $\rho' = A_s'/A$ 计算，其中 A 为构件全截面面积。钢筋混凝土结构构件纵向受力钢筋的最小配筋率见表 4-13。

表 4-13　钢筋混凝土结构构件纵向受力钢筋的最小配筋率

受力类型		最小配筋百分率(%)
受压构件	全部纵向钢筋	0.6
	一侧纵向钢筋	0.2
受弯构件、偏心受拉、轴心受拉一侧的受拉钢筋		$45f_t/f_y$，且不小于 0.2

 **特别提示**

受压构件的全部纵向钢筋和一侧纵向钢筋的配筋率均应按构件全面积计算，当钢筋沿构件截面周边布置时，一侧纵向钢筋是指沿受力方向两个对边中的一边布置的纵向钢筋。

(2) 纵向受力钢筋配筋构造。柱中纵向受力钢筋的直径 d 不宜小于 12mm，且选配钢筋时宜根数少而粗，矩形截面纵筋根数不得少于 4 根，圆形截面纵筋根数宜沿周边均匀布置且不宜少于 8 根。

当柱为竖向浇筑混凝土时，纵筋的净距不小于 50mm。对水平浇筑的预制柱，其纵筋的最小净距应按梁的规定取值。

截面各边纵筋的中距不应大于 300mm。当 $h \geq 600$mm 时，在柱侧面应设置直径 10~16mm 的纵向构造钢筋，并相应设置复合箍筋或拉筋。

(3) 纵向钢筋的连接。在多层房屋中，通常将下层柱的纵筋伸出楼面一段距离与上层柱中钢筋相连接。常用的连接方式有焊接、机械连接和搭接连接。搭接连接时，其搭接长度要求如下。

① 纵向钢筋受压时，不应小于纵向受拉钢筋的搭接长度 l_l 的 0.7 倍，且在任何情况下都不应小于 200mm。

② 纵向钢筋受拉时，不应小于纵向受拉钢筋的搭接长度 l_l，且在任何情况下都不应小于 300mm。

4．箍筋

受压构件中箍筋应采用封闭式；对圆柱中箍筋的搭接长度不应小于锚固长度，且末端应做 135°的弯钩，弯钩末端平直段长度不应小于 5 倍箍筋直径。箍筋直径不应小于 $d/4$，且不小于 6mm，此处 d 为纵筋的最大直径。

箍筋间距对绑扎钢筋骨架不应大于 $15d$；对焊接钢筋骨架不应大于 $20d$（d 为纵筋的最小直径）且不应大于 400mm，也不应大于截面短边尺寸。

当柱中全部纵筋的配筋率超过 3%，箍筋直径不宜小于 8mm，且箍筋末端应做成 135°的弯钩，弯钩末端平直段长度不应小于 10 倍箍筋直径，或焊成封闭式；箍筋间距不应大于 10 倍纵筋最小直径，也不应大于 200mm。

当柱截面短边大于 400mm，且各边纵筋配置根数超过 3 根时，或当柱截面短边不大于 400mm，但各边纵筋配置根数超过 4 根时，应设置复合箍筋。对截面形状复杂的柱，不得采用具有内折角的箍筋，以避免箍筋受拉时产生向外的拉力，使折角处混凝土破损，如图 4.25 所示。

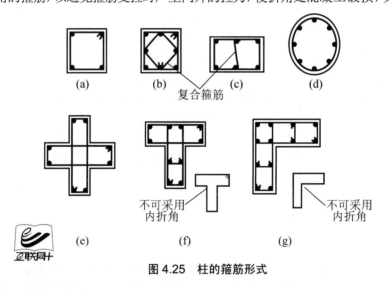

图 4.25　柱的箍筋形式

4.2.3　轴心受压构件的承载力计算

1．轴心受压构件

在实际结构中，理想的轴心受压构件几乎是不存在的。由于施工误差、荷载作用位置的不确定性、混凝土质量不均匀等原因，往往存在一定的初始偏心距。但如以恒载为主的等跨多层房屋的内柱、桁架中的受压弦杆等，主要承受轴向压力，可近似按轴心受压构件计算。

普通钢箍柱中纵筋的作用主要有：协助混凝土受压、承担弯矩和减小持续压应力下混凝土收缩和徐变的影响。

普通钢箍轴心受压柱的承载力计算公式为

$$N \leqslant N_u = 0.9\varphi(f_c A + f'_y A'_s) \tag{4-23}$$

式中：N ——轴向压力的设计值；

N_u ——轴向受压构件的受压承载力；

0.9 ——为保持与偏心受压构件正截面承载力具有相近可靠度而引入的系数；

φ ——轴心受压构件的稳定性系数，按表 4-14 采用；

f_c ——混凝土轴心抗压强度设计值；

A ——构件截面积，当纵筋配筋率大于 3%时，按 $(A - A_s')$ 取用；

A_s' ——全部纵筋的截面面积；

f_y' ——钢筋抗压抗强度设计值。

表 4-14 钢筋混凝土轴心受压构件的稳定系数

l_0/b	l_0/d	l_0/i	φ	l_0/b	l_0/d	l_0/i	φ
8	7	28	1	30	26	104	0.52
10	8.5	35	0.98	32	28	111	0.48
12	10.5	42	0.95	34	29.5	118	0.44
14	12	48	0.92	36	31	125	0.40
16	14	55	0.87	38	33	132	0.36
18	15.5	62	0.81	40	34.5	139	0.32
20	17	69	0.75	42	36.5	146	0.29
22	19	76	0.70	44	38	153	0.26
24	21	83	0.65	46	40	160	0.23
26	22.5	90	0.60	48	41.5	167	0.21
28	24	97	0.56	50	43	174	0.19

注：表中 l_0 为构件的计算长度；b 为矩形截面短边尺寸；d 为圆形截面的直径；i 为截面最小的回转半径。

查表 4-14 时，柱的计算长度 l_0 与柱两端的支撑情况有关，一般多层房屋梁柱为刚结构的钢筋混凝土框架结构，计算长度可按表 4-15 取用。

表 4-15 框架结构各层柱的计算长度

楼盖类型	柱的类别	计算长度 l_0
现浇楼盖	底层柱	1.0H
	其他各层柱	1.25H
装配式楼盖	底层柱	1.25H
	其他各层柱	1.5H

注：表中 l_0 为各层的层高。

 特别提示

对于首层柱，H 为基础顶面到首层楼盖顶面之间的距离；对于其余各层柱，H 为上下两楼层的层高。

【例 4-6】某多层现浇钢筋混凝土框架房屋，底层中柱承受轴心压力设计值 N=750kN，底层的层高为 3.6m，基础顶面标高-0.3m，采用 C30 混凝土，HRB335 级钢筋，试设计该

柱截面。(按规范规定如截面的边长小于 300mm 时，混凝土的强度设计值应乘以系数 0.8)

【解】

根据表 4-15 可知 $l_0=1.0H=1.0×(3.6m+0.3m)=3.9m$，$f_c=14.3N/mm^2$，$f'_y=300N/mm^2$，$\rho'_{min}=0.6\%$。

(1) 确定截面的尺寸：先假设 $\varphi=1.0$，$\rho=0.01$，则 $A'_s=\rho A=0.01A$，代入式(4-23)

即
$$N \leqslant N_u = 0.9\varphi(f_c A + f'_y A'_s)$$
$$750×10^3 N \leqslant 0.9×1.0×(14.3N/mm^2 × A + 300N/mm^2 × 0.01A)$$

得
$$A \geqslant 48170 mm^2$$

采用正方形截面，$b=h=48170^{1/2}=219.5mm$，取 $b=h=250mm$。

(2) 确定稳定系数 φ：由 $l_0/b=3900/250=15.6$，查表 4-14 得 $\varphi=0.88$。

(3) 求纵向钢筋的截面面积 A'_s：由于现浇受压柱截面边长小于 300mm，故混凝土轴心抗压强度设计值 f_c 应乘以系数 0.8，由式(4-23)得

$$A'_s = \frac{\dfrac{N}{0.9\varphi} - f_c A}{f'_y} = \frac{\dfrac{750×10^3 N}{0.9×0.88} - 14.3N/mm^2 × 0.8 × 250^2 mm}{300N/mm^2} = 773.2 mm^2$$

选择 4Φ16($A'_s=804mm^2$)，$\rho'=804/250^2=1.29\%$，在经济配筋率 $0.6\% \leqslant \rho' \leqslant 3\%$ 之间，满足要求。

2．偏心受压构件

偏心距 $e_0=0$ 时，为轴心受压构件；当 $e_0 \to \infty$ 时，即 $N=0$ 时，受弯构件。偏心受压构件的受力性能和破坏形态介于轴心受压构件和受弯构件之间，其破坏形态与偏心距 e_0 和纵向钢筋配筋率有关。

偏心受压构件破坏形态按其破坏特征可分为受拉破坏和受压破坏。

1) 受拉破坏(大偏心受压破坏)

当 M 较大，N 较小时，截面部分上存在较大的受拉区或者当偏心距 e_0 较大时，会出现受拉破坏。其破坏特征为截面受拉侧混凝土较早出现裂缝，A_s 的应力随荷载增加发展较快，首先达到屈服强度。此后，裂缝迅速开展，受压区高度减小。最后受压侧钢筋 A'_s 受压屈服，压区混凝土压碎而达到破坏。这种破坏具有明显预兆，变形能力较大，破坏特征与配有受压钢筋的适筋梁相似，承载力主要取决于受拉侧钢筋。形成这种破坏的条件是偏心距 e_0 较大，且受拉侧纵向钢筋配筋率合适，通常称为大偏心受压。

2) 受压破坏(小偏心受压破坏)

当相对偏心距 e_0/h_0 较小时，截面全部受压或大部分受压或者虽然相对偏心距 e_0/h_0 较大，但受拉侧纵向钢筋配置较多时会出现受压破坏。其破坏特征是截面受压侧混凝土和钢筋的受力较大，而受拉侧钢筋应力较小。当相对偏心距 e_0/h_0 很小时，"受拉侧"还可能出现"反向破坏"情况。截面最后是由于受压区混凝土首先压碎而达到破坏。承载力主要取决于受压区混凝土和受压侧钢筋，破坏时受压区高度较大，远侧钢筋可能受拉也可能受压，破坏具有脆性性质。第二种情况在设计中应予避免，因此受压破坏一般为偏心距较小的情况，故常称为小偏心受压。

大偏压破坏和小偏压破坏的界限，即受拉钢筋屈服与受压区混凝土边缘极限压应变 ε_{cu}

同时达到，与适筋梁和超筋梁的界限情况类似，在此不再详述。

任务 4.3　钢筋混凝土受扭构件

扭转是结构构件受力的基本形式，只要在构件截面中有扭矩作用的构件都称为受扭构件。图 4.26 所示的雨篷梁、现浇框架边梁、吊车梁等均属于受扭构件。在实际工程中很少有纯扭构件，多数是弯、剪、扭复合受力状态。

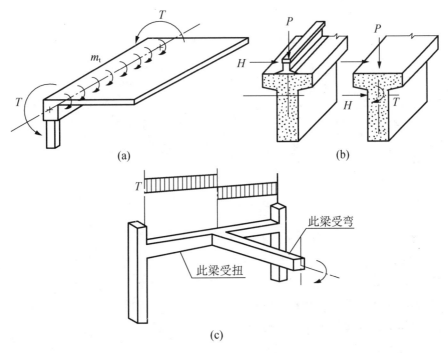

图 4.26　受扭构件示例

(a) 雨篷梁；(b) 吊车梁；(c) 框架边梁

知识导航

4.3.1　受扭构件的受力特点

1. 纯扭构件

试验研究表明：在纯扭矩作用下，无筋矩形截面混凝土构件开裂前具有与匀质弹性材料类似的性质，截面长边中点剪应力最大，在截面四角点处剪应力为零。当截面长边中点附近最大主拉应变达到混凝土的极限拉应变时，构件就会开裂。随着扭矩的增加，裂缝与

构件纵轴线成 45°角向相邻两个面延伸，最后构件三面开裂，一面受压，形成一空间扭曲斜裂面而破坏。自开裂至构件破坏的过程短暂，破坏突然，属于脆性破坏，抗扭承载力很低，如图 4.27(a)所示。

钢筋混凝土矩形截面纯扭构件，当扭矩很小时，混凝土未开裂，钢筋拉应力也很低，构件受力性能类似于无筋混凝土截面。随着扭矩的增大，在某薄弱截面的长边中点首先出现斜裂缝，此时扭矩稍大于开裂扭矩 T_{cr}。斜裂缝出现后，混凝土卸载，裂缝处的主拉应力主要由钢筋承担，因而钢筋应力突然增大。当构件配筋适中时，荷载可继续增加，随之在构件表面形成连续或不连续的与纵轴线成 35°～55°的螺旋形裂缝。扭矩达到一定值时，某一条螺旋形裂缝形成主裂缝，与之相交的纵筋和箍筋达到屈服强度，截面三边受拉，一边受压，最后混凝土被压碎而破坏。破裂面为一空间曲面，如图 4.27(b)所示。

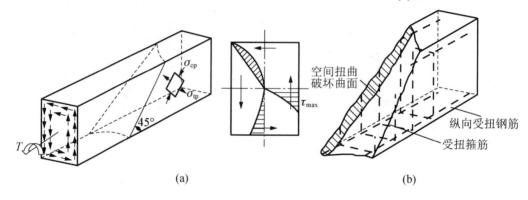

图 4.27　纯扭构件

(a) 弹性应力分布；(b) 钢筋混凝土纯扭的破坏

2．复合受扭构件

在弯矩、剪力和扭矩共同作用下，钢筋混凝土构件的受力状态极为复杂，构件破坏特征及其承载力与所作用的外部荷载条件和内在因素有关。根据外部和内部条件的不同，构件可能出现弯型破坏、扭型破坏、剪扭型破坏等几种状态。

能力导航

4.3.2　受扭构件的构造要求

1．受扭纵筋

应沿构件截面周边均匀对称布置。矩形截面的四角以及 T 形和工字形截面各分块矩形的四角，均必须设置受扭纵筋。受扭纵筋的间距不应大于 200mm，也不应大于梁截面短边长度。受扭纵筋的接头和锚固要求均应按受拉钢筋的相应要求考虑。架立筋和梁侧构造纵筋也可利用作为受扭纵筋。

2．受扭箍筋

在靠近受扭构件表面应均匀设置受扭箍筋。受扭箍筋必须为封闭式，受扭箍筋末端应做成135°的弯钩，弯钩端头平直段长度不应小于10d(d为箍筋直径)。箍筋的间距还应符合表4-6的要求。

特别提示

受扭钢筋在结构施工图很常见，常在钢筋前加字母"N"表示抵抗扭矩。受扭钢筋常设置在梁侧构造纵筋的位置，与梁侧构造纵筋并称为梁腰筋。

任务4.4 预应力混凝土构件基本知识

知识导航

4.4.1 预应力混凝土的基本概念

钢筋混凝土受拉与受弯等构件，由于混凝土抗拉强度及极限拉应变值都很低，所以在使用荷载作用下，通常是带裂缝工作的。因而对使用上不允许开裂的构件，不能充分利用受拉钢筋的强度。为了要满足变形和裂缝控制的要求，则需增大构件的截面尺寸和用钢量，这将导致自重过大，使钢筋混凝土结构用于大跨度或承受动力荷载的结构成为不可能或很不经济。同时，钢筋混凝土结构中采用高强度钢筋是不能发挥其作用的，而提高混凝土强度等级对提高构件的抗裂性能和控制裂缝宽度的作用也不大。

为了避免普通钢筋混凝土构件过早开裂，保证其抗裂性和刚度，充分利用高强度材料，让构件在承受外荷载之前，人为地预先通过张拉钢筋对结构使用阶段将产生拉应力的混凝土区域施加压力，构件承受外荷载后，此项预压应力将抵消一部分或全部由外荷载所引起的拉应力，从而推迟裂缝的出现和限制裂缝的开展，这种构件就称为"预应力混凝土构件"。

1. 预应力混凝土结构与普通混凝土结构比较

与普通混凝土结构相比预应力混凝土结构的主要优点。

(1) 提高构件的抗裂度，改善了构件的受力性能。因此适用于对裂缝要求严格的结构；

(2) 由于采用高强度混凝土和钢筋，从而节省了材料和减轻了结构自重，因此适用于跨度大或承受重型荷载的构件；

(3) 提高了构件的刚度，减少构件的变形，因此适用于对构件的刚度和变形控制较高的结构构件；

(4) 提高了结构或构件的耐久性、耐疲劳性和抗震能力。

预应力混凝土结构的缺点是需要增设施加预应力的设备，制作技术要求较高，施工周期较长。

2. 预应力混凝土构件与钢筋混凝土构件的比较

(1) 预应力混凝土构件与普通钢筋混凝土构件在施工阶段，二者钢筋和混凝土两种材料所处的应力状态不同，普通钢筋混凝土构件中，钢筋和混凝土均处于零应力状态，而预应力混凝土构件中，钢筋和混凝土均有初应力，其中钢筋处于拉应力状态，混凝土处于受压状态，一旦预压应力被抵消，预应力混凝土和普通钢筋混凝土之间没有本质的不同。

(2) 预应力混凝土构件出现裂缝比普通钢筋混凝土构件迟得多，但裂缝出现时的荷载与破坏荷载比较接近。

(3) 预应力混凝土构件与条件相同的未加预应力的钢筋混凝土构件承载能力相同，故预加应力能推迟裂缝出现，但不能提高承载能力。

特别提示

预应力混凝土不能提高构件的承载能力。当截面和材料相同时，预应力混凝土与普通混凝土受弯构件的承载力相同，与受拉区钢筋是否施加预应力无关。

4.4.2 预应力的分类和施加预应力方法

按照使用荷载对截面拉应力控制要求的不同，预应力混凝土结构构件可分为三种：全预应力混凝土，即指在各种荷载组合下构件截面上均不允许出现拉应力的预应力混凝土构件，大致相当于裂缝控制等级为一级的构件；有限预应力混凝土，即指在短期荷载作用下，容许混凝土承受某一规定拉应力值，但在长期荷载作用下，按混凝土不得受拉的要求设计，相当于裂缝控制等级为二级的构件；部分预应力混凝土，即在使用荷载作用下，容许出现裂缝，但按最大裂缝宽度不超过允许值的要求设计，相当于裂缝控制等级为三级的构件。

按照张拉钢筋与浇筑混凝土的前后关系，施加预应力的方法可分为先张法和后张法两种。

1．先张法

先张法就是张拉钢筋先于混凝土构件浇筑成型的方法。先张法预应力混凝土构件的预应力是靠钢筋与混凝土之间的黏结力来传递的，但这种力的传递过程，需要经过一段传递长度才能完成。其主要操作工序，如图 4.28 所示。

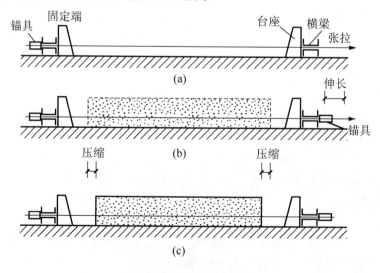

图 4.28 先张法操作工序

(a) 张拉钢筋；(b) 支模浇混凝土；(c) 切断预应力钢筋

2. 后张法

后张法就是在构件浇筑成型后再张拉钢筋的施工方法。后张法构件中,预应力主要靠钢筋端部的锚具来传递,图 4.29 为后张法的主要操作工序。

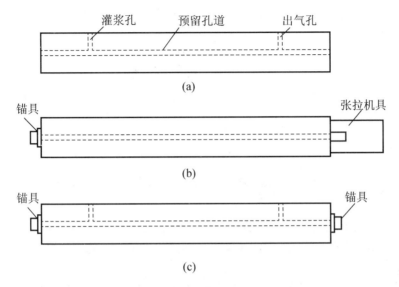

图 4.29 后张法操作工序

(a) 制作构件并预留孔道;(b) 穿预应力筋并张拉;(c) 锚固预应力筋并灌浆

 特别提示

预应力混凝土施加预应力的方法是根据浇筑混凝土与张拉预应力钢筋的时间先后顺序而定。

4.4.3 预应力混凝土结构对材料(钢筋和混凝土)的要求

预应力钢筋在张拉时就受到较高的拉应力,在使用阶段,钢筋的拉应力会继续提高。同时混凝土也受到高压应力的作用。

1. 预应力混凝土结构对钢筋的要求

(1) 强度高。预应力混凝土构件在制作和使用过程中,由于种种原因,会出现各种预应力损失,为了在扣除预应力损失后,仍然能使混凝土建立起较高的预应力值,需采用较高的张拉应力,因此预应力钢筋必须采用高强钢筋(丝)。

(2) 具有一定的塑性。为防止发生脆性破坏,要求预应力钢筋在拉断时,具有一定的伸长率。

(3) 良好的加工性能。要求钢筋有良好的可焊性,以及钢筋"镦粗"后并不影响原来的物理性能。

(4) 与混凝土有较好的黏结强度。先张法构件预应力的传递是靠钢筋和混凝土之间的黏结力实现的,因此需要两者之间有足够的黏结强度。

2. 预应力混凝土结构对混凝土的要求

(1) 强度高。预应力混凝土只有采用较高强度的混凝土，才能建立起较高的预压应力，并可减少构件截面尺寸，减轻结构自重。对先张法构件，采用较高强度的混凝土可以提高黏结强度；对后张法构件，则可承受构件端部强大的预压力。《混凝土结构设计规范》规定，混凝土强度等级不应小于C30，采用钢丝、钢绞线、热处理钢筋作为预应力筋时，混凝土等级不宜低于C40。

(2) 收缩、徐变小。可以减少由于收缩、徐变引起的预应力损失。

(3) 快硬、早强。可以尽早施加预应力，加快台座、锚具、夹具的周转率，以利加快施工进度，降低间接费用。

能力导航

4.4.4 预应力混凝土构件的主要构造

预应力混凝土构件的构造要求，除应满足钢筋混凝土结构的有关规定外，还应根据预应力张拉工艺、锚固措施及预应力钢筋种类的不同，满足有关的构造要求。

1. 一般要求

(1) 截面形式和尺寸。预应力轴心受拉构件通常采用正方形或矩形截面。预应力受弯构件可采用T形、I形及箱形等截面。

为了便于布置预应力钢筋以及预压区在施工阶段有足够的抗压能力，可设计成上、下翼缘不对称的I形截面，其下部受拉翼缘的宽度可比上翼缘狭些，但高度比上翼缘大。截面形式沿构件纵轴也可以变化，如跨中为I形，近支座处为了承受较大的剪力并能有足够位置布置锚具，在两端往往做成矩形。

由于预应力构件的抗裂度和刚度较大，其截面尺寸可比钢筋混凝土构件小些。对预应力混凝土受弯构件，其截面高度 $h = \left(\dfrac{1}{20} \sim \dfrac{1}{14}\right)l$，最小可为 $\dfrac{l}{35}$（l 为跨度），大致可取为普通钢筋混凝土梁高的 70%左右。翼缘宽度一般可取 $\dfrac{h}{3} \sim \dfrac{h}{2}$，翼缘厚度一般可取 $\dfrac{h}{10} \sim \dfrac{h}{6}$，腹板宽度尽可能小些，可取 $\dfrac{h}{15} \sim \dfrac{h}{8}$。

(2) 预应力纵向钢筋。预应力纵向钢筋可采用直线布置、曲线布置、折线布置等形式。当荷载和跨度不大时，直线布置最为简单，如图 4.30(a)所示，施工时用先张法或后张法均可；当荷载和跨度较大时，可布置成曲线形[图 4.30(b)]或折线形[图 4.30(c)]，施工时一般用后张法，如预应力混凝土屋面梁、吊车梁等构件。为了承受支座附近区段的主拉应力及防止由于施加预应力而在预拉区产生裂缝和在构件端部产生沿截面中部的纵向水平裂缝，在靠近支座部位，宜将一部分预应力钢筋弯起，弯起的预应力钢筋沿构件端部均匀布置。

(3) 非预应力纵向钢筋的布置。预应力构件中，除配置预应力钢筋外，为了防止施工阶段因混凝土收缩和温差及施加预应力过程中引起预拉区裂缝以及防止构件在制作、堆放、运输、吊装时出现裂缝或减小裂缝宽度，可在构件截面(即预拉区)设置足够的非预应力钢筋。

在后张法预应力混凝土构件的预拉区和预压区，应设置纵向非预应力构造钢筋。在预应力钢筋弯折处，应加密箍筋或沿弯折处内侧布置非预应力钢筋网片，以加强在钢筋弯折区段的混凝土。

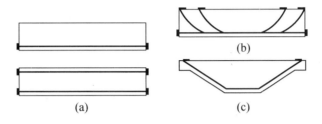

图 4.30 预应力钢筋的布置

(a) 直线形；(b) 曲线形；(c) 折线形

对预应力钢筋在构件端部全部弯起的受弯构件或直线配筋的先张法构件，当构件端部与下部支承结构焊接时，应考虑混凝土的收缩、徐变及温度变化所产生的不利影响，在构件端部可能产生裂缝的部位，应设置足够的非预应力纵向构造钢筋。

2．先张法构件的构造要求

(1) 钢筋、钢丝、钢绞线净间距。先张法预应力钢筋之间的净间距应根据浇筑混凝土、施加预应力及钢筋锚固要求确定。预应力钢筋之间的净距不应小于其公称直径或有效直径的 1.5 倍，且应符合下列规定。

① 对热处理钢筋和钢丝，不应小于 15mm；

② 对三股钢绞线，不应小于 20mm；

③ 对七股钢绞线，不应小于 25mm。

当先张法预应力钢丝按单根方式配筋困难时，可采用相同直径钢丝并筋的配筋方式，并筋的等效直径，双并筋时应取为单筋直径的 1.4 倍，三并筋时应取为单筋直径的 1.7 倍。

并筋的保护层厚度、锚固长度、预应力传递长度及正常使用极限状态验算均应按等效直径考虑。等效直径为与钢丝束截面面积相同的等效圆截面直径。

当预应力钢绞线、热处理钢筋采用并筋方式时，应有可靠的构造措施。

(2) 构件端部加强措施。对先张法构件，在放松预应力钢筋时，端部有时会产生裂缝。为此，对端部预应力钢筋周围的混凝土应采取下列加强措施。

① 对单根配置的预应力钢筋，其端部宜设置长度不小于 150mm 且不少于 4 圈的螺旋筋；当有可靠经验时，亦可利用支座垫板的插筋代替螺旋筋，但插筋数量不应少于 4 根，其长度不宜小于 120mm，如图 4.31 所示。

② 对分散配置的多根预应力钢筋，在构件端部 10d(d 为预应力钢筋的公称直径或等效直径)范围内应设置 3～5 片与预应力钢筋垂直的钢筋网。

③ 对采用预应力钢丝配筋的薄板，在板端 100mm 范围内应适当加密横向钢筋。

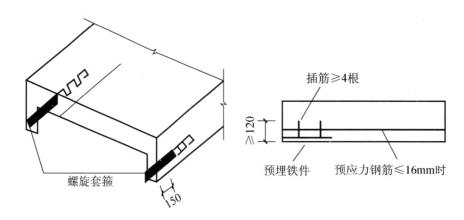

图 4.31　端部附加钢筋的插筋

**特别提示**

《混凝土结构设计规范》规定，先张法预应力筋之间的净间距不宜小于其公称直径的 2.5 倍和混凝土粗骨料最大粒径的 1.25 倍；预应力钢丝，不应小于 15mm；三股钢绞线，不应小于 20mm 七股钢绞线，不应小于 25mm；当混凝土振捣密实性具有可靠保证时，净间距可放宽为最大粗骨料粒径的 1.0 倍。

3. 后张法构件的构造要求

(1) 预留孔道。孔道的布置应考虑张拉设备和锚具的尺寸以及端部混凝土局部受压承载力等要求。后张法预应力钢丝束、钢绞线束的预留孔道应符合下列规定。

① 对预制构件，孔道之间的水平净间距不宜小于 50mm，孔道至构件边缘的净间距不宜小于 30mm，且不宜小于孔道直径的一半。

② 在框架梁中，预留孔道在竖直方向的净间距不应小于孔道外径，水平方向的净间距不应小于 1.5 倍孔道外径；从孔壁算起的混凝土保护层厚度，梁底不宜小于 50mm，梁侧不宜小于 40mm。

③ 预留孔道的内径应比预应力钢丝束或钢绞线束外径及需穿过孔道的连接器外径大 10~15mm。

④ 在构件两端及跨中应设置灌浆孔或排气孔，其孔距不宜大于 12m。

⑤ 凡制作时需要起拱的构件，预留孔道宜随构件同时起拱。

(2) 构件端部加强措施。

① 端部附加竖向钢筋。当构件端部的预应力钢筋需集中布置在截面的下部或集中布置在上部和下部时，则应在构件端部 0.2h(h 为构件端部的截面高度)范围内设置附加竖向焊接钢筋网、封闭式箍筋或其他形式的构造钢筋。其中附加竖向钢筋宜采用带肋钢筋，其截面面积应符合下列规定：

当 $e < 0.1h$ 时，$\qquad A_{sv} \geq 0.3 \dfrac{N_p}{f_y}$ \hfill (4-24)

当 $0.1h \leq 0.2h$ 时，$\qquad A_{sv} \geq 0.15 \dfrac{N_p}{f_y}$ \hfill (4-25)

当 $e > 0.2h$ 时，可根据实际情况适当配置构造钢筋。

式中：N_p ——作用在构件端部截面中心线上部或下部预应力钢筋的合力，应乘以预应力分项系数1.2，此时，仅考虑混凝土预压前的预应力损失值；

e ——截面中心线上部或下部预应力钢筋的合力点至截面近边缘的距离；

f_y ——竖向附加钢筋的抗拉强度设计值。

当端部截面上部和下部均有预应力钢筋时，附加竖向钢筋的总截面面积应按上部和下部的预应力合力 N_p 分别计算的面积叠加后采用。

当构件在端部有局部凹进时，为防止在预加应力过程中，端部转折处产生裂缝，应增设折线构造钢筋，如图4.32所示，或采用其他有效的构造钢筋。

② 端部混凝土的局部加强。构件端部尺寸，应考虑锚具的布置、张拉设备的尺寸和局部受压的要求，必要时应适当加大。

在预应力钢筋锚具下及张拉设备的支承处，应设置预埋垫板及构造横向钢筋网片或螺旋式钢筋等局部加强措施。

对外露金属锚具应采取可靠的防锈措施。

后张法预应力混凝土构件的曲线预应力钢丝束、钢绞线束的曲率半径不宜小于4m。

对折线配筋的构件，在预应力钢筋弯折处的曲率半径可适当减小。

在局部受压间接配筋配置区以外，在构件端部长度 l 不小于 $3e$ (e 为截面中心线上部或下部预应力钢筋的合力点至邻近边缘的距离)，但不大于 $1.2h$ (h 为构件端部截面高度)，高度为 $2e$ 的附加配筋区范围内，应均匀配置附加箍筋或网片，其体积配筋率不小于0.5%，如图4.33所示。

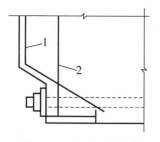

图4.32 端部转折处构造

1—折线构造钢筋；2—竖向构造钢筋

图4.33 防止沿孔道劈裂的配筋范围

1—局部受压间接钢筋配置区；2—附加配筋区；3—构件端面

任务4.5 钢筋混凝土结构构件施工图

 知识导航

4.5.1 钢筋混凝土结构构件配筋图的表示方法

不同类型的结构，其结构施工图的具体内容与表达也各有不同，但一般包括下列三个方

面的内容：结构设计说明，结构平面布置图和构件详图三部分。其中构件图包括梁、板、柱及基础结构详图；楼梯、电梯结构详图；屋架结构详图；支撑、预埋件、连接件等的详图。

钢筋混凝土结构构件配筋图的表示方法通常有三种。

(1) 详图法。它通过平、立、剖面图将各构件(梁、柱、墙等)的结构尺寸、配筋规格等"逼真"地表示出来。用详图法绘图的工作量非常大，但识图时简单、直观、易懂。

(2) 梁柱表法。它采用表格填写方法将结构构件的结构尺寸和配筋规格用数字符号表达。此法比"详图法"要简单方便得多。其不足之处是同类构件的许多数据需多次填写，容易出现错漏，图纸数量多，现在较少采用。

(3) 结构施工图平面整体表示方法(以下简称"平法")。它把结构构件的截面形式、尺寸及所配钢筋规格在构件的平面位置用数字和符号直接表示，再与相应的"结构设计总说明"和梁、柱、墙等构件的"构造通用图及说明"配合使用。平法的优点是图面简洁、清楚、直观性强，图纸数量少，设计和施工人员都很欢迎，现在普遍采用该法。

本节就构件的详图法展开介绍，反映各构件的形状、大小、材料、构造及连接关系。平法的内容见本书项目 10。

4.5.2 钢筋混凝土构件结构详图的内容和特点

钢筋混凝土构件结构详图是结施的重要组成部分，是钢筋翻样、制作、绑扎、现场支模、设预埋件和浇筑混凝土的主要依据。

1. 钢筋混凝土构件结构详图的主要内容

(1) 构件的名称或代号、绘制比例。
(2) 构件的定位轴线及其编号。
(3) 构件的形状、尺寸及配筋和预埋件。
(4) 钢筋的直径、尺寸和构件的结构标高。
(5) 施工说明等。

绘制钢筋混凝土结构详图时，假想混凝土是透明体，能显示混凝土内部的钢筋配置，这样的投影图称为配筋图。配筋图通常包括平面图、立面图、断面图等。必要时，还可以将构件中的每根钢筋抽出绘制钢筋大样图，同时列出钢筋表。

2. 钢筋混凝土构件施工图的特点

结构图采用正面投影法绘制；图中钢筋用粗实线绘制，钢筋的横截面用涂黑小圆点表示。构件的外轮廓线、尺寸线、尺寸界线、引出线等用细实线绘制；构件的名称采用代号表示，后跟阿拉伯数字表示该构件的编号或型号；构件对称时，可一半表示模板图一半表示钢筋；构件的轴线及编号等应与建筑施工图保持一致。

4.5.3 钢筋混凝土构件施工图中钢筋的表示

根据钢筋的种类及强度分为不同的品种，具体的直径编号见表 2-2 和表 2-3。

1. 钢筋的直径、根数及间距的表示

钢筋的直径、根数及相邻钢筋的中心距采用引出线的方式标注。为了便于识别，构件中的各种钢筋应进行编号,编号采用阿拉伯数字,写在引出线端部直径为 6mm 的细实线圆中。在引出线端部,用代号标注钢筋的等级、种类、直径、根数或间距等。标注方式如下。

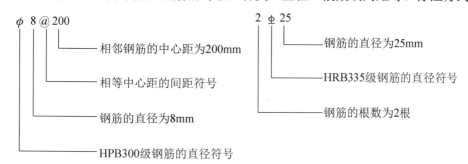

特别提示

在结构施工图中,在钢筋符号前面的数代表钢筋的根数,钢筋符号后面的数代表钢筋的直径,@符号后面的数据代表钢筋放置的间距。

2．结构施工图中钢筋的常规表示法

为表示出钢筋的端部形状、钢筋的配置和搭接情况,钢筋在施工图中一般采用表 4-16 中的图例来表示。

表 4-16　一般钢筋常用图例

序号	名　称	图　例	说　明
1	钢筋横断面	●	
2	无弯钩的钢筋端部	─╱	下图表示长、短钢筋投影重叠时,应在钢筋的端部用 45°短画线表示
3	带半圆形弯钩的钢筋端部	⌐	
4	带直钩的钢筋端部	└─	
5	带丝扣的钢筋端部	─╫╫╫	
6	无弯钩的钢筋搭接	─╱───╱─	
7	带半圆形弯钩的钢筋搭接	⌐───⌐	
8	带直钩的钢筋搭接	└───┘	
9	花篮螺纹钢筋接头	─┼┼─	
10	机械连接的钢筋接头	─▭─	

能力导航

4.5.4　钢筋混凝土梁的结构详图

图 4.34 为某现浇钢筋混凝土梁的结构施工图,图名是 L1,立面图比例 1∶25,断面图

比例1∶10。立面图表示梁的立面轮廓、长度尺寸以及钢筋在梁内上下、左右的配置情况。断面图表示梁的截面形状、宽度、高度尺寸和钢筋的上下、前后的排列情况。可以看出梁位于ⓒ-ⓓ轴线之间,完全对称布置。轴线间距为8000mm,梁长8240mm,梁内虚线表示板和两条与主梁垂直的次梁轮廓,两条次梁距离ⓒ、ⓓ轴支座中心的距离均为2670mm,从断面图1.1,2-2,3-3可看出梁高650mm,梁宽250mm。

从图4.30可以看出,梁中配有七种规格的钢筋。其中①号筋为4Φ25,是梁下部的通长筋,②号筋为2Φ22的弯起钢筋,弯起后位于上部第二排,弯起角度45°,弯终点距离支座ⓒ、ⓓ边缘50mm。③号筋为2Φ18,是梁上部的通长角筋。④号筋为2Φ16的梁端附加钢筋,位于梁上部的内侧,其断点位置距离支座边缘1950mm。⑤号筋为Φ8箍筋,距离支座ⓒ、ⓓ边缘50mm处开始设置,其中距离支座ⓒ、ⓓ边缘各1100mm范围内箍筋间距为100mm,跨中部位间距为200mm,沿梁长均匀布置。在主、次梁的交叉部位,在次梁两侧各加设附加箍筋3道以抵抗次梁传下的集中荷载。⑥号筋为4Φ10的梁侧构造筋。⑦号筋为Φ6的拉筋。

钢筋表中应列出构件的名称、构件数量、钢筋简图和钢筋的直径、长度、数量等。其中钢筋的长度根据梁长确定,梁长减去保护层再加上钢筋弯钩增加长度就是钢筋的长度,在此不详述。

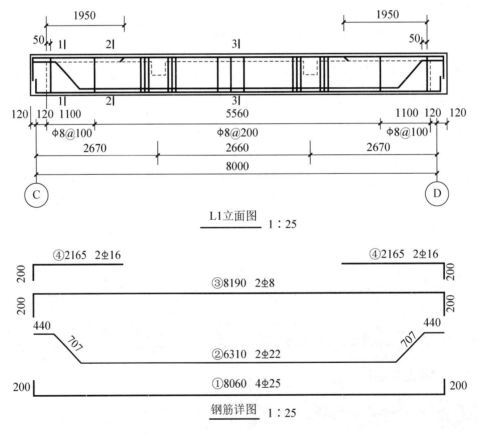

图4.34 梁的配筋图

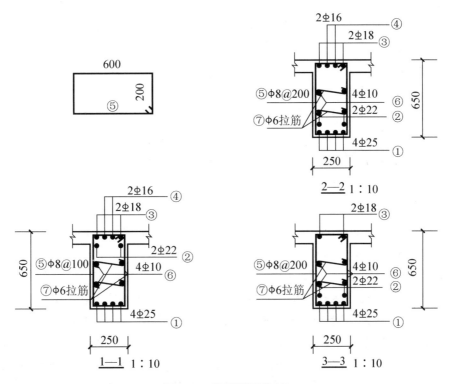

图 4.34 梁的配筋图(续)

【例 4-7】 某框架梁 KL2 的结构详图如图 4.35 所示,试分析该框架梁的构造尺寸与钢筋设置。

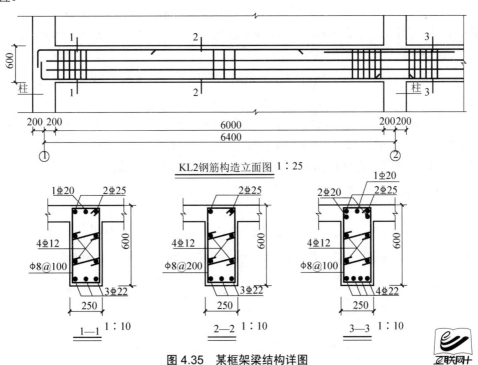

图 4.35 某框架梁结构详图

【解】由图 4.35 可知，该梁的跨度为 6.4m，净跨为 6m，该梁的截面宽度为 250mm，截面高度为 600mm。

该梁左跨内设置的纵向底筋为 3⊈22，上部通长筋为 2Φ25，腰筋为 4⊈12，左支座负筋为 1⊈20，右支座负筋为 3⊈20 且分两排设置，箍筋采用双肢箍形式，加密区箍筋为 Φ8@100，非加密区箍筋为 Φ8@200。

4.5.5 钢筋混凝土柱的结构详图

图 4.36 是某现浇钢筋混凝土柱的结构施工图，图名是 Z2，配筋立面图比例 1∶50，断面图比例 1∶25。从立面图可以看出，柱从-1.500m 起直至柱顶标高 14.670m 处，柱形为方柱，尺寸 450mm×450mm。

由立面图和 1—1，2—2，3—3 断面图可以看出，沿柱高度方向，纵向受力钢筋的数量不变，但直径发生变化。从-1.500～3.870m 范围内纵向钢筋为①、②钢筋，①号筋为沿 b 边的 8 根直径 25mm 的 HRB335 筋，每边各 4 根，对称布置。②号筋为 4 根直径 22mm 的 HRB335 筋，属 h 边中部筋，对称布置。纵筋底部与插入基础的钢筋搭接，搭接长度为 670mm；从 3.870～11.070m 范围内纵向钢筋为④、⑤钢筋，④号筋为沿 b 边的 8 根直径 22mm 的 HRB335 筋，每边各 4 根，对称布置。⑤号筋为 4 根直径 20mm 的 HRB335 筋，属 h 边中部筋，对称布置。标高 11.070m 以上至柱顶的⑥、⑦筋为 12 根直径 20mm 的 HRB335 筋。楼层钢筋采用搭接连接，搭接长度 550mm。③号箍筋采用 Φ8 的级钢筋，呈封闭复合箍形式，箍筋间距沿柱高设置不同，柱根以上 1000mm，楼(屋)面梁顶以下 1200mm(首层 1400mm)，楼面梁顶部标高 600mm 范围内，为箍筋的加密区，箍筋间距 100mm，其余柱中范围为非加密区，箍筋间距 200mm。

【例 4-8】 某框架柱 KZ1 的结构详图如图 4.37 所示，试分析该框架柱的构造尺寸与钢筋设置。

【解】由图可知，该柱的总高度为 6.6-(-1.2)=8.4m，首层高度为 4.8m，首层净高为 4.2m，二层高度为 3m，二层净高为 2.4m，该柱的截面边长为 600mm×600mm。

该柱首层高度范围内纵向角筋为 4⊈25，纵向中部筋采用双轴对称形式，其中一边的纵向中部筋为 2⊈20，另一边的纵向中部筋为 3⊈20；首层高度范围内箍筋采用复合箍形式，加密区箍筋为 Φ8@100，非加密区箍筋为 Φ8@200，箍筋的肢数为 4×5。

该柱二层高度范围内纵向角筋为 4⊈25，纵向中部筋采用双轴对称形式，每边的纵向中部筋为 2⊈20；二层高度范围内箍筋采用复合箍形式，加密区箍筋为 Φ8@100，箍筋的肢数为 4×4。

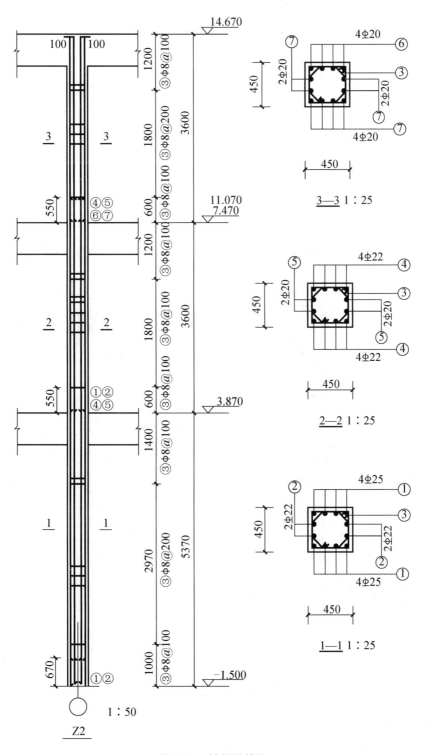

图4.36 柱的配筋图

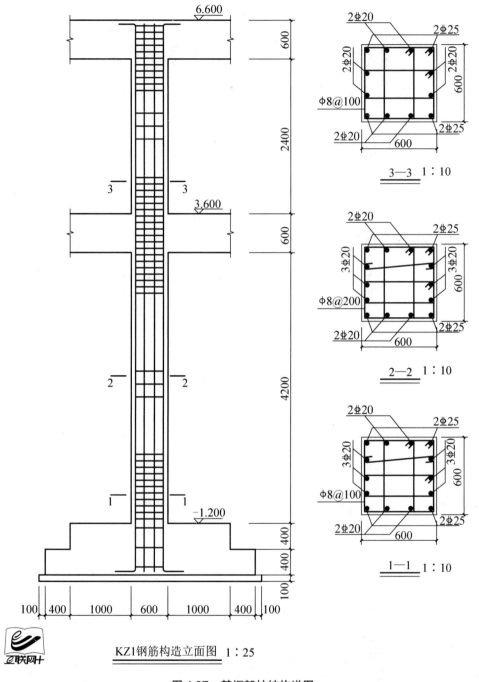

图 4.37 某框架柱结构详图

特别提示

目前我国表达梁配筋最常用的方法是梁平面整体表示方法，但梁传统详图法是梁平面整体表示方法的基础。

实践教学课题 识读钢筋混凝土基本构件的结构施工图

【目的与意义】 房屋结构由若干个基本构件按照一定的组成规则、连接方式构成。正确识读钢筋混凝土基本构件的结构施工图,是每一个土木工程人员必须具备的基本素质。通过钢筋混凝土基本构件的结构施工图的识读训练,可加深理解钢筋混凝土梁、柱等构件的构造要求,为今后就业奠定基础。

【内容与要求】 在指导教师的指导下,着重对简单的钢筋混凝土结构构件施工图进行识读,了解梁、柱等构件结构施工图的表示方法、表示内容、基本构造要求。同时结合本校的实训基地或周边的施工现场进行参观学习,加强对结构施工图的认识。有条件的话,最好将现有工地和图纸对照教学,其效果更明显。

项 目 小 结

(1) 本项目对钢筋混凝土结构基本构件的设计过程及结构构造要求进行了较为详细的阐述,钢筋混凝土结构基本构件包括受弯构件、受压构件、受扭构件以及预应力混凝土构件,钢筋混凝土梁、板的变形以受弯为主,钢筋混凝土柱的变形以受压为主,预应力混凝土构件包括预应力梁和预应力板等。主要钢筋混凝土结构基本构件(受弯、受压、受扭构件)的受力特点、计算方法及构造要求,预应力混凝土的概念和施工方法,钢筋混凝土结构构件施工图等主要内容。

(2) 钢筋混凝土基本构件的初步结构构造设计包括材料选择、初步尺寸确定、构造措施、详图表达、承载力计算等内容,学习者应在理解的基础上学会应用。混凝土结构基本构件的构造要求是本项目的学习重点,在学习的过程中可结合《混凝土结构设计规范》相关条文。

习 题

一、填空题

1. 受弯构件通常指_____和_____共同作用的构件。
2. 钢筋混凝土板厚的模数为_____,梁与柱的模数一般为_____。
3. 现浇板在砖墙上支撑长度一般不小于_____,预制板的支撑长度在砖墙上不宜小于_____、在钢筋混凝土梁上不宜小于_____。
4. 板中受力钢筋的间距一般在_____至_____。
5. 板中受力钢筋一般布置在板的_____区,分布钢筋则放置于受力钢筋的_____侧。
6. 板中单位长度上分布钢筋的配筋面积不小于受力钢筋截面面积的_____,且不宜小于该方向板截面面积的_____,其直径不宜小于_____mm,间距不宜大于_____mm。

7. 梁内纵向受力钢筋的净距，当为上纵筋时为不宜小于_____及_____，当为下纵筋时为不宜小于_____及_____。

8. 梁在砖墙上支撑长度当梁高≤500mm 时，为_____，梁高>500mm 时，支撑长度大于_____、在钢筋混凝土梁上不宜小于_____。

9. 在钢筋混凝土梁中，通常配置有纵向受力钢筋、弯起钢筋、_____及_____钢筋构成钢筋骨架，当梁的截面高度较大时，还应在梁侧设置构造钢筋及相应的_____。

10. 正截面破坏分为_____、_____、_____三种破坏形式。

11. 斜截面破坏分为_____、_____、_____。

12. 有腹筋梁斜截面的受剪承载力由_____、_____和_____三部分受剪承载力组成。

13. 受扭纵筋的间距不应大于_____和_____。

14. 柱纵筋净距不应小于_____，中距不宜大于_____，全部纵筋的配筋率不宜大于_____，箍筋直径不应小于_____或_____。

15. 施加预应力的方法按施工工序的不同可分为_____和_____。

16. 预应力纵向钢筋的布置方式有_____、_____、_____。

17. 钢筋混凝土梁中，当截面腹板高度≥_____mm 时需在梁侧面设置纵向构造钢筋。

二、选择题

1. 环境类别一类，当混凝土为 C25 时板的混凝土保护层最小厚度为(   )mm。
   A. 15   B. 25   C. 30   D. 20

2. 环境类别一类，当混凝土为 C25 时梁的混凝土保护层最小厚度为(   )mm。
   A. 15   B. 25   C. 30   D. 20

3. 环境类别一类，当混凝土为 C25 时柱的混凝土保护层最小厚度为(   )mm。
   A. 15   B. 25   C. 30   D. 20

4. 混凝土强度等级为 C20 时，板的有效高度近似值为(   )。
   A. $h-15$ B. $h-20$ C. $h-25$ D. $h-35$

5. 受弯构件正截面各阶段的应力状态是(   )阶段作为构件使用阶段的裂缝宽度和变形验算依据的。
   A. 弹性工作阶段   B. 带裂缝工作阶段   C. 破坏阶段   D. 强化阶段

6. 下列选项中不属于框架边梁变形的基本形式的是(   )。
   A. 受扭   B. 剪切   C. 弯曲   D. 受压

7. 下列哪些构件是受扭构件(   )。
   A. 框架边梁   B. 螺旋楼梯   C. 门窗过梁   D. 吊车梁

8. 以下属于偏心受压的构件有(   )。
   A. 恒荷载为主的多跨多层房屋的内柱   B. 屋架受压腹杆
   C. 多层框架柱   D. 单层厂房柱

9. 先张法预应力钢丝并筋时不宜超过(   )。
   A. 2 根   B. 3 根   C. 4 根   D. 5 根

10. 先张法预应力钢筋的净间距对于三股钢绞线，不应小于(   )mm。
    A. 15   B. 25   C. 30   D. 20

11. 钢筋混凝土保护层的厚度是指(   )。
    A. 纵向受力钢筋外皮至混凝土边缘的距离
    B. 纵向受力钢筋中心至混凝土边缘的距离
    C. 箍筋外皮到混凝土边缘的距离
    D. 箍筋中心至混凝土边缘的距离
12. 下列破坏形式中属于脆性破坏的是(   )。
    A. 少筋破坏和适筋破坏   B. 少筋破坏和超筋破坏
    C. 适筋破坏和超筋破坏   D. 适筋破坏和斜拉破坏
13. 下列构件中不属于受扭构件的是(   )。
    A. 吊车梁   B. 边框梁   C. 雨篷梁   D. 门窗过梁
14. 梁的最小宽度不宜小于(   )，最小高度不宜小于(   )。
    A. 150mm；300mm   B. 150mm；400mm
    C. 200mm；300mm   D. 200mm；400mm
15. 钢筋混凝土梁内主要用来承受剪力的钢筋是(   )。
    A. 纵向受力钢筋和弯起钢筋   B. 架立筋和箍筋
    C. 弯起钢筋和箍筋   D. 纵向受力钢筋和箍筋

三、判断题
1. 当梁的高度大于 450mm 时，在梁的两侧应设置纵向构造钢筋   （   ）
2. 适筋梁、少筋梁、超筋梁三种破坏形式均属于脆性破坏。   （   ）
3. 受拉区混凝土先出现裂缝，表示斜截面承载能力不足。   （   ）
4. 单独设置的抗剪弯筋，一般应布置成浮筋形式，不允许采用锚固性能较差的鸭筋形式。   （   ）
5. 斜拉破坏、斜压破坏、剪压破坏均属于脆性破坏。   （   ）
6. 抗扭钢筋包括均匀布置的受扭纵筋及封闭箍筋。   （   ）
7. 圆柱的直径不宜小于 300mm。   （   ）
8. 对于截面开关复杂的柱，不可采用具有内折角的箍筋，而应采用分离式箍筋。
                                                                      （   ）
9. 在混凝土构件受荷载之前预先对外荷载作用时的混凝土受压区施加压应力的构件称为"预应力混凝土构件"。   （   ）
10. 后张法适用于批量生产的中小型预应力混凝土构件。   （   ）

四、简答题
1. 钢筋混凝土板中有哪几种钢筋？钢筋混凝土梁中有哪几种钢筋？它们各自的作用是什么？
2. 混凝土的保护层厚度是什么？构件的保护层厚度如何取值？
3. 截面的有效高度是什么？如何取值？
4. 梁的正截面破坏形态有哪几种？它们的破坏特征是什么？
5. 进行梁的正截面承载力计算时引入了哪些基本假设？
6. 什么是受压区混凝土等效矩形应力图形？它是怎样从受压区混凝土的实际应力图形得来的？

7. 单筋矩形截面受弯构件受弯承载力计算公式是如何建立的？为什么要规定适用条件？

8. 单筋矩形截面设计与承载力计算包括哪两类问题？各自的计算步骤如何？

9. 什么是双筋截面梁、T形截面梁？第一类T形和第二类T形截面如何区分？

10. 无腹筋梁的斜截面受剪破坏形态有几种？破坏特征如何？

11. 钢筋混凝土柱中的纵向受力钢筋和箍筋的主要构造要求有哪些？

12. 在实际工程中哪些构件属于受扭构件？

13. 受扭构件中纵筋和箍筋的配置应注意哪些问题？

14. 什么是预应力混凝土构件？对构件施加预应力的主要目的是什么？预应力混凝土结构的优缺点是什么？

15. 在预应力混凝土构件中，对钢材和混凝土的性能有何要求？为什么？

16. 预应力混凝土构件主要的构造要求有哪些？

五、计算题

1. 已知梁截面弯矩设计值 M=90kN·m，混凝土强度等级为C30，钢筋采用HRB335，梁的高度为500mm，宽度为200mm，环境类别为一类。试求所需的纵向钢筋截面面积 A_s。

2. 已知梁的截面尺寸 $b×h$ =200mm×450mm，混凝土强度等级为C30，配有4根直径为16mm的HRB335钢筋，环境类别为一类。若承受弯矩设计值 M=60kN·m，试验算此梁正截面承载力是否安全。

3. 钢筋混凝土矩形截面简支梁计算长度 l_0=4.86m，截面尺寸 $b×h$=250mm×600mm，混凝土强度等级 C25，纵向钢筋 HRB400 级，箍筋 HPB300 级，承受均布荷载设计值 q=86kN/m(包括自重)根据正截面受弯承载力计算配置的纵筋为 4⊕25。试根据斜截面受剪承载力要求确定箍筋量。

4. 某多层现浇钢筋混凝土框架结构，层高 H=6m，其内柱承受轴向压力设计值 N=1900kN，截面尺寸 450mm×450mm，采用 C25 混凝土，HRB335 级钢筋，试计算纵筋截面面积。

5. 已知某圆形截面现浇钢筋混凝土柱，承受轴向压力设计值 N=2500kN，受使用条件限制直径不能超过400mm，计算长度 l_0=3.9m，混凝土采用C25，纵向钢筋采用HRB335，箍筋采用HPB300，试设计该柱。

项目 5 钢筋混凝土楼(屋)盖、楼梯

教学目标

通过本项目的学习，了解钢筋混凝土楼盖的分类和构造特点，理解单向板和双向板的划分方法；掌握钢筋混凝土单向肋形楼盖与双向肋形楼盖的结构平面布置及构造规定；掌握钢筋混凝土板式楼梯的配筋构造，了解钢筋混凝土梁式楼梯的配筋构造；了解悬挑构件的组成、受力特点，掌握悬挑构件的构造要求。

教学要求

能 力 要 求	相 关 知 识	权 重
进行钢筋混凝土楼(屋)盖类型初步选型	钢筋混凝土楼(屋)盖的类型	10%
掌握单向板肋形楼盖的配筋构造	现浇单向板肋形楼(屋)盖的受力特点、构造要求等	30%
掌握双向板肋形楼盖的配筋构造	现浇双向板肋形楼(屋)盖的受力特点、构造要求等	30%
掌握板式楼梯的配筋构造	现浇板式楼梯的受力特点、构造要求等	20%
掌握悬挑构件的配筋构造	现浇悬挑构件的受力特点、构造要求等	10%

学习重点

现浇单向板肋形楼盖的构造要求，现浇板式楼梯的构造要求。

引例

钢筋混凝土梁板结构是土木工程中应用最为广泛的一种结构,钢筋混凝土楼(屋)盖是建筑结构中的重要组成部分,在钢筋混凝土结构建筑中,楼(屋)盖的造价占房屋总造价的30%~40%,因此,楼盖结构造型和布置的合理性,以及结构计算和构造的正确性,对建筑的安全使用和技术经济指标有着非常重要的意义。试问:

(1) 钢筋混凝土楼(屋)盖的类型有哪些?楼(屋)盖的初步选型依据是什么?
(2) 钢筋混凝土楼(屋)盖的构造如何?如何进行图纸表达?

任务 5.1 钢筋混凝土楼盖的类型

 知识导航

5.1.1 钢筋混凝土楼盖类型概述

楼盖的主要功能有:将楼盖上的竖向力传给竖向结构构件(柱、墙、基础等);将水平力传给竖向结构或分配给竖向结构;作为竖向结构构件的水平联系和支撑。

楼盖的结构类型分类:

(1) 按结构的受力形式分类:单向板肋梁楼盖、双向板肋梁楼盖、井式楼盖、密肋楼盖、无梁楼盖;

(2) 按是否施加预应力分类:钢筋混凝土楼盖、预应力混凝土楼盖(包括无黏结预应力混凝土楼盖);

(3) 按施工方法分类:现浇式楼盖、装配式楼盖、装配整体式楼盖。

5.1.2 现浇整体式楼盖

现浇整体式楼盖的全部构件均为现场浇筑,其整体性好、刚度大、抗震性较好,但模板用量多、工期长。现浇整体式楼盖主要有肋形楼盖、无梁楼盖和井式楼盖三种。

1. 肋形楼盖

肋形楼盖由板、次梁、主梁组成,三者整体相连,如图 5.1 所示。板的四周支承在次梁、主梁上。当板区格的长边与短边之比超过一定数值时(≥3.0)时,板上的荷载主要沿短边的方向传递到支承梁上,而沿长边方向传递的荷载很小,可以忽略不计,这种板称为单向板,相应的肋形楼盖称为单向板肋形楼盖,如图 5.1(a)所示;当板区格的长边与短边之比较小(≤2.0)时,板上的荷载将通过两个方向同时传递到相应的支承梁上,此时板沿两个方向受力,称为双向板,相应的肋形楼盖称为双向板肋形楼盖,如图 5.1(b)所示;当板区格的长边与短边之比在 2～3 之间时一般按双向板考虑，也可按沿短边方向的单向板计算，但长边方向应布置足够量的钢筋。

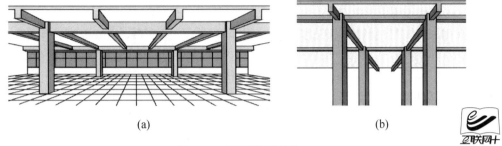

图 5.1　肋形梁梁板结构

(a) 单向板；(b) 双向板

2. 井字楼盖

井字楼盖是双向板的发展，由双向板与交叉梁系组成，如图 5.2 所示。在一般楼盖中双向板的跨度为 3～6m，板厚为 100～150mm；当建筑功能上需要大跨度时，板厚度大，很不经济。为节省材料，可从板底受拉区挖去一部分混凝土而形成梁，使双向的受力都集中在等高并互相垂直的几根梁上，此时楼盖两个方向的梁，不分主次，互相交叉成井字状，称为井字梁，共同承受板上传来的荷载，交叉点不设柱，建筑效果较好，整个楼盖相当于一块大型双向受力的平板。在中小礼堂、餐厅、展览厅、会议室以及公共建筑的门厅或大厅中较为常见。

3. 无梁楼盖

无梁楼盖是一种板、柱结构体系。钢筋混凝土平面楼板直接支承在柱上，所以与肋梁楼盖相比，其板厚要大。为了改善板的受力条件，通常在每层柱的上部设置柱帽。无梁楼盖具有平整的天棚，较好的采光、通风和卫生条件，可节省模板并简化施工。当楼面活荷载标准值在 5kN/m² 以上，且柱距在 6m 以内时，无梁楼盖比肋梁楼盖经济。无梁楼盖适用于多层厂房、商场、书库、冷藏库、仓库以及地下水池的顶盖等建筑，如图 5.3 所示。

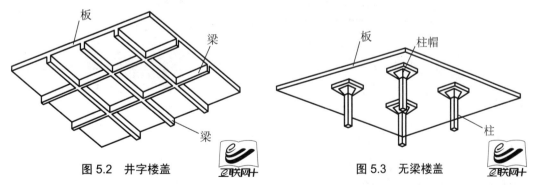

图 5.2　井字楼盖　　　　图 5.3　无梁楼盖

5.1.3　装配式楼盖

装配式楼盖一般采用预制板、现浇梁的结构形式，也可以是预制梁和预制板结合而成。装配式楼盖节省模板，且工期较短，有利于采用预应力，构件尺寸误差小，被广泛使用在多层住宅等建筑中；但整体性、抗震性、防水性较差，楼板不能开洞，施工时吊装条件要求高，故对于高层建筑、有抗震设防要求的建筑及要求防水和开洞的楼面，均不易采用。装配式楼盖主要有铺板式、密肋式和无梁式。现就铺板式进行简要介绍。

1. 铺板式楼盖的构件形式

(1) 预制板。常用预制板有肋形槽形板、双T形板、实心板、空心板等，如图5.4所示。

实心板制作简单、板面平整、施工方便，常用于小跨度的走道板、架空搁板、地沟盖板等，跨度一般在1.5～2.4m以内，板厚为跨度的1/30左右，常用板厚50～100mm，板宽为400～1200mm。一般考虑到板与板之间的灌缝及板的安装，板的实际尺寸较设计尺寸要小一些，一般板底宽度要小10mm，板面宽度至少要小20～30mm。

空心板板面平整，用料少，刚度大，隔热、隔声效果好，但制作较复杂，广泛用于楼盖、屋盖中，空洞可为圆形、正方形、椭圆形等，为避免端部被压坏，在板端孔洞内应塞混凝土堵头。非预应力空心板跨度一般在4.8m以内，预应力空心板跨度在7.5m以内，板的长度多数按0.3m进级。常用板宽有500mm、600mm、900mm、1200mm、1500mm等，板厚为跨度的1/20～1/30(非预应力)和1/30～1/35(预应力)，常用板厚有120mm和150mm两种。

槽形板由面板、纵肋、横肋组成。按照肋的位置可分为肋向下的正槽板和肋向上的倒槽板两种，正槽板受力合理，用料少，便于开洞，但隔声、隔热效果差，一般用于对顶棚要求不高的建筑。倒槽板能提供平整的天棚，但受力性能较差，且施工比较麻烦，目前较少采用这种形式。槽形板由于开洞方便，在工业建筑中应用较多，也适于民用建筑中的厨房、卫生间楼板。板跨一般3～6m(非预应力槽形板跨度一般在4m以内，预应力槽形板跨度可达6m以上)，板宽为600～1500mm，板厚为30～50mm，肋高为150～300mm。

双T形板整体刚度大、承载力大但对吊装有较高要求，可用于跨度12m以内的楼板、外墙板、屋面板。

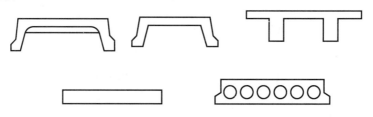

图5.4 预制板的类型

(2) 预制梁。梁的高跨比一般为1/14～1/8，一般为单跨梁，主要是简支和伸臂梁，截面形式有矩形、花篮形、T形、倒T形、十字形等。梁的截面形式如图5.5所示。

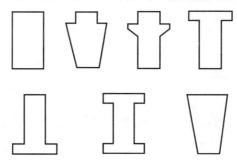

图5.5 梁的截面形式

2. 铺板式楼盖的结构布置

铺板式楼盖的结构布置应视墙体布置和柱网尺寸而异,通常板有铺设在横墙、纵墙、梁上等三种布置方案。在选择布置方案时,应根据房间的净尺寸和吊装能力,尽可能选择较宽的板,且型号不宜太多。通常会遇到下列情况:

(1) 铺板布置时一般选用一种基本型号,再以其他型号板补充,排板时允许板间存在10～20mm 的空隙。应尽量避免将板边(沿板长度方向)嵌入墙内,如图 5.6(a)所示。当排板后的剩余宽度小于 120mm,可采用挑砖办法处理,如图 5.6(b)所示;如剩余宽度较大,可处理成现浇板带,如图 5.6(c)所示。

(2) 当遇到较大直径竖管穿越楼面时,可局部改用槽形板。

(3) 当楼盖水平面内需敷设较粗的动力、照明管道时,可降低楼盖的结构标高。可采用加厚板面混凝土找平以便将管道埋设于找平层中,也可加宽预制板间隔的办法,待管道敷设后再浇灌混凝土,如图 5.6(d)所示。

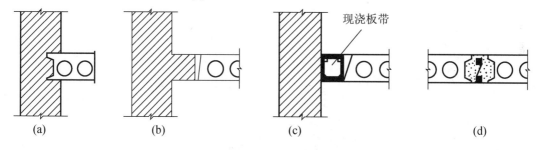

图 5.6 铺板式楼盖的结构布置

3. 铺板式楼盖的连接构造

对于有抗震设防区的多层砌体房屋,采用装配式楼盖时,在结构布置上尽量采用横墙承重或混合承重方案,使其有合理的刚度和强度分布。装配式楼盖的连接包括板与板、板与墙(梁)之间以及梁与墙的连接,现就非抗震设防区的连接进行简述。

(1) 板与板的连接。板与板的连接,板的实际宽度比标志尺寸小 10mm,铺板后板与板之间下部留有 10～20mm 的空隙,上部板缝稍大,不宜小于 30mm。板缝应采用强度不低于预制板混凝土强度且不低于 C20 的细石混凝土,如图 5.7(a)、(b)所示。当板缝大于 40mm 时,应在缝内按计算配置贯穿整个结构单元的钢筋,板缝顶面的钢筋搭接部位应设在跨中,其搭接长度为 $1.2l_a$,如图 5.7(c)所示。

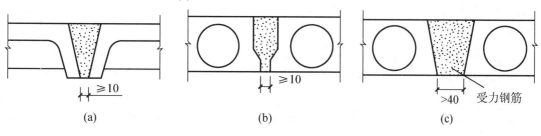

图 5.7 板与板的连接

(2) 板与墙和板与梁的连接。板与墙和梁的连接，分支承与非支承两种情况。板与其支承墙和梁的连接，一般采用在支座上坐浆(厚度为 10～20mm)。板在砖墙上的支撑长度在外墙上应≥120mm，内墙上应≥100mm；在钢筋混凝土梁上支撑长度应≥80mm，方能保证可靠的连接，如图 5.8 所示。

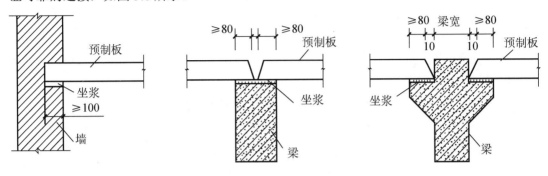

图 5.8　预制板的搁置长度

板与非支撑墙和梁的连接，一般采用细石混凝土灌缝[图 5.9(a)]。当板长≥4.8m 时，应在板的跨中设置二根直径为 8mm 的联系筋[图 5.9(b)]，或将钢筋混凝土圈梁设置于楼盖平面处[图 5.9(c)]，以增强其整体性。

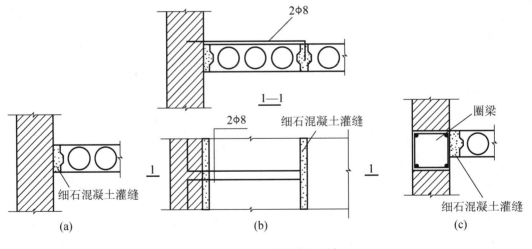

图 5.9　板与非支撑墙的连接

对于平屋顶、地下室等，预制板在支座上部应设锚固钢筋与墙或梁连接，如图 5.10 所示。

(3) 梁与墙的连接。梁在砖墙上的支承长度，应满足梁内受力钢筋在支座处的锚固要求和支座处砌体局部抗压承载力的要求。当砌体局部抗压承载力不足时，应按砌体结构设计规范设置梁下垫块。

通常，预制梁在墙上的支撑长度应≥180mm，且应在支撑处坐浆 10～20mm；必要时(如有抗震要求时)，在梁端设置拉结钢筋。

项目 5 钢筋混凝土楼(屋)盖、楼梯

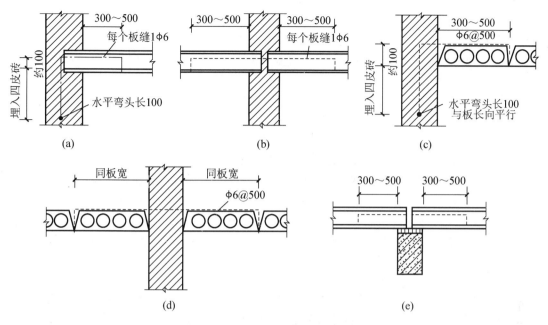

图 5.10 板与墙或梁的连接

5.1.4 装配整体式楼盖

装配整体式楼盖是在预制梁、板吊装就位后,再在板面现浇叠合层而形成整体,如图 5.11 所示。这种楼盖的整体性较装配式好,比现浇整体式差,需二次浇筑混凝土,费工费料,造价相对较高。

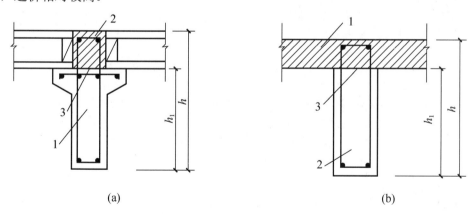

图 5.11 叠合式受弯构件的截面形式

(a) 有预制板的叠合梁;(b) 现浇板叠合梁
1—预制构件;2—后浇混凝土叠合层;3—叠合面

特别提示

现浇整体式楼盖、装配式楼盖、装配整体式楼盖这三种楼盖中,现浇整体式楼盖在实际工程中应用最为广泛。

5.1.5 钢筋混凝土楼盖的判断与初步选型

钢筋混凝土楼盖广泛应用于各类建筑中,如办公楼、宿舍、住宅、厂房、写字楼等。现浇混凝土楼盖的整体性好,布置灵活,但施工周期长且需要模板,可应用于所有钢筋混凝土结构的建筑,装配式楼盖的施工成本低,施工周期短,但抗震性和整体性较差,可应用于受成本限制的小型建筑,而装配整体式楼盖结合两者的优点,目前在结构设计中应用越来越广泛。在建筑的施工过程中主要根据楼盖的施工方法来判断各种楼盖的类型。现浇钢筋混凝土楼盖则可以在施工完成后根据观察楼盖中主次梁的布置进行判断,若楼盖中未布置梁则为无梁楼盖,若楼盖中主次梁之间形成的板全为单向板则为单向板肋形楼盖,若楼盖中主次梁之间形成的板全为双向板则为双向板肋形楼盖,若楼盖中主次梁之间形成的板既有单向板又有双向板则为混合式肋形楼盖。

规范对于肋形楼盖单向板与双向板的规定如下。

(1) 两对边支承的板应按单向板计算。

(2) 四边支承的板应按下列规定计算。

① 当长边与短边长度之比不大于 2.0 时,应按双向板计算。

② 当长边与短边长度之比大于 2.0,但小于 3.0 时,宜按双向板计算。

③ 当长边与短边长度之比不小于 3.0 时,宜按沿短边方向受力的单向板计算,并应沿长边方向布置构造钢筋。

【例 5-1】 某框架结构建筑肋形楼盖梁板布置平面如图 5.12 所示,试判断分析该楼盖的类型。

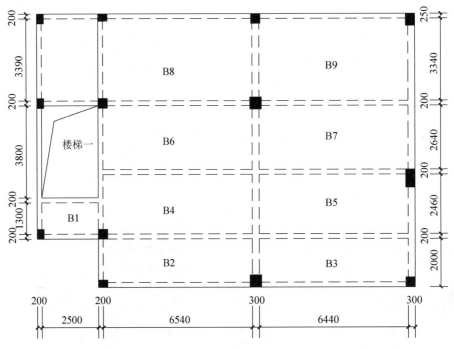

图 5.12 某肋形楼盖平面

【解】由图以及规范对于肋形楼盖单向板与双向板的规定可知，该楼盖中 B1、B4、B5、B6、B7、B8、B9 为双向板，B2 和 B3 为单向板，同一楼盖中既设置了单向板也设置了双向板，故该楼盖为混合式肋形楼盖。

任务 5.2 现浇单向板肋形楼盖

5.2.1 单向板楼盖的受力特点

由单向板及支撑梁组成的楼盖，称为单向板肋形楼盖。在单向板肋形楼盖中荷载的传力途径为荷载 $\xrightarrow{均布荷载}$ 板 $\xrightarrow{均布荷载}$ 次梁 $\xrightarrow{集中荷载}$ 主梁 $\longrightarrow$ 柱(或墙)，也就是说，板的支座为次梁，次梁的支座为主梁，主梁的支座为柱或墙。在实际工程中，由于楼盖整体现浇，因此楼盖中的板、梁往往形成多跨连续结构，与单跨简支板和梁有较大区别。单向板肋梁楼盖的设计步骤一般可分以下几步进行。

(1) 选择结构平面布置方案。
(2) 确定结构计算简图并进行荷载计算。
(3) 对板、次梁、主梁分别进行内力计算。
(4) 对板、次梁、主梁分别进行截面配筋计算。
(5) 根据计算和构造要求，绘制楼盖结构施工图。

特别提示

现浇整体式楼盖、装配式楼盖、装配整体式楼盖这三种楼盖中，现浇整体式楼盖在实际工程中应用最为广泛。

5.2.2 楼盖结构布置

常见的单向板肋梁楼盖结构布置方案有三种，如图 5.13 所示。

(1) 主梁横向布置，次梁纵向布置。其优点是横向刚度较大，各榀横向框架由纵向次梁相连，房屋整体性较好，同时可以开设较大的窗洞口，对室内采光有利。

(2) 主梁纵向布置，次梁横向布置。该布置适于横向柱距比纵向柱距大得较多的情况，因主梁纵向布置，可以减小主梁的截面高度，增大室内净高，但房屋的横向刚度较差。

(3) 只布置次梁，不布置主梁。仅适用于有中间走廊的砖混房屋。

进行楼盖的结构平面布置时，要综合考虑建筑效果、其他专业工种的要求；主梁跨内最好不要只放置一根次梁，以减小主梁跨内弯矩；不封闭的阳台、厨房和卫生间的板面标高宜低于相邻板面 30～50mm；楼板上开有较大尺寸的洞口时，应在洞边设置小梁；合理的选择构件的跨度,通常单向板、次梁和主梁的经济跨度为①单向板:1.8~2.7m;②次梁:4~6m;③主梁:5~8m。

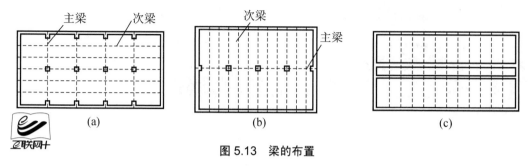

图 5.13 梁的布置

(a) 主梁沿横向布置;(b) 主梁沿纵向布置;(c) 有中间走廊的梁布置

特别提示

单向板肋梁楼盖的特点是楼盖中的楼板为单向板,若楼板的四周都布设梁则是指楼盖中的板长边与短边的比值≥3。

5.2.3 单向板楼盖的计算简图

楼盖结构布置完成后,就可确定结构的计算简图,以便对板、次梁、主梁分别进行内力计算。

1. 板的计算简图

板支撑在次梁或砖墙上,一般可将次梁或砖墙作为板的不动铰支座。

2. 梁的计算简图

次梁支撑在主梁(柱)或砖墙上,将主梁(柱)或砖墙上作为次梁的不动铰支座;对于主梁,如支撑在砖墙、砖柱上时,将砖墙、砖柱作为主梁的不动铰支座,如与钢筋混凝土柱整浇,其支撑条件应根据梁柱抗弯刚度之比而定。分析表明,主梁与柱的线刚度比大于 3 时,将主梁视为铰支在柱上的连续梁计算,否则应按框架进行内力分析。

对于单跨及多跨连续板、梁在不同支撑下的计算跨度,按表 5-1 取用。对于各跨荷载相近,且跨数超过五跨的等跨等截面连续梁(板),为简化计算,所有中间跨均以第三跨来代表。当实际跨数少于五跨时,按实际跨数计算。

表 5-1 连续梁、板的计算跨度 l_0

支撑情况	弹性理论计算		塑性理论计算	
	梁	板	梁	板
两端与梁(柱)整体连接	l_c	l_c	l_n	l_n
两端搁置在墙上	$1.05 l_n \leqslant l_c$	$l_n+t \leqslant l_c$	$1.05 l_n \leqslant l_c$	$l_n+t \leqslant l_c$
一端与墙整体连接,一端搁置在墙上	$1.025 l_n+b/2 \leqslant l_c$	$l_n+b/2+t/2 \leqslant l_c$	$1.025 l_n \leqslant l_c+a/2$	$l_n+t/2 \leqslant l_c+a/2$

注:l_c 为支座中心线间的距离,l_n 为净跨,t 为板的厚度,a 为板、梁在墙上的支撑长度,b 为板、梁在梁或柱上的支撑长度。

结构内力分析时，为减少计算工作量，一般不是对整个结构进行分析，而是从实际结构中选取有代表性的一部分作为计算的对象，称为计算单元。对于单向板，可取 1m 宽度的板带作为其计算单元，在此范围内，如图 5.13(a)中用阴影线表示的楼面均布荷载便是该板带承受的荷载，这一负荷范围称为从属面积，即计算构件负荷的楼面面积。楼盖中部主、次梁截面形状都是两侧带翼缘(板)的 T 形截面，楼盖周边处的主、次梁则是一侧带翼缘的。每侧翼缘板的计算宽度取与相邻梁中心距的一半。次梁承受板传来的均布线荷载，主梁承受次梁传来的集中荷载，一根次梁的负荷范围以及次梁传给主梁的集中荷载范围如图5.14(a)所示。

由于主梁的自重所占比例不大，为了计算方便，可将其换算成集中荷载加到次梁传来的集中荷载内。所以从承受荷载的角度看，板和次梁主要承受均布线荷载，主梁主要承受集中荷载。板、次梁、主梁的计算简图分别如图 5.14(b)、(c)、(d)所示。

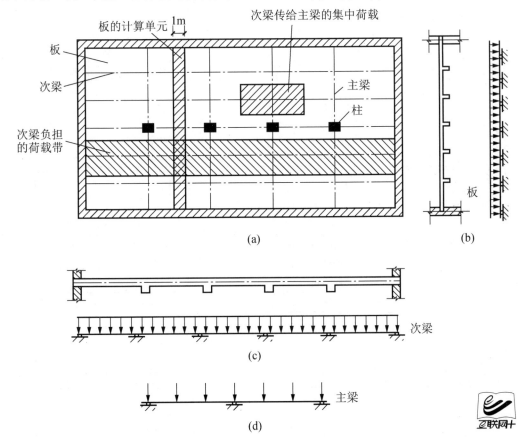

图 5.14 单向板楼盖计算简图

(a) 荷载计算单元；(b) 板计算简图；(c) 次梁计算简图；(d) 主梁计算简图

5.2.4 单向板的构造要求

1. 板的构造要求

(1) 支撑长度。边跨板伸入墙内的支撑长度不应小于板厚,同时不得小于120mm。

(2) 受力钢筋。

① 受力钢筋的直径通常采用8mm、10mm或12mm。为了便于施工架立,支座承受负弯矩的上部钢筋直径不宜小于8mm。同时在整个板内,选用不同直径的钢筋,不宜超过两种,且级差不小于2mm,以便于识别。

② 受力钢筋的间距不应小于70mm;当板厚$h \leqslant 150mm$时,不应大于200mm;当板厚$h > 150mm$时,不应大于$1.5h$,且不应大于250mm。钢筋锚固长度不应小于$5d$,钢筋末端应作弯钩。

③ 当多跨单向板采用弯起式配筋时,跨中正弯矩钢筋可在距支座边$l_0/6$处部分弯起(一般采用隔一弯一方式),以承担支座负弯矩,如不足可另加直钢筋,但至少要有1/2的跨中正弯矩钢筋伸入支座,其间距不应大于400mm。弯起角度一般为30°,当板厚大于120mm时,可为45°,如图5.15(a)所示。

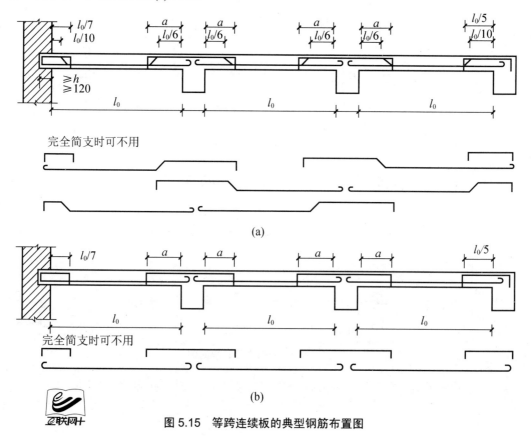

图5.15 等跨连续板的典型钢筋布置图

(a) 弯起式;(b) 分离式

④ 当采用分离式配筋时，跨中正弯矩钢筋通常全部伸入支座，如图 5.15(b)所示。

⑤ 支座附近承受负弯矩的钢筋，可在距支座边不小于 a 的距离处切断，如图 5.15 所示。a 的取值如下。

当 $q/g \leqslant 3$ 时，$a=1/4l_0$；当 $q/g>3$ 时，$a=1/3l_0$；其中 g，q 为板上作用的恒载及活载的设计值；l_0 为板的计算跨度。

板的支座处承受负弯矩的上部钢筋，为了保证施工时不至于改变其有效高度，多做成直钩以便撑在模板上。

对于等跨或相邻跨差不大于 20%的多跨连续板，这种布置满足要求。如果相邻跨度或载荷相差过大，则须画弯矩包络图及抵抗弯矩图来确定钢筋切断或弯起的位置。

(3) 板面附加钢筋。

① 对嵌入墙体内的板，为抵抗墙体对板的约束作用产生的负弯矩以及抵抗温度收缩在板角产生的拉应力，应在沿墙长方向及板角部分的板面增设构造钢筋，其间距不应大于 200mm，直径不应小于 8mm，其伸出墙边的长度不应小于板短边跨度的 1/7，如图 5.16 所示。

② 对两边都嵌固在墙角的板角部分，应双向配置上部构造钢筋，其伸出墙边的长度不应小于板短边跨度的 1/4，如图 5.16 所示。

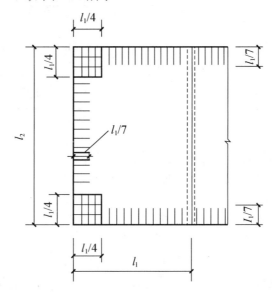

图 5.16　板嵌固在承重墙内时板边的上部构造钢筋配筋图

③ 沿板的受力方向配置的上部构造钢筋，其截面面积不宜小于该方向跨中受力钢筋截面面积的 1/3。

④ 现浇板的受力钢筋与主梁肋部平行时，应沿梁肋方向配置间距不大于 200mm，直径不小于 8mm 的与梁肋垂直的构造钢筋，且单位长度的总截面面积不应小于板中单位长度内受力钢筋截面面积的 1/3，伸入板中的长度从肋边算起不应小于板计算跨度的 1/4，如图 5.17 所示。

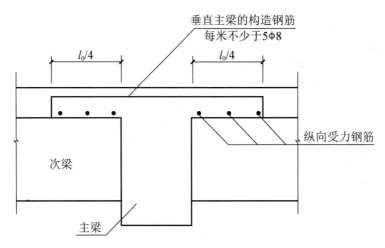

图 5.17　板中与梁肋垂直的构造钢筋

⑤ 在温度、收缩应力较大的现浇板区域内，钢筋间距宜取 150～200mm，并应在板的未配筋表面布置温度收缩钢筋。板的上、下表面沿纵横两个方向的配筋率均不宜小于 0.1%。温度收缩钢筋可利用原有钢筋贯通布置，也可另行设置钢筋网并与原有钢筋按受拉钢筋的要求搭接或在周边构件中锚固。

(4) 分布钢筋。单向板除在受力方向布置受力筋以外，还要在垂直于受力筋方向布置分布筋。分布筋的作用是承担由于温度变化或收缩引起的内力；对四边支承的单向板，可以承担长边方向实际存在的一些弯矩；有助于将板上作用的集中荷载分散在较大的面积上，以使更多的受力筋参与工作；与受力筋组成钢筋网，便于在施工中固定受力筋的位置。

分布筋应放在受力筋的内侧，并与受力钢筋互相绑扎(或焊接)。单位长度上的分布筋，其截面面积不应小于单位长度上受力钢筋截面面积的 15%，且不宜小于板截面面积的 0.15%；其间距不应大于 250mm，直径不宜小于 6mm；当集中荷载较大时，分布钢筋间距不应大于 200mm。分布筋末端可不设弯钩。

**特别提示**

分离式配筋与弯起式配筋相比，分离式配筋施工方便，故目前楼盖配筋最主要的配筋形式为分离式，图集 11G101—1 也没有对弯起式楼盖配筋进行介绍。

2．次梁的构造要求

次梁伸入墙内的支撑长度一般不应小于 240mm。沿梁长的钢筋布置，应按弯矩及剪力包络图确定。但对于相邻跨跨度相差不大于 20%，均布活载和均布恒载之比 $q/g \leqslant 3$ 的次梁，可按图 5.18 所示布置配筋。

3．主梁的构造要求

主梁纵向受力筋的弯起和截断，原则上应通过在弯矩包络图作抵抗弯矩图确定，并应满足有关的构造要求。

由于支座处板、次梁、主梁中的上部钢筋相互交叉重叠，主梁的纵筋必须位于次梁、板的纵筋下面，如图 5.19 所示。故截面有效高度在支座处有所减小。此时主梁截面的有效高度应取：当主梁受力筋为一排时 $h_0=h-(50\sim60)$mm；当主梁受力筋为两排时 $h_0=h-(80\sim90)$mm。

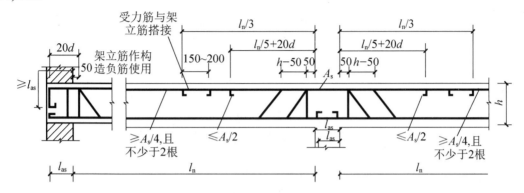

图 5.18 次梁的配筋构造要求

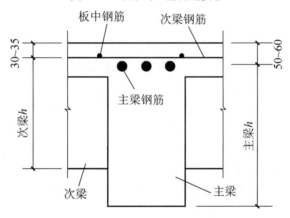

图 5.19 主梁支座处受力钢筋布置图

在主、次梁相交处，由于主梁承受由次梁传来的集中荷载，其腹部可能出现斜裂缝，并引起局部破坏。因此，应在集中荷载 F 附近，长度为 $s=3b+2h_1$ 的范围内设置附加的箍筋或吊筋，以便将全部集中荷载传至梁的上部。当按构造要求配置附加箍筋时，次梁每侧不得少于 2Φ6；如设附加吊筋，不得少于 2Φ12，如图 5.20 所示。

第一道附加箍筋距离次梁边 50mm。如集中力全部由附加箍筋承受，则所需的附加箍筋截面的总面积为：

$$A_{sv} = \frac{F}{f_{yv}} \tag{5-1}$$

当选定附加箍筋的直径和肢数后，由上式 A_{sv} 即可求出 s 范围内附加箍筋的根数。

当集中力 F 全部由吊筋承受，其总截面面积

$$A_{sb} \geq \frac{F}{2f_y \sin\alpha} \tag{5-2}$$

当吊筋的直径选定后,即可求得吊筋的根数。

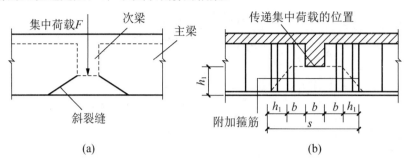

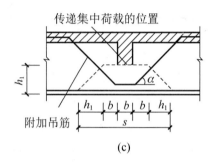

图 5.20 集中荷载作用下主、次梁相交处局部破坏情况

(a) 斜裂缝情况;(b) 附加箍筋设置;(c) 吊筋设置

如集中力同时由附近箍筋和吊筋承受时,应满足下列条件。

$$F = 2f_{yv}A_{sb}\sin\alpha + mnA_{sv1}f_{yv} \tag{5-3}$$

式中:A_{sb}——承受集中荷载所需的附加吊筋的总截面面积,单位 mm²;

A_{sv1}——附加箍筋单肢的截面面积,单位 mm²;

n——同一截面内附加箍筋的肢数;

m——在 s 范围内附加箍筋的根数;

F——作用在梁的下部或梁截面高度范围内的集中荷载设计值,单位 N;

f_{yv}——附加箍筋的抗拉强度设计值,单位 N/mm²;

α——附加吊筋弯起部分与梁轴线间的夹角,一般取 45°,如梁高 h>800mm,取 60°。

 特别提示

钢筋混凝土楼盖中主次梁相交位置的钢筋构造可以参看图集 11G101—1 学习。

【例 5-2】图 5.21 为某厂房的初步设计标准层建筑平面图,假设该建筑的荷载条件按普通建筑考虑即可,试将该厂房设计成钢筋混凝土单向肋形楼盖,按合适比例绘制标准层初步设计结构平面布置图,在结构平面布置图中标注清楚各结构构件的布置位置和截面尺寸。

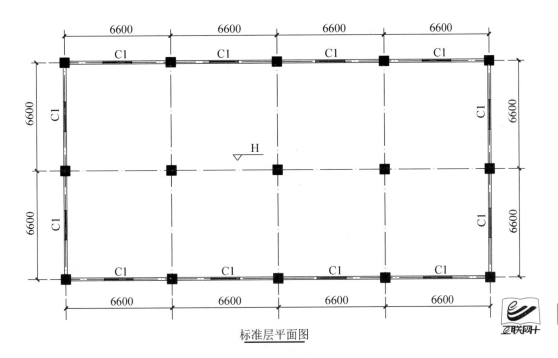

标准层平面图

图 5.21 某厂房标准层建筑平面图

【解】

(1) 定主梁，该厂房建筑中柱的位置已经明确，直接在柱与柱之间按纵横两个方向设置主梁，主梁的跨度为 6.6m，然后根据主梁跨度的 1/12～1/8 初步设计主梁的截面高度，再根据主梁高度的 1/3～1/2 确定梁的宽度，同时梁截面尺寸初步选定须满足建筑模数要求和最小截面尺寸要求，这样即完成了主梁的初步设计，可取主梁尺寸为 250mm×600mm。

(2) 定次梁，次梁设计是钢筋混凝土肋形楼盖结构初步设计的难点，次梁的初步设计包括两个方面。确定次梁的位置和确定次梁的截面尺寸。次梁的布置可采用纵向布置或横向布置，次梁位置可根据楼板的经济跨度 2～3m 确定，即将次梁布置后该单向板的跨度尽量控制在 1.8～2.7m 的范围，可在横向布置次梁，将 6600mm 分成三跨；次梁高度根据跨度的 1/18～1/15 初步选定，次梁宽度为高度的 1/3～1/2，故次梁尺寸可定为 200mm×400mm。

(3) 定楼板，当设计完次梁该楼盖中楼板的位置已经自然确定，楼板的初步设计只需要选定楼板厚度，楼板的厚度必须满足结构基本构造要求，可初步定板厚为 100mm。

(4) 作楼盖初步结构设计平面图如图 5.22 所示，结构设计后续步骤如荷载计算、配筋计算等可不必掌握，也可利用软件进行计算，在此不再赘述。

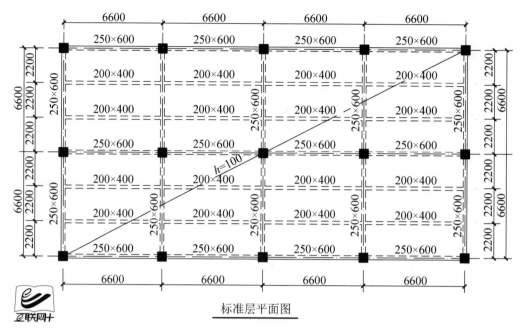

标准层平面图

图 5.22 某厂房标准结构层初步设计结构平面布置图

（单向板肋形楼盖）

任务 5.3 现浇双向板肋形楼盖

知识导航

5.3.1 双向板的受力特点

1．双向板的受力特点

根据实践经验，当楼面荷载较大，建筑平面接近正方形(跨度小于 5m)，一般双向板楼盖比单向板肋梁楼盖经济。双向板与四边简支单向板的主要区别是双向板上的荷载沿两个方向传递，除了传给次梁，还有一部分直接传给主梁，板在两个方向产生弯曲和内力，板角上翘，故双向板的受力钢筋应沿两个方向配置，双向板的受力性能比单向板好，刚度也较大，在相同跨度的条件下，双向板的厚度比单向板小。双向板的弯曲变形如图 5.23 所示。由双向板组成的楼盖称为双向板肋形楼盖。

四边简支双向板在均布荷载作用下的试验结果表明，随着荷载的增加，第一批裂缝出现在板底中间且平行于长边方向，随后沿着45°方向伸向板的四角。当接近破坏时，板的四角受到墙体向下的约束不能自由上翘，因而板面角区产生环状裂缝，最终受力钢筋屈服而达到破坏，如图5.24所示。

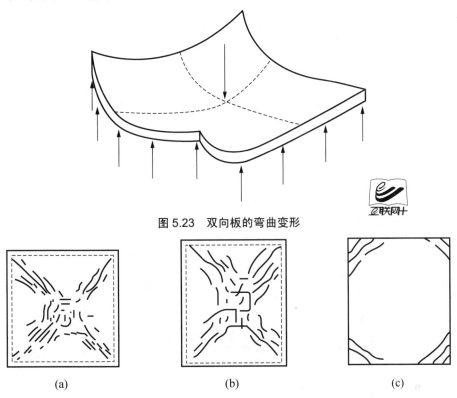

图5.23 双向板的弯曲变形

图5.24 均布荷载作用下四边简支双向板的破坏形态
(a) 正方形板的板底裂缝；(b) 矩形板的板底裂缝；(c) 板面裂缝

2. 双向板的支承梁设计要点

在确定双向板传给支承梁的荷载时，可根据荷载传递路线最短的原确定。从每一区格的四角作45°线与平行于长边的中线相交，把每块双向板整分为四小块面积，每块小板上的荷载就近传至其支承梁上。因此，短跨支承梁上的荷载为三角形分布，长跨支承梁上的荷载为梯形分布如图5.25所示。支撑梁除承受板传来的荷载外，还应考虑梁的自重，支撑梁的配筋构造与单向板肋形楼盖中对梁的要求相同。

特别提示

现浇双向板肋形楼盖和现浇单向板肋形楼盖相比，受力复杂计算也相对复杂，但信息化技术用于结构计算之后，双向板肋形楼盖在实际工程应用十分广泛。

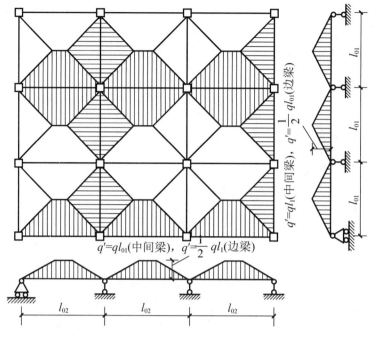

图 5.25 双向板支撑梁上的荷载

能力导航

 双向板的构造要求

1．双向板的厚度

一般不宜小于 80mm，也不大于 160mm。为了保证板的刚度，板的厚度 h 还应符合：简支板 $h \geq l_x/45$；连续板 $h \geq l_x/50$，其中 l_x 是板的较小跨度。

2．钢筋的配置

受力钢筋沿纵横两个方向均匀设置，应将弯矩较大方向的钢筋(沿短向的受力钢筋)设置在外层，另一方向的钢筋设置在内层。板的配筋形式类似于单向板，有弯起式与分离式两种。为简化施工，目前在工程中多采用分离式配筋；但是对于跨度及荷载均较大的楼盖板，为提高刚度和节约钢材宜采用弯起式。沿墙边及墙角的板内构造钢筋与单向板楼盖相同。

当内力按弹性理论计算时，其跨中弯矩不仅沿板长变化，而且沿板宽向两边逐渐减小，而板底钢筋是按跨中最大弯矩求得的，故配筋应在两边予以减少。因此通常将每个区格按纵横两个方向划分为两个宽均为 $l_x/4$(l_x 为短跨计算跨度)的边缘板带和一个中间板带，如图 5.26 所示。边缘板带单位宽度上的配筋量为中间板带单位宽度上配筋量的 50%。连续支座上的钢筋，应沿全支座均匀布置。受力钢筋的直径、间距、弯起点及截断点的位置等均可参照单向板配筋的有关规定。

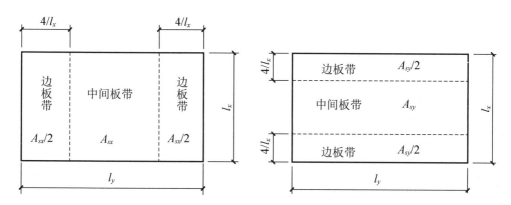

图 5.26 双向板配筋的分区和配筋量规定

特别提示

现浇双向板肋形楼盖的配筋与单向板肋形楼盖的配筋十分相似，双向板肋形楼盖板底部设置双向受力筋，板上部设置双向支座负筋。双向板肋形楼盖板短向为荷载主要传递方向，在施工时板短向底筋放在下侧，板长向底筋放在上侧。

【例 5-3】图 5.27 为某厂房的初步设计标准层建筑平面图，假设该建筑的荷载条件按普通建筑考虑即可，试将该厂房设计成钢筋混凝土双向板肋形楼盖，按合适比例绘制标准层初步设计结构平面布置图，在结构平面布置图中标注清楚各结构构件的布置位置和截面尺寸。

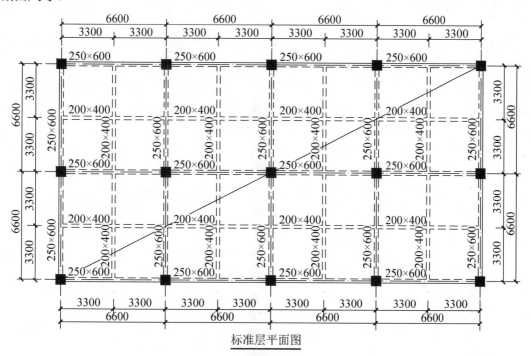

标准层平面图

图 5.27 某厂房标准结构层初步设计结构平面布置图

（双向板肋形楼盖）

【解】

(1) 定主梁，方法同例 5-2，可取主梁尺寸为 250mm×600mm。

(2) 定次梁，根据题意必须将楼盖中的楼板设计成双向板，次梁位置可根据楼板的经济跨度 2～3m 确定，即将次梁布置后该肋形楼板的跨度尽量控制在 2～3m 的范围，所以在纵横两个方向将 6600mm 跨度的大板分成三个小板；次梁高度根据跨度的 1/18～1/15 初步选定，次梁宽度为高度的 1/3～1/2，故次梁尺寸可定为 200mm×400mm。

(3) 定楼板，当设计完次梁该楼盖中楼板的位置已经自然确定，楼板的初步设计只需要选定楼板厚度，楼板的厚度必须满足结构基本构造要求，可初步定板厚为 100mm。

(4) 作楼盖初步结构设计平面图如图 5.27 所示，结构设计后续步骤如荷载计算、配筋计算等可利用软件进行计算，在此不再赘述。

任务 5.4　钢筋混凝土楼梯

知识导航

5.4.1　楼梯的类型

楼梯是多层与高层房屋的竖向通道，是房屋的重要组成部分。为了满足承重和防火要求，钢筋混凝土楼梯被广泛应用。

目前，楼梯种类繁多。从建筑的形式上分有单跑楼梯、双跑楼梯[图 5.28(a)]、螺旋式[图 5.28(b)]、鱼骨式；从使用功能上分有防火楼梯、爬梯等；按施工方法分有现浇楼梯、装配式楼梯；按结构形式及受力特点，梯段中有无斜梁将楼梯分有梁式楼梯和板式楼梯。本节主要介绍整体板式、梁式楼梯。

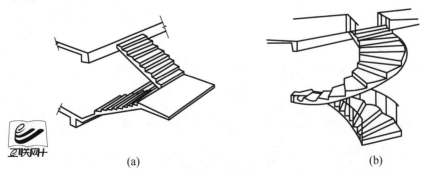

图 5.28　楼梯示意图

(a) 双跑楼梯；(b) 螺旋楼梯

5.4.2 楼梯的组成及荷载传递

1. 板式楼梯的组成及荷载传递

板式楼梯在大跨度(水平投影长度大于 3m)时不太经济，但因施工方便、构造简单、外观轻巧而被广泛应用。

板式楼梯由梯段、斜板、平台板和平台梁组成，如图 5.29 所示。梯段斜板自带三角形踏步，两端分别支承在上、下平台梁上，平台板两端分别支承在平台梁或楼层梁上，而平台梁两端支承在楼梯间侧墙或柱上。板式楼梯的荷载传递途径可表示为：

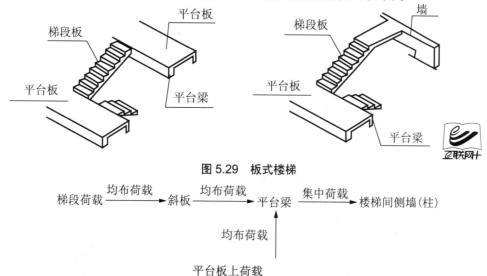

图 5.29　板式楼梯

2. 梁式楼梯的组成及荷载传递

梁式楼梯在大跨度(水平投影长度大于 3m)时较经济，但构造复杂，且外观笨重。

梁式楼梯由踏步板、斜梁、平台板和平台梁组成，如图 5.30 所示。踏步板两端支承在斜梁上，斜梁两端分别支承在上、下平台梁(有时一端支承在层间楼面梁)上，平台板支承在平台梁或楼层梁上，而平台梁则支承在楼梯间两侧的墙或柱上。每个梯段通常设置两根斜梁，但梯段较窄或有特殊要求时，可在中间设一根梁，称为单梁式楼梯(如鱼骨式楼梯)。

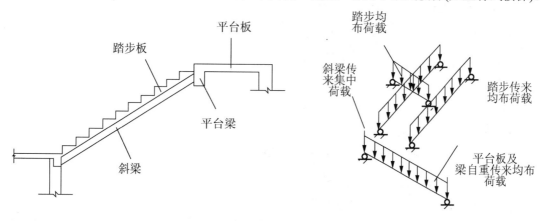

图 5.30　梁式楼梯构造及计算简图

梁式楼梯的荷载传递途径可表示为：

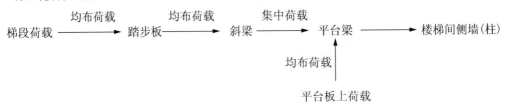

5.4.3 楼梯的构造要求

1. 板式楼梯的构造

(1) 梯段斜板。斜板的厚度一般 $\delta=(1/25\sim1/30)l_0$，其中 l_0 为梯段板的计算跨度。斜板的受力钢筋沿斜向布置，支座附近板的上部应设置负钢筋，斜板的配筋方式可采用弯起式或分离式两种。为施工方便，工程中多用分离式配筋。采用弯起式时，跨中钢筋应在距离支座边缘 $l_0/6$ 处弯起，自平台伸入的上部直钢筋均应伸至距离支座边缘 $l_0/4$ 处，如图 5.31 所示。在垂直于受力钢筋的方向应按构造布置分布钢筋，分布筋位于受力钢筋的内侧，并要求每个踏步内至少放一根。

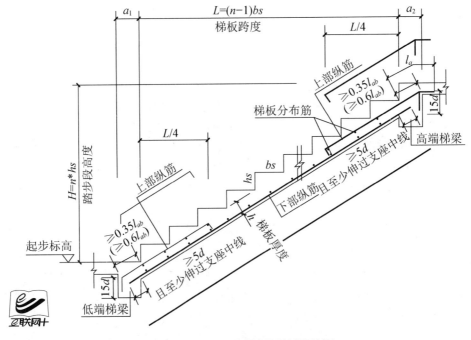

图 5.31 A 型板式楼梯斜板配筋图

(2) 平台板。平台板一般为单向板。由于板的四周受到平台梁(或墙)的约束，所以应配置一定数量的负弯矩钢筋。其配筋构造同一般受弯构件。

(3) 平台梁。平台梁一般均支承在楼梯两侧的横墙上，平台梁的截面高度 $h\geqslant l_0/12$，此

处的 l_0 为平台梁的计算跨度,为使斜梁主筋能插到平台梁中,平台梁的最小高度一般为 350mm。其他构造按一般简支梁的构造要求取用。

 特别提示

在 11G101—2 图集中根据板式楼梯梯板的构造不同分为 A、B、C、D、E、F、G、H 等八大类型,图 5.31 为 A 型梯板的配筋构造要求,其余类型梯板配筋构造可参照 11G101—2 图集中相关内容学习。

2. 梁式楼梯的构造

(1) 踏步板。踏步板的截面大多为梯形(由三角形踏步和其下的斜板组成),现浇踏步板的斜板厚度一般取 30~40mm,配筋按计算确定。每一级踏步下应配置不少于 2Φ8 的受力钢筋,布置在踏步下面的斜板中,并将每两根中的一根伸入支座后弯起作支座负钢筋。此外,沿整个梯段斜向布置间距不大于 250mm 的分布钢筋,位于受力钢筋的内侧,如图 5.32 所示。

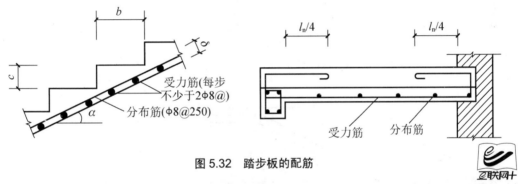

图 5.32 踏步板的配筋

(2) 斜梁。梯段斜梁按倒 L 形截面或矩形截面计算,踏步板下斜梁为其受压翼缘,梯段斜梁的截面高度一般取 $h \geq l_0/20$,梁端部纵筋必须放在平台梁纵筋上面,梁端上部应设置负弯矩钢筋,斜梁纵筋在平台梁中的锚固长度应满足受拉钢筋锚固长度的要求,其他构造与一般梁相同。斜梁的配筋如图 5.33 所示。

(3) 平台板和平台梁。平台板的配筋构造同板式楼梯。平台梁由于要承受斜梁传来的集中荷载,因此在平台梁与斜梁相交处,应在平台中斜梁两侧设置附加箍筋或吊筋,其要求与钢筋混凝土主梁内附加钢筋的要求相同。

 特别提示

钢筋混凝土梁式楼梯常应用于梯段跨度较大的情况,梁式楼梯的梯板相当于一块普通的单向板楼板,梁式梯板的配筋构造和单向板大致相同。

3. 折线形楼梯的构造

为满足建筑的使用要求,在房屋中有时采用折线形楼梯,如图 5.34(a)所示。由于折线形楼梯在梁(板)曲折处形成内折角,如钢筋沿内折角连续设置,则此处受拉钢筋将产生较大的向外的合力,可能使该处混凝土保护层剥落,钢筋被拉出而失效,如图 5.34(b)所示。

因此，在内折角处，配筋应采取将钢筋断开并分别予以锚固的措施，如图 5.34(c)所示，同时在梁的内折角处，箍筋应加密。

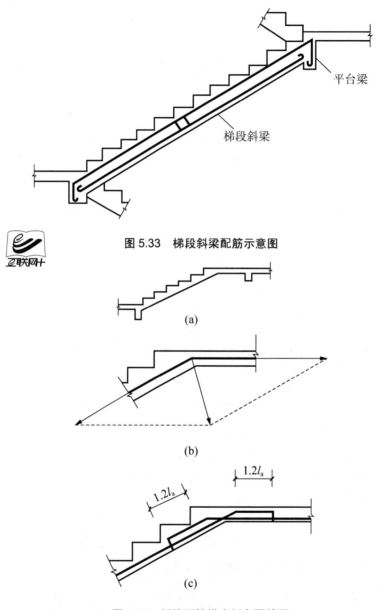

图 5.33　梯段斜梁配筋示意图

图 5.34　折线形楼梯内折角配筋图

【例 5-4】图 5.35 为某宿舍楼内楼梯首层与二层楼梯平面建筑详图，试根据该楼梯的建筑构造尺寸进行该楼梯的结构初步设计，将该楼梯设计成板式楼梯的形式，完成楼梯初步设计结构平面图与结构剖面图，若梯板的下部纵筋和上部纵筋均为$\Phi 12@150$，分布筋为$\Phi 8@200$，在结构剖面图中画出钢筋并进行标注。

【解】

(1) 设计斜板，斜板的厚度一般为$(1/25\sim 1/30)l_0$，其中l_0为梯段板的计算跨度，在平台与梯段交接处设置梯梁，则计算跨度为2700，同时考虑最小厚度与模数要求，取梯板厚度为100mm。

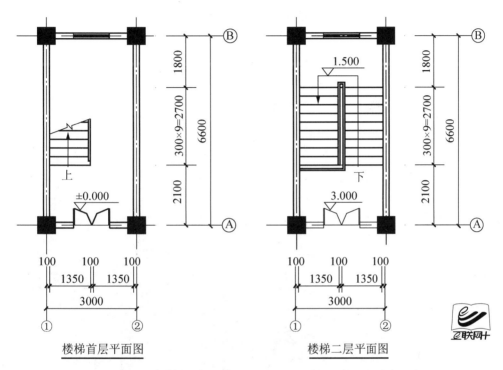

图5.35 某宿舍楼楼梯建筑平面详图

(2) 设计休息平台板，平台板往往设计成两边支撑在平台梁与梯梁上的单向板，一般满足单向板的基本构造要求，同时考虑最小厚度与模数要求，取平台板厚度为100mm。

(3) 设计梯梁与平台梁，梯梁一般承受斜板与平台板的荷载，平台梁一般只承受平台板的荷载，在建筑构造功能允许的情况下，梯梁往往设置在梯口的位置，故梯梁也叫梯口梁，梯梁的截面高度$h\geqslant l_0/12$，此处的l_0为平台计算跨度，为了使斜板内的主筋在梯梁中有足够的锚固长度，梯梁的最小截面高度常取为350mm，取梯梁$b\times h$为200mm×400mm。

(4) 设计梯柱，梯柱一般作为梯梁的支撑而独立设置，设置高度仅为楼层只休息平台的位置，梯柱承受的荷载仅为一层楼梯荷载比较小，所以楼梯一般按照构造要求设置在梯梁下面，梯柱的截面尺寸$b\times h$常取为墙厚×200以便于将梯柱隐含在楼梯间墙体中。

(5) 定好相关数据之后即可完善图纸，按制图规则完成结构初步设计图，如图5.36所示。

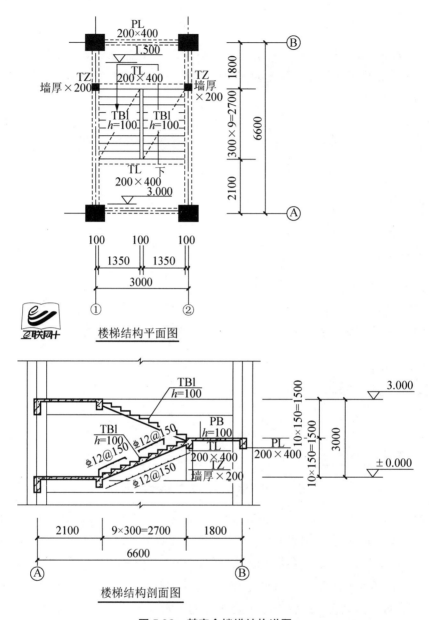

图 5.36 某宿舍楼梯结构详图

任务 5.5 悬挑构件

知识导航

建筑工程中，常见的钢筋混凝土雨篷、阳台、挑檐、挑廊等均为具有代表性的悬挑构件。现以悬臂板式钢筋混凝土雨篷、挑檐为例，进行简要介绍。

5.5.1 雨篷的受力特点

雨篷由雨篷板和雨篷梁两部分组成。

雨篷梁一方面支承雨篷板，另一方面又兼作门过梁，除承受自重及雨篷板传来的荷载外，还承受着上部墙体的重量以及楼面梁、板可能传来的荷载。雨篷可能发生的破坏有三种：雨篷板根部受弯断裂、雨篷梁受弯、剪、扭破坏和雨篷整体倾覆破坏，如图 5.37 所示。

为防止雨篷可能发生的破坏，雨篷应进行雨篷板的受弯承载力计算、雨篷梁的弯剪扭计算、雨篷整体的抗倾覆验算，以及采取相应的构造措施。

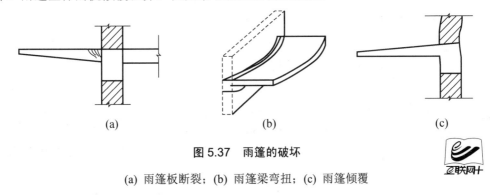

图 5.37 雨篷的破坏

(a) 雨篷板断裂；(b) 雨篷梁弯扭；(c) 雨篷倾覆

能力导航

5.5.2 挑构件的构造措施

1. 雨篷板

雨篷板通常都做成变厚度板，根部厚度通常不小于 80mm，而端部厚度不小于 50mm。雨篷板按悬臂板计算配筋，计算截面在板的根部。

雨篷板的受力钢筋应布置在板的上部，一般不少于Φ8@200，伸入雨篷梁的长度应满足受拉钢筋锚固长度 l_a 的要求。分布钢筋应布置在受力钢筋的内侧，一般不少于Φ8@250，配筋构造如图 5.38 所示。

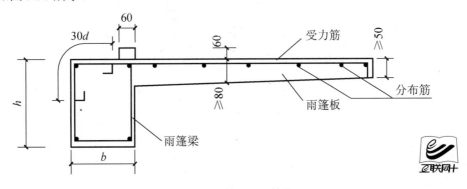

图 5.38 雨篷截面及配筋图

2. 雨篷梁

雨篷梁的宽度一般与墙厚相同，梁高应符合砖的模数。为防止雨水沿墙缝渗入墙内，通常在梁顶设置高过板顶 60mm 的凸块。雨篷梁嵌入墙内的支承长度不应小于 370mm。

雨篷梁的配筋按弯、剪、扭构件计算配置纵筋和箍筋，纵筋间距不应大于 200mm 及梁截面的短边尺寸，伸入支座内的锚固长度为 l_a。雨篷梁的箍筋必须满足抗扭箍筋的要求，末端应做成 135°弯钩，弯钩平直段长度不应小于 $10d$。

为满足雨篷的抗倾覆要求，通常采用加大雨篷梁嵌入墙内的支承长度或使雨篷梁与周围结构拉结等处理办法。

3. 钢筋混凝土现浇挑檐

钢筋混凝土现浇挑檐通常将挑檐板和圈梁整浇在一起，挑檐板的受力与现浇雨篷板相似。圈梁内的配筋，除按构造要求设置外，尚应满足抗扭钢筋的构造要求。此外，在挑檐板挑出部分转角处，须配置上下层加固钢筋或设置放射状附加构造负筋。

放射状构造负筋的直径与挑檐板钢筋直径相同，间距(按 $l/2$ 处计算)不大于 200mm，锚固长度 $l_a \geqslant l$ (l 为挑檐板挑出长度)。配筋根数：当 $l \leqslant 300$mm 时，配置 5 根；当 300mm$<l \leqslant$ 500mm 时，配置 7 根；当 500mm$<l \leqslant$ 800mm 时，配置 9 根。

悬臂雨篷(或挑檐)板有时带构造翻边，注意不能误认为是边梁，这时应考虑积水荷载对翻边的作用。当为竖直翻边时，积水将对其产生向外的推力，翻边的钢筋应置于靠近积水的内侧，应在内折角处钢筋有良好的锚固。但当为斜翻边时，由于斜翻边自身重量产生的力矩使其有向内倾倒的趋势，故翻边钢筋应置于外侧，且应弯入平板一定的长度。

4. 钢筋混凝土悬挑构件构造要求

钢筋混凝土悬挑构件包括悬挑梁和悬挑板，悬挑梁分为纯悬挑梁和梁延伸出悬挑梁，悬挑板分为纯悬挑板和楼板延伸出悬挑板，悬挑构件的受力筋设置在构件的上部，根据需要在下部设置构造钢筋。纯悬挑梁钢筋构造如图 5.39 所示，纯悬挑板钢筋构造如图 5.40 所示，其他悬挑构件钢筋构造可参照 11G101—1 内容。

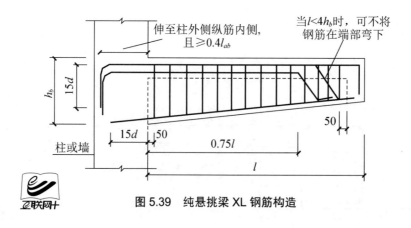

图 5.39 纯悬挑梁 XL 钢筋构造

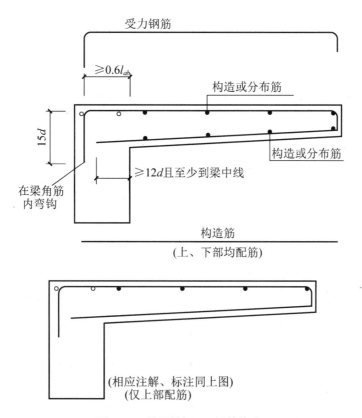

图 5.40 纯悬挑板 XB 钢筋构造

任务 5.6 钢筋混凝土梁板结构施工图

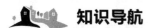 知识导航

5.6.1 钢筋混凝土楼盖结构施工图基本知识

钢筋混凝土楼、屋盖施工图一般包括楼层结构平面图、屋盖结构平面图和钢筋混凝土构件详图。楼层结构平面图是假想用一个紧贴楼面的水平面剖切后的水平投影图,主要用于表示每层楼(屋)面中的梁、板、柱、墙等承重构件的平面布置情况,现浇板还应反映板的配筋情况,预制板则应反映出板的类型、排列、数量等。

1. 楼层结构平面图的特点

(1) 轴线网及轴线间距尺寸与建筑平面图相一致。

(2) 标注墙、柱、梁的轮廓线和编号、定位尺寸等。可见的墙体轮廓线用中实线,楼板下面不可见的墙体轮廓线用中虚线,剖切到的钢筋混凝土柱涂黑表示,并标注代号 Z1、

Z2等。由于钢筋混凝土梁位于板下方，一般用中虚线表示其轮廓，也可在其中心位置用一道粗实线表示，并标注梁的构件代号。

(3) 钢筋混凝土楼板的轮廓线用细实线表示，板内钢筋用粗实线表示。

(4) 楼层的标高为结构标高，其加上构件装饰面层后即为建筑标高。

(5) 门窗过梁可用虚线表示其轮廓线或用粗点画线表示其中心位置，同时在旁侧标注其代号。圈梁可在楼层结构平面图中相应位置涂黑或单独绘制小比例单线平面示意图，其断面形状、大小和配筋可通过断面图表示。

(6) 楼层结构平面图的常用比例为 1∶100 或 1∶200 或 1∶50。

(7) 当各层楼面结构布置情况相同时，只需用一个楼层结构平面图表示，但应注明合用各层的层数。

(8) 预制楼板中，预制板的数量、代号和编号以及板的铺设方向、板缝的调整和钢筋配置情况等均通过结构平面图反映。

2．楼层结构平面图中钢筋的表示

(1) 现浇板的配筋图一般直接画在结构平面布置图上，必要时加画断面图。

(2) 钢筋在结构平面图上的表达方式为：底层钢筋弯钩应向上或向左，若为无弯钩钢筋，则端部以 45°短画线符号向上或向左表示；顶层钢筋则弯钩向下或向右。

(3) 相同直径和间距的钢筋，可以用粗实线画出其中的一根来表示，其余部分可不再表示。

(4) 钢筋的直径、根数与间距采用标注直径和相邻钢筋中心距的方法标注，如Φ8@150，并注写在平面配筋图中相应钢筋的上侧或左侧。对编号相同而设置方向或位置不同的钢筋，当钢筋间距相一致时，可只标注一处，其他钢筋只在其上注写钢筋编号即可。

(5) 钢筋混凝土现浇板的配筋图包括平面图和断面图。通常板的配筋用平面图表示即可，必要时可加画断面图。断面图反映板的配筋形式、钢筋位置、板厚及其他细部尺寸。

5.6.2 钢筋混凝土楼盖结构施工图

识读钢筋混凝土楼(屋)盖施工图时，先看结构平面布置图，再看构件详图；先看轴线网和轴线尺寸，再看各构件墙、梁、柱等与轴线的关系；先看构件截面形式、尺寸和标高，再看楼(屋)面板的布置和配筋。

1．单向板肋形楼盖

图 5.41 为某现浇钢筋混凝土单向板肋梁楼盖结构平面图，包括板、次梁、主梁的配筋图。

图 5.41(a)为结构平面布置图，可以看出，主梁有三跨且沿横向布置，跨度 5.7m，次梁有五跨且沿纵向布置，跨度 5.7m。墙厚 370mm，主梁尺寸 250mm×550mm，次梁尺寸 150mm×400mm，柱尺寸 400mm×400mm。主梁的中间支座为柱，边支座为砌体墙，次梁的中间支座为主梁，边支座为砌体墙。整个楼盖为两个方向均对称的结构平面，共有 B1～B6 六种板型。

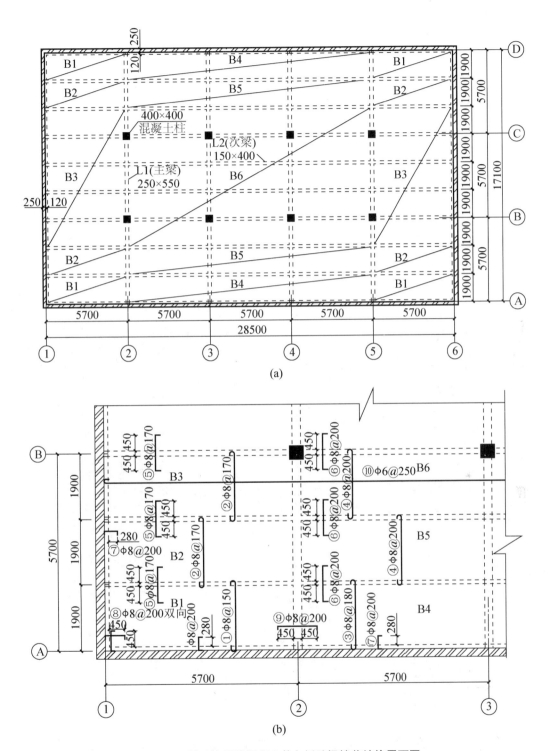

图 5.41 某现浇钢筋混凝土单向板肋梁楼盖结构平面图

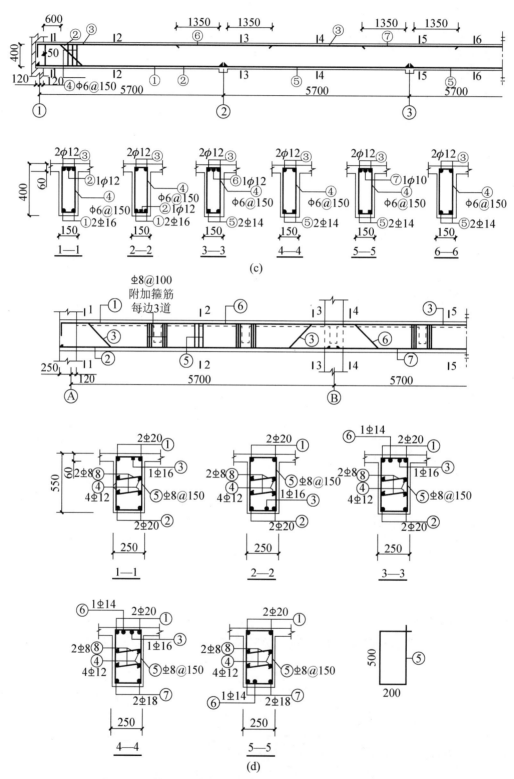

图 5.41 某现浇钢筋混凝土单向板肋梁楼盖结构平面图(续)

(a) 单向板肋梁楼盖平面布置图；(b) 单向板配筋图；(c) 次梁配筋详图；(d) 主梁配筋详图

图 5.41(b)为单向板的配筋图，由于结构对称，只取 1/4 进行配筋即可，板内的钢筋均为 HPB300 级钢筋。板底的受力钢筋有①号、②号、③号、④号四种规格，均为φ8 的钢筋，只是在不同板中间距不同，B1 中间距为 150mm，B2、B3 中间距为 170mm，B4 中间距为 180mm，B5、B6 中间距为 200mm。

板面受力钢筋有⑤号、⑥号两种规格，是支座负筋，沿次梁长度方向设置，均为扣筋形式。⑤号筋直径 8mm，间距 170mm；⑥号筋直径 8mm，间距 200mm。两种钢筋从次梁边伸入板内的长度均为 450mm，满足要求。

板面构造筋沿四周墙边、垂直于主梁方向设置。四周嵌入墙内的板面构造筋为⑦号扣筋，直径 8mm，间距 200mm，钢筋伸出墙边长度为 280mm；板角部分双向设置⑧号扣筋，直径 8mm，间距 200mm，钢筋伸出墙边长度为 450mm；垂直于主梁的板面构造筋为⑨号扣筋，直径 8mm，间距 200mm，钢筋伸出主梁两侧边的长度均为 450mm。

板中分布钢筋为⑩号钢筋，沿板的纵向布置，位于板底受力筋的上方，和板底受力筋绑扎成钢筋网片。钢筋直径为 6mm，间距 250mm，从墙边开始设置，板中梁宽范围内不设分布筋。

图 5.41(c)为次梁的配筋详图。次梁中箍筋采用 HPB300 级钢筋，其余均采用 HRB335 级钢筋。①～②，⑤～⑥轴线间梁下部配有①号、②号两种规格的钢筋，①号筋是 2Φ16 的直钢筋，②号筋为 1Φ12 的弯起钢筋，跨中部分位于梁底，墙支座处弯上作支座负筋使用；②～⑤轴线间梁下部配有⑤号 2Φ14 的直钢筋；①～⑥轴线间梁上部配有通长的③号 2Φ12 的直钢筋；②、⑤轴线处梁上部中间有 1 根⑥号钢筋，直径为 12mm，分别在距离②、⑤轴线左右两侧各 1350mm 处截断；③、④轴线处梁上部中间有 1 根⑦号钢筋，直径 10mm，分别在距离③、④轴线左右两侧各 1350mm 处截断。

图 5.41(d)为主梁的配筋详图。主梁中箍筋采用 HPB300 级钢筋，其余均采用 HRB335 级钢筋。从图 5.41(d)中可以看出，在主梁和次梁相交处，分别在次梁两侧各设置 3 道附加箍筋，直径 8mm，间距 100mm，第一道附加箍筋距次梁边 50mm。在主梁截面侧边中部设置了 4 根Φ12mm 的④号构造钢筋，并用⑧号 2Φ8 的拉筋拉结。其余的梁上部、下部钢筋配置叙述从略。

2．双向板肋形楼盖

图 5.42 为某钢筋混凝土双向板楼盖的配筋图，其中 K10 表示φ10@200，叙述从略。

特别提示

上述内容钢筋混凝土楼(屋)盖结构施工图为楼(屋)盖配筋传统表达形式，目前我国楼(屋)盖结构施工图大量采用平面整体表示法，但学习楼(屋)盖配筋传统施工图是学习平面整体表示法的基础，板平法制图规则内容可参看本书项目 10。

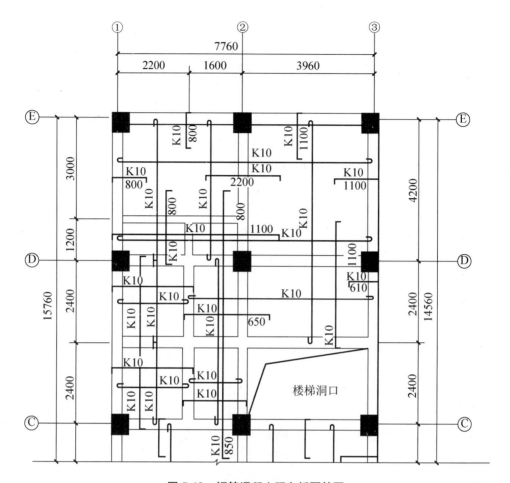

图 5.42 钢筋混凝土双向板配筋图

5.6.3 钢筋混凝土楼梯结构施工图

图 5.43 所示的某办公楼的楼梯是钢筋混凝土双跑平行楼梯。所谓双跑平行楼梯是指从下一层的楼地面到上一层的楼地面需要经过两个梯段,梁梯段间设一楼梯平台。如前所述,板式楼梯是每一梯段是一块梯段板(梯段板中不设斜梁),梯段板直接支撑在基础或楼梯梁上。楼梯结构施工图包括楼梯结构平面图和楼梯结构剖面图。

1. 楼梯结构平面图识读

楼层(首层)结构平面图中虽然也包括了楼梯间的平面位置,但因比例较小(1∶100),不易将楼梯构件的平面布置和详细尺寸表达清楚。因此楼梯间的结构平面图通常需要较大的比例(如 1∶50,1∶30 等)另行绘制。楼梯结构平面图的图示要求与楼层结构平面图基本相同,用水平剖面的形式表示。为了表示楼梯梁、梯段板和平台板的平面布置,通常将剖切位置放在中间平台的上方。如底层楼梯结构平面图的剖切位置在一、二层之间的中间平台上方,其他楼层楼梯平面图的剖切位置依次类推。这与建筑图中楼梯间详图的剖切位置明显不同,应注意其差异。

项目 **5** 钢筋混凝土楼(屋)盖、楼梯

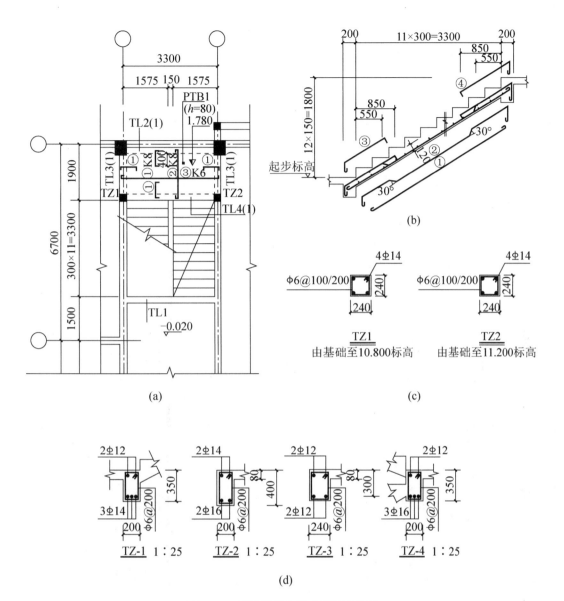

图 5.43 钢筋混凝土板式楼梯配筋图

(a) 结构布置图；(b) 梯板配筋图；(c) 梯柱配筋图；(d) 梯梁配筋图

楼梯结构平面图应分层表示，包括底层楼梯结构平面图、中间层楼梯结构平面图(如中间几层的结构布置和构件类型完全相同时，可只用一标准层楼梯结构平面图表示)、顶层楼梯结构平面图。在各楼梯结构平面图中主要反映楼梯梁、板的平面布置，轴线位置和尺寸，构件代号及编号，结构标高和细部尺寸等。如楼梯结构平面图比例较大时，还可以直接绘出平台板的配筋情况。

楼梯结构平面图中的轴号应与建筑施工图中保持一致，可见的轮廓线用细实线表示，不可见的轮廓线用细虚线表示，剖切到的钢筋混凝土柱涂黑表示，剖切到的砖墙轮廓用中实线表示，钢筋用粗实线表示。梯段板的折断线理应与踏步线方向一致，为避免混淆，按

制图标准表示成倾斜方向。

2．楼梯结构剖面图识读

楼梯结构剖面图主要反映楼梯间的承重构件如板、梁、柱的竖向布置，连接和构造等；中间休息平台、楼层休息平台的标高及构件的细部尺寸，如楼梯结构剖面图的比例较大时，还可直接绘出梯板的配筋。楼梯剖面图的常用比例为1：50，也可采用1：30、1：25、1：20等比例。

3．钢筋混凝土板式楼梯配筋实例

图5.43(a)所示为某钢筋混凝土板式楼梯的结构布置图，图5.41(b)为该楼梯的梯板配筋图，图5.41(c)、(d)为该楼梯的梯柱、梯梁配筋图。

4．钢筋混凝土梁式楼梯配筋实例

图5.44(a)所示为某钢筋混凝土梁式楼梯的结构布置图，图5.44(b)为该楼梯的 $A—A$ 剖面图，图5.44(c)、(d)为该楼梯的折梁、梯柱梯梁配筋图。

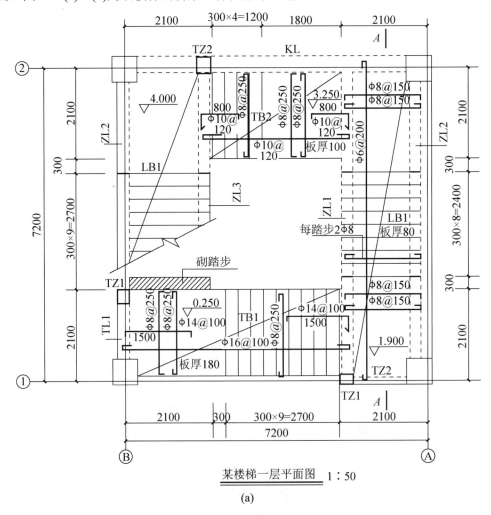

(a)

图5.44 钢筋混凝土梁式楼梯配筋图

项目 5 钢筋混凝土楼(屋)盖、楼梯

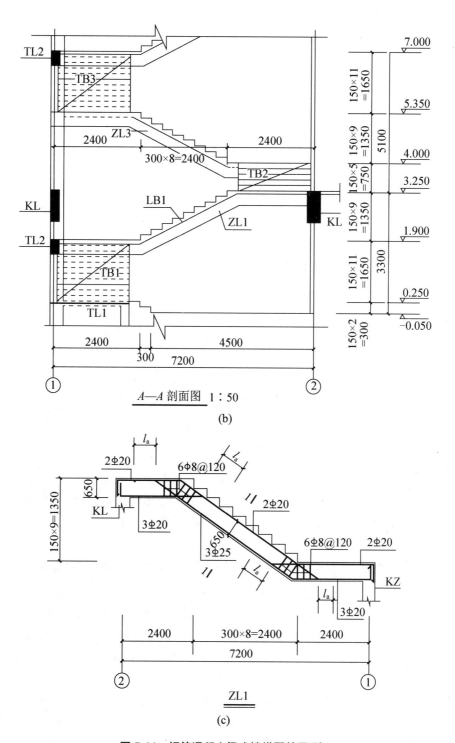

A—A 剖面图 1:50
(b)

(c)

图 5.44 钢筋混凝土梁式楼梯配筋图(续)

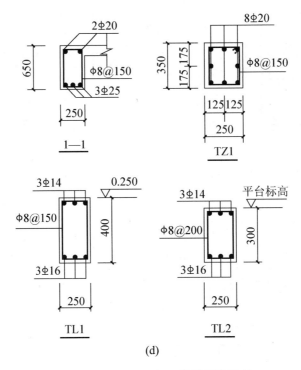

(d)

图 5.44　钢筋混凝土梁式楼梯配筋图(续)

(a) 一层平面结构布置图；(b) A—A 剖面图；(c) 折梁配筋图；(d) 梯柱、梯梁配筋图

特别提示

例题中楼梯结构施工图采用的是传统表达形式，现浇混凝土板式楼梯结构施工图也可采用平面整体表示法，内容可参看图集 11G101—2 的相关描述。

实践教学课题　识读钢筋混凝土屋(楼)盖、楼梯结构施工图

【目的与意义】　钢筋混凝土(屋)楼盖是梁板结构中最普遍的结构形式。正确识读钢筋混凝土屋(楼)盖的结构施工图，是每一个从事施工技术人员和工程造价人员必须具备的基本素质。通过对钢筋混凝土(屋)楼盖及楼梯结构施工图的识读训练，可加深理解(屋)楼盖结构及楼梯的构造要求与措施，为今后从事工程造价及施工、设计、监理等工作奠定基础。

【内容与要求】　在指导教师的指导下，结合现行规范、标准图集等，着重对简单的单向板楼盖、双向板楼盖、钢筋混凝土板式楼梯、钢筋混凝土梁式楼梯等的结构施工图进行识读。了解钢筋混凝土(屋)楼盖、楼梯结构施工图的表示方法、表示内容、基本构造要求。同时结合实训基地及周边的施工现场进行参观学习和实践，提高学生的认识。

项目小结

(1) 钢筋混凝土楼盖的类型包括现浇混凝土楼盖、装配式楼盖、装配整体式楼盖，现浇钢筋混凝土楼盖包括肋形楼盖、井字楼盖和无梁楼盖等。

(2) 楼盖、屋盖、楼梯等梁板结构的设计步骤：①结构选型、结构布置及构件截面尺寸确定；②结构计算，包括确定计算简图、计算荷载、内力分析、配筋计算等；③绘制结构施工图。单向板肋形楼盖与双向板肋形楼盖的设计均按照此步骤。

(3) 钢筋混凝土楼梯按照其结构形式不同可以分为板式楼梯和梁式楼梯，二者的受力特点不同，结构构造也不同，板式楼梯的应用更为广泛。

(4) 悬挑构件的受力特点是上部受拉，下部受压，故悬挑构件的主要受力筋配置在受拉一侧。

习 题

一、填空题

1. 钢筋混凝土楼盖按施工方法可分为_____、_____与_____。
2. 在混合结构房屋中，楼盖的造价约占房屋总造价的_____。
3. 常见单向板肋梁楼盖结构布置方案有三种：_____、_____和_____。
4. 通常板、梁的经济跨度：单向板为_____、次梁为_____、主梁为_____。
5. 在楼盖中主次梁相交的位置通常在主梁中设置_____、_____抵抗集中力。
6. 按结构形式及受力特点，梯段中有无斜梁将楼梯分为_____、_____。
7. 板式楼梯包括的基本构件有_____、_____、_____等。
8. 梁式楼梯包括的基本构件有_____、_____、_____、_____等。
9. 板式楼梯荷载传递路径为_____。
10. 板式楼梯斜板的厚度常按计算跨度_____进行初步取值。

二、选择题

1. 嵌固在承重砖墙内现浇板上部钢筋伸出墙边长度不宜小于板短跨度的(　　)。
   A. 1/3　　　　B. 1/4　　　　C. 1/5　　　　D. 1/7
2. 垂直于主梁的板面构造筋伸出梁边长度不宜小于板短跨度的(　　)。
   A. 1/3　　　　B. 1/4　　　　C. 1/5　　　　D. 1/7
3. 对于四边与梁整体连接的板，设计时应将(　　)区格计算所得弯矩予以折减。
   A. 中间区格　　　　　　　　　B. 边跨的跨中截面
   C. 离板边缘的第二支座截面　　D. 角区格
4. 楼梯按施工方法不同可分为(　　)。
   A. 现浇整体式楼梯　　　　　　B. 装配式楼梯

  C. 板式楼梯   D. 梁式楼梯

5. 双向板的厚度一般不宜小于( )。
  A. 60mm   B. 80mm   C. 100mm   D. 120mm
6. 在主次梁相交处，由于主梁承受次梁的集中荷载，常在主梁中每边加设( )道加密箍，加密箍的间距是( )。
  A. 3；50   B. 3；100   C. 4；50   D. 4；100
7. 下列构件中不为常见的悬挑构件的是( )。
  A. 雨篷   B. 边框梁   C. 挑檐   D. 挑廊
8. 某楼梯板的剖面图如图5.45所示，图中 a、b 的取值应分别为( )。

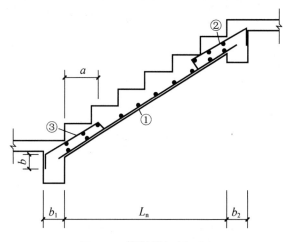

图 5.45 某楼梯板剖面图

  A. $L_n/3$；$12d$ B. $L_n/3$；$15d$
  C. $L_n/4$；$12d$ D. $L_n/4$；$15d$

9. 某悬挑板的断面如图5.46所示，该悬挑板的厚度为( )；图中②号钢筋为( )。

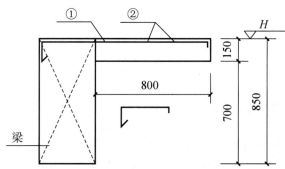

图 5.46 某悬挑板断面图

  A. 120mm；受力筋   B. 120mm；分布筋
  C. 150mm；受力筋   D. 150mm；分布筋

10. 11G101—2是国家标准平法图集中的一本，该图集是针对( )进行规定。
  A. 现浇混凝土框架、剪力墙、梁、板

B. 现浇混凝土板式楼梯

C. 现浇混凝土梁式楼梯

D. 独立基础、条形基础、筏形基础及桩基承台

11. 下列选项中说法正确的是( )。
   A. 板式楼梯的跨度为梯段斜板的斜长度
   B. 板式楼梯的跨度为梯段斜板的水平投影长度
   C. 板式楼梯的跨度为支撑梯段斜板的两梯梁间的斜长度
   D. 板式楼梯的跨度为支撑梯段斜板的两梯梁间的水平投影长度

12. 为便于施工楼梯梯板内钢筋常采用( )。
   A. 弯起式   B. 分离式   C. 综合式   D 弯折式

三、判断题

1. 跨度相等或相差不超过10%时，均可按连续板进行计算。( )
2. 对于现浇板内的支座负筋，为便于施工架立，直径不宜太细。( )
3. 次梁计算时，一般考虑按塑性内力重分布的方法计算。( )
4. 主梁计算时，一般考虑按塑性内力重分布的方法计算。( )
5. 主次梁计算时，一般在支座处按T形截面计算。( )
6. 双向板内跨中沿短跨方向的板底钢筋应配置在沿长跨方向板底钢筋的内侧。( )
7. 板式楼梯要求每踏步下1Φ8分布钢筋，梁式楼梯则每踏步下不少于2Φ8分布钢筋。( )
8. 当雨篷抗倾覆不满足要求时，可适当增加雨篷梁两端的支承长度或采取其他拉接措施。( )
9. 钢筋混凝土楼盖中主次梁相交的位置常通过设置加密箍和吊筋抵抗次梁对主梁的局部破坏。( )
10. 板内钢筋的形式主要采用弯起式，因为弯起式钢筋便于施工。( )

四、简答题

1. 现浇整体式楼盖有哪几种类型？它们各自的适用条件是什么？
2. 铺板式楼盖的连接构造有哪些？
3. 单向板和双向板的区别是什么？各自的受力特点和构造有哪些？
4. 单向板楼盖中板、次梁、主梁的经济跨度各是多少？
5. 常见的单向板肋梁楼盖结构布置方案有哪几种？各自的适用范围如何？
6. 板中配有哪些种类的钢筋？板中分布钢筋有哪些作用？
7. 单向板的板面附加钢筋设置时应考虑哪些情况，如何设置？
8. 主梁中为什么设吊筋？吊筋的数量如何计算？
9. 现浇双向板的受力特点是什么？
10. 板式楼梯和梁式楼梯有何区别？两种形式楼梯的踏步板中配筋有何不同？
11. 悬挑雨篷可能发生的三种破坏形态的各自特征是什么？
12. 悬挑构件的构造措施有哪些？

五、绘图题

1. 绘制单向板楼盖的计算简图。
2. 绘制双向板支撑梁的计算简图,并说明原因。
3. 绘制板式楼梯、梁式楼梯的传力路径。

项目 6 基 础

教学目标

通过本项目的学习,了解地基与基础的基本概念;掌握基础的类型以及基础的初步选型;了解基础的结构设计步骤,掌握各种基础的构造要求;掌握基础结构施工图的识读。

教学要求

能 力 要 求	相 关 知 识	权 重
能够进行基础的初步选型	基础的基本概念以及基础的类型	20%
能够进行各种常见基础的结构构造设计	天然浅基础与深基础的构造要求	40%
能够识读各种基础的结构施工图	基础结构施工图的内容、识读步骤等	40%

学习重点

基础的类型,天然浅基础的构造要求,桩基础的构造要求。

引例

2009 年 6 月 27 日清晨 5 时 30 分，上海闵行区莲花南路"莲花河畔景苑小区" 7 号楼发生倒塌事故，整栋楼倒塌下来，盖楼采用的桩基础连根拔起，造成重大经济损失。事故的直接原因是：施工方在事故楼房前开挖基坑，土方紧贴建筑物堆积在 7 号楼北侧，在短时间内堆土过高，最高处达 10 米左右，产生了 3000 吨左右的侧向力(1 千克力=98N)，紧邻 7 号楼南侧的地下车库基坑开挖深度 4.6 米，大楼梁侧的压力差使土体产生水平位移，对 PHC 桩(预应力高强混凝土)产生很大的偏心弯矩，最终破坏桩基，引起整栋房屋倒覆。试问：

(1) 事件中的 PHC 桩是一种什么基础？
(2) 工程中还有哪些基础类型？
(3) 各种基础的构造要求如何？
(4) 如何识读各种基础的结构施工图？

任务 6.1　基础的类型与初步选型

知识导航

6.1.1　基础类型介绍

"万丈高楼平地起"，任何建筑物都是建造在地层上，因此，建筑物的全部荷载都应由它下部的地层来承担。受建筑物影响的那一部分地层称为地基，直接与地基接触并将上部结构荷载传给地基的那部分结构称为基础。地基、基础及上部结构的关系如图 6.1 所示。

一般来说，基础按其埋置深度的不同，可分为浅基础和深基础两大类。埋置深度小于或等于 5m 的基础属于浅基础；当浅层土质不良，需要埋置在较深的土层(大于 5m)中并采用专门的施工机具和方法施工的基础则属于深基础。

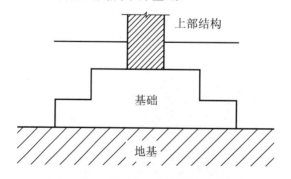

图 6.1　地基、基础及上部结构的关系示意图

一般而言，在天然地基上修筑浅基础时施工方便，不需要复杂的施工设备，因而工期短、造价低；而人工地基及深基础往往施工比较复杂，工期较长，造价较高。因此如能保证建筑物的安全和正常使用，宜优先采用浅基础。

基础根据结构形式可分为：扩展基础、柱下条形基础、柱下十字形基础、筏形基础、箱形基础、桩基础等。根据基础所用材料的性能又可分为刚性基础(无筋扩展基础)和柔性基础(钢筋混凝土基础)。

1．扩展基础

墙下条形基础和柱下独立基础(单独基础)统称为扩展基础。扩展基础的作用是把墙或柱的荷载侧向扩展到土中、使之满足地基承载力和变形的要求。扩展基础包括无筋扩展基础和钢筋混凝土扩展基础。

(1) 无筋扩展基础。无筋扩展基础系指由砖、毛石、混凝土或毛石混凝土、灰土和三合土等材料组成的无须配置钢筋的墙下条形基础或柱下独立基础，如图6.2所示。

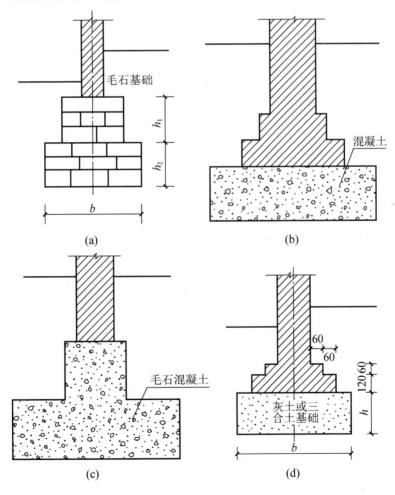

图6.2 常见无筋扩展基础示意图

(a) 毛石基础；(b) 素混凝土基础；(c) 毛石混凝土基础；(d) 灰土和三合土基础

无筋基础的材料都具有较好的抗压性能，但抗拉、抗剪强度都不高，设计时，一般通过选择合理的基础高度，来保证基础内产生的拉应力和剪应力不超过相应的材料强度设计值。这种基础几乎不发生挠曲变形，因此，无筋基础也称为刚性基础。无筋扩展基础适用于多层民用建筑和轻型厂房。

(2) 扩展基础。扩展基础常系指墙下钢筋混凝土条形基础和柱下钢筋混凝土独立基础。这类基础的抗弯和抗剪强度大，整体性、耐久性较好，与无筋基础相比，其基础高度较小，因此，适用于基础底面积大而埋置深度较小的情况。

① 墙下钢筋混凝土条形基础。墙下钢筋混凝土条形基础的构造如图 6.3 所示。一般情况下可采用无肋的墙下钢筋混凝土条形基础，当地基土的压缩性不均匀时，为了增加基础的整体性，减少不均匀沉降，可采用带肋的条形基础，肋部应配置足够的纵向钢筋和箍筋。

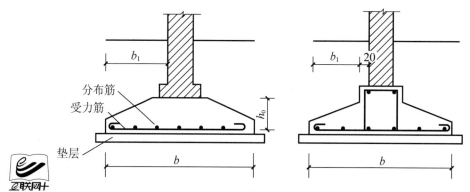

图 6.3 墙下钢筋混凝土条形基础

② 柱下钢筋混凝土独立基础。现浇柱的独立基础可做成锥形或阶梯形；预制柱则采用杯口基础。杯口基础常用于装配式单层工业厂房。柱下钢筋混凝土独立基础的构造如图 6.4 所示。

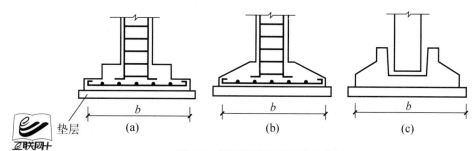

图 6.4 柱下钢筋混凝土独立基础

 特别提示

在实际工程中无筋扩展基础已很少采用，扩展基础应用比较广泛，尤其是阶梯型独立基础施工方便应用最为广泛。

2．柱下条形基础

当地基较为软弱、柱荷载较大，如果采用扩展基础可能产生较大的不均匀沉降，此时，常将同一方向(或同一轴线)上若干柱子的基础连成一体而形成柱下条形基础，如图 6.5 所示。柱下条形基础常在软弱地基上的框架结构或排架结构中采用，一般沿房屋的纵向设置。

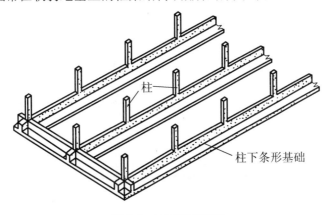

图6.5 柱下条形基础

特别提示

注意区分柱下条形基础与墙下条形基础，二者上部的受力构件不同，柱下独立基础常应用于框架结构，墙下条形基础常用于砖混结构。

3．筏形基础

当地基软弱而荷载较大，采用柱下条形基础宽度较大而相互较近时，可将基础底板连成一片而成为满堂基础，又称为筏形基础，如图6.6所示。筏形基础底面积大，在提高地基承载力的同时能更有效地增强基础的整体性，调整不均沉降。因此，它具有前述各类基础所不完全具备的良好受力功能。

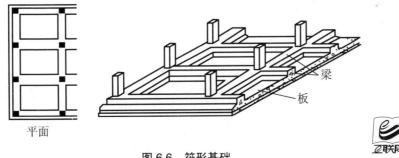

图6.6 筏形基础

筏形基础分为平板式和梁板式两种类型。平板式筏基是在地基上做一整块钢筋混凝土底板，柱子直接支立在底板上(柱下筏板)或在底板上直接砌墙(墙下筏板)。梁板式筏基如倒置的肋形楼盖，若梁在底板的上方称为上梁式，在底板的下方称为下梁式。

4．箱形基础

箱形基础是由现浇钢筋混凝土的底板、顶板和若干纵横墙组成的中空箱体的整体结构如图6.7所示。箱形基础整体性好，刚度大，能很好地抵抗地基的不均匀沉降。一般适用于在软弱地基上建造上部荷载较大的高层建筑。当基础的中空部分尺寸较大时，可用作人防、地下商场等。

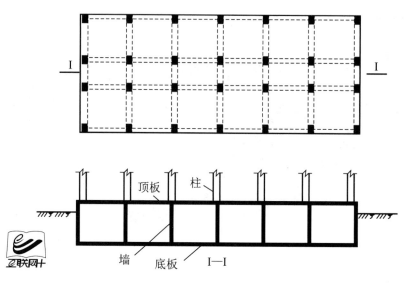

图 6.7 箱形基础

5. 桩基础

所谓浅基础，是通过基础底面把所承受的荷载扩散分布于地基的浅层。但是，当建筑场地的浅层土质不能满足建筑物对地基承载力和变形的要求，而又不适宜采取地基处理措施时，就要考虑采用深基础方案。深基础是埋深较大、以下部坚实土层或岩层作为持力层的基础。桩基础就是一种承载性能很好，广泛适应的深基础形式。桩基础由承台和桩身两部分组成，如图 6.8 所示。承台的作用把多根桩联结成整体，并通过承台把上部结构荷载传递到各根桩，再传至深层较坚实的土层中。桩基承台可分为柱下独立承台、柱下或墙下条形承台(梁式承台)，以及筏板承台和箱形承台等。

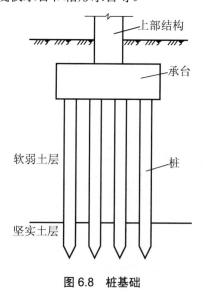

图 6.8 桩基础

 **能力导航**

6.1.2 基础的初步选型

1. 基础设计等级

地基基础设计应根据地基复杂程度，建筑物规模和功能特征以及由于地基问题可能造成建筑物破坏或影响正常使用的程度，将地基基础设计分为三个设计等级，设计时应根据具体情况，按表 6-1 选用。

表 6-1 地基基础设计等级

设计等级	建筑和地基类型
甲级	重要的工业与民用建筑物 30 层以上的高层建筑 体型复杂，层数相差超过 10 层的高低层连成一体建筑物 大面积的多层地下建筑物(如地下车库、商场、运动场等) 对地基变形有特殊要求的建筑物 复杂地质条件下的坡上建筑物(包括高边坡) 对原有工程影响较大的新建建筑物 场地和地基条件复杂的一般建筑物 位于复杂地质条件及软土地区的二层及二层以上地下室的基坑工程 深度大于 15m 的基坑工程 周边环境条件复杂、环境保护要求高的基坑工程
乙级	除甲级、丙级以外的工业与民用建筑物 除甲级、丙级以外的基坑工程
丙级	场地和地基条件简单、荷载分布均匀的七层及七层以下民用建筑及一般工业建筑物；次要的轻型建筑物 非软土地区且场地地质条件简单、基坑周边环境条件简单、环境保护要求不高且开挖深度小于 5.0m 的基坑工程

2. 基础选型基本原则

(1) 安全性。在结构设计中进行基础选型时，最先考虑的应该是基础的安全性，地基承载力是否能够满足上部荷载与结构的需要。基础底面的压力，应符合下式要求。

当轴心荷载作用时：

$$p_k \leqslant f_a \tag{6-1}$$

当偏心荷载作用时，除符合式(6-1)要求外，尚应符合下式要求：

$$p_{kmax} \leqslant 1.2 f_a \tag{6-2}$$

式中： p_k ——相应于荷载效应标准组合时，基础底面处的平均压力值，kPa；

f_a ——修正后的地基承载力特征值，kPa；

p_{kmax} ——相应于荷载效应标准组合时，基础底面边缘的最大压力值，kPa。

 **特别提示**

基础底面处的平均压力值计算可参看《建筑地基基础设计规范》(GB 50007—2011)相关描述。

(2) 经济性。在能够基础满足地基承载力的情况下,宜优先选用天然基础,天然基础相对于桩基础在造价方面具有很大优势,天然基础类型按简单到复杂进行选择:独立基础、条基、十字交叉梁、筏板、箱型等,可根据建筑的具体情况进行考虑。

(3) 施工可行性。各种基础有不同的结构形式与施工要求,在结构设计中应充分考虑基础在将来的施工过程中是否可行,还要考虑地下水、下卧层等因素。

任务6.2 天然地基浅埋基础

 知识导航

6.2.1 影响基础埋深的因素

基础埋置深度(简称埋深)是指基础底面至设计室外地面的距离。确定基础的埋置深度是基础设计工作的重要一环,它直接关系到基础方案的优劣和造价的高低。一般来说,在满足地基稳定和变形的条件下,基础应尽量浅埋。

(1) 建筑物的用途,有无地下室、设备基础和地下设施,基础的形式和构造。确定基础埋置深度时,建筑物的用途,有无地下室、设备基础和地下设施,基础的形式和构造等都是重要的影响因素。例如,高层建筑为了满足稳定性的要求,在抗震设防区,筏形基础的埋置深度不宜小于建筑物高度的 1/20～1/18。

(2) 作用在地基上的荷载大小和性质。在满足地基稳定和变形要求的前提下,基础宜浅埋,当上层地基的承载力大于下层土时,宜利用上层土作持力层。除岩石地基外,基础埋深不宜小于 0.5m。

(3) 工程地质和水文地质条件。直接支承基础的土层称为持力层,为了满足地基承载力和变形的要求,基础应尽可能埋置在良好的持力层上。有地下水存在时,基础应尽量埋置在地下水位以上,以避免地下水对基坑开挖、基础施工和使用期间的影响。当基础埋置在易风化的岩层上,施工时应在基坑开挖后立即铺筑垫层。

(4) 相邻建筑物的基础埋深。当存在相邻建筑物时,新建建筑物的基础埋深不宜大于原有建筑基础。当埋深大于原有建筑基础时,两基础间应保持一定净距,其数值应根据原有建筑荷载大小,基础形式和土质情况确定。当上述要求不能满足时,应采取分段施工,设临时加固支撑，打板桩，地下连续墙等施工措施或加固原有建筑物地基。

(5) 地基土冻胀和融陷的影响。确定基础埋深应考虑地基的冻胀性。在冻胀、强冻胀、特强冻胀地基上，对在地下水位以上的基础，基础侧面应回填非冻胀性的中砂或粗砂，其厚度不应小于 20cm 对在地下水位以下的基础，可采用桩基础、自锚式基础(冻土层下有扩大板或扩底短桩)或采取其他有效措施。对跨年度施工的建筑，入冬前应对地基采取相应的防护措施；按采暖设计的建筑物，当冬季不能正常采暖，也应对地基采取保温措施。

能力导航

6.2.2 天然浅基的构造要求

1．无筋扩展基础

无筋扩展基础系指由砖、毛石、混凝土或毛石混凝土、灰土和三合土等材料组成的墙下条形基础或柱下独立基础。无筋扩展基础适用于多层民用建筑和轻型厂房。图 6.9 为无筋扩展基础构造示意图。

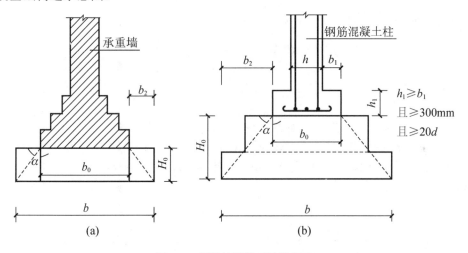

图 6.9　无筋扩展基础构造示意

(1) 基础高度，应符合下式要求

$$H_0 \geqslant (b-b_0)/2\tan\alpha \tag{6-3}$$

式中：　b ——基础底面宽度；

　　　　b_0 ——基础顶面的墙体宽度或柱脚宽度；

　　　　H_0 ——基础高度；

　　　　b_2 ——基础台阶宽度；

　　　　$\tan\alpha$ ——基础台阶宽高比 $b_2 : H_0$，其允许值详见表 6-2。

表 6-2　刚性基础台阶宽高比允许值

基础材料	质量要求	台阶高宽比的允许值		
		$p_k \leq 100$	$100 < p_k \leq 200$	$100 < p_k \leq 200$
混凝土基础	C15 混凝土	1：1.00	1：1.00	1：1.25
毛石混凝土基础	C15 混凝土	1：1.00	1：1.25	1：1.50
砖基础	砖不低于 MU10，砂浆不低于 M5	1：1.50	1：1.50	1：1.50
毛石基础	砂浆不低于 M5	1：1.25	1：1.50	—
灰土基础	体积比为 3∶7 或 2∶8 的灰土，其最小密度： 粉土 1.55t/m³ 粉质黏土 1.50t/m³ 黏土 1.45t/m³	1：1.25	1：1.50	—
三合土基础	体积比 1∶2∶4～1∶3∶6(石灰∶砂∶集料)，每层约虚铺 220mm，夯至 150mm	1：1.50	1：2.00	—

注：1．p_k 为荷载效应标准组合基础底面处的平均压力值(kPa)；
　　2．阶梯形毛石基础的每阶伸出宽度，不宜大于 200mm；
　　3．当基础由不同材料叠合组成时，应对接触部分作抗压验算；
　　4．基础底面处的平均压力值超过 300kPa 的混凝土基础，尚应进行抗剪验算。

(2) 采用无筋扩展基础的钢筋混凝土柱，其柱脚高度 h_1 不得小于 b_1(图 8.12)，并不应小于 300mm 且不小于 $20d$(d 为柱中的纵向受力钢筋的最大直径)。当柱纵向钢筋在柱脚内的竖向锚固长度不满足锚固要求时，可沿水平方向弯折，弯折后的水平锚固长度不应小于 $10d$ 也不应大于 $20d$。

(3) 砖基础的剖面为阶梯形，如图 6.10 所示，称为大放脚。各部分的尺寸应符合砖的模数，其砌筑方式分为"二皮一收"和"二一间隔收"两种。两皮一收是指每砌两皮砖，收进 1/4 砖长(即 60mm)；二一间隔收是指底层砌两皮砖，收进 1/4 砖长，再砌一皮砖，收进 1/4 砖长，如此反复。

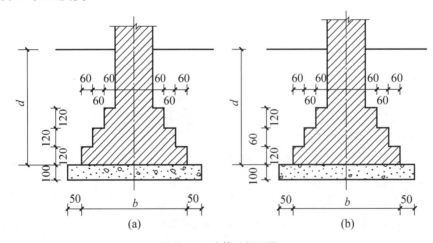

图 6.10　砖基础剖面图
(a) "二皮一收"砌法；(b) "二一间隔收"砌法

2. 扩展基础

(1) 扩展基础的构造，应符合下列要求：

① 锥形基础的边缘高度不宜小于 200mm，且两个方向的坡度不宜大于 1∶3；阶梯形基础的每阶高度宜为 300～500mm。

② 基础垫层的厚度不宜小于 70mm；垫层混凝土强度等级应为 C15。

③ 扩展基础受力钢筋最小配筋率不应小于 0.15%，底板受力钢筋的最小直径不应小于 10mm；间距不应大于 200mm，也不宜小于 100mm。墙下钢筋混凝土条形基础纵向分布钢筋的直径不应小于 8mm；间距不应大于 300mm；每延米分布钢筋的面积不应小于受力钢筋面积的 15%。当有垫层时钢筋保护层厚度不应小于 40mm；无垫层时不应小于 70mm。

④ 混凝土强度等级不应低于 C20。

(2) 墙下钢筋混凝土条形基础钢筋满足下列要求：

钢筋混凝条形基础底板在 T 形及十字形交接处，底板横向受力钢筋仅沿一个主要受力方向通长布置，另一方向的横向受力钢筋可布置到主要受力方向底板宽度 1/4 处；在拐角处底板横向受力钢筋应沿两个方向布置。墙下条形基础纵横交叉处底板受力筋见图 6.11。

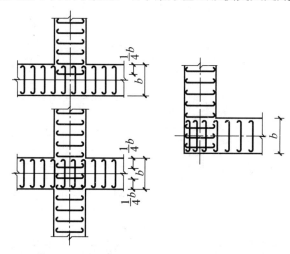

图 6.11 墙下条形基础纵横交叉处底板受力钢筋布置

(3) 柱下钢筋混凝土独立基础钢筋应符合下列要求：

① 柱下钢筋混凝土独立基础沿着边长设置纵横两个方向的底筋，长边方向的底筋在下，短边方向的底筋在上，钢筋构造如图 6.12 所示。

② 当柱下钢筋混凝土独立基础边长和墙下钢筋混凝土条形基础宽度大于或等于 2.5m 时，底板受力钢筋的长度可取边长的 0.9 倍，并宜交错布置如图 6.13 所示。

③ 对于现浇柱基础，其插筋的数量、直径以及钢筋种类应与柱内纵向钢筋相同。插筋伸入基础内的锚固长度见《建筑地基基础设计规范》有关规定，一般伸至基础底板钢筋网上，端部弯直钩并上下至少应有二道箍筋固定。插筋与柱筋的接头位置，连接方式等应符合有关规定要求，如图 6.14 所示，图中 l_a、l_{aE} 为非抗震和抗震情况下国标规定最小锚固长度。

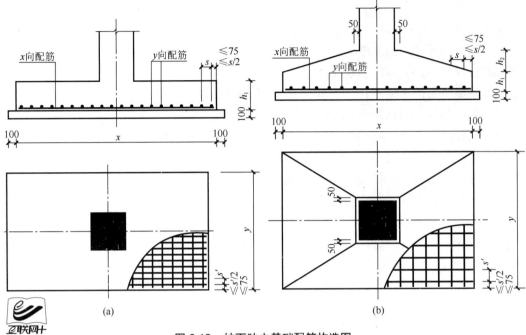

图 6.12 柱下独立基础配筋构造图

(a) 阶形；(b) 坡形

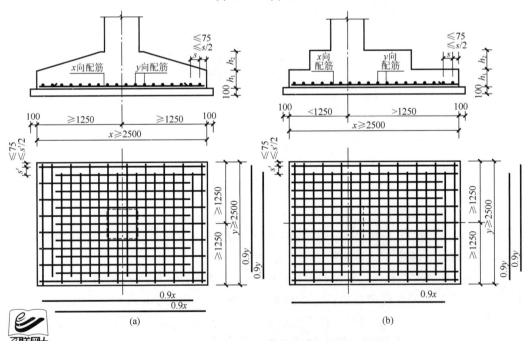

图 6.13 柱下独立基础底板配筋缩短 10% 构造图

(a) 对称独立基础；(b) 非对称独立基础

注：当非对称独立基础底板长度≥2500mm，但该基础某侧从柱中心至基础底板边缘的距离<1250mm 时，钢筋在该侧不应减短。

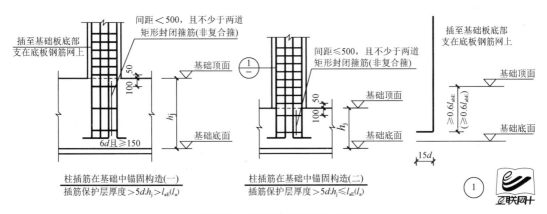

图 6.14 柱插筋在基础锚固图

 **特别提示**

图集 11G101—3 中标准构造详图内容部分详细介绍了独立基础配筋构造，可以参看学习。

3. 柱下条形基础

柱下条形基础是常用于软弱地基上框架或排架结构的一种基础类型。它具有刚度大、调整不均匀沉降能力强的优点，但造价较高。

柱下条形基础的构造除满足前述扩展基础的构造要求外，尚应符合下列规定。

(1) 柱下条形基础梁的高度宜为柱距的 1/8～1/4。翼板厚度不应小于 200mm。当翼板厚度大于 250mm 时，宜采用变厚度翼板，其坡度小于或等于 1∶3。

(2) 条形基础的端部宜向外伸出，其长度宜为第一跨距的 0.25 倍。

(3) 现浇柱与条形基础梁的交接处，其平面尺寸不应小于图 6.15 的规定。

(4) 当基础梁的腹板高度大于或等于 450mm 时，在梁的两侧面应沿高度配置纵向构造钢筋，其构造要求见相关规定。

(5) 箍筋应采用封闭式，其直径一般为 6～12mm，箍筋间距按有关规定确定。当梁宽小于或等于 350mm 时，采用双肢箍筋；梁宽在 350～800mm 时，采用四肢箍筋；梁宽大于 800mm 时，采用六肢箍筋。

(6) 柱下条形基础的混凝土强度等级，不应低于 C20。

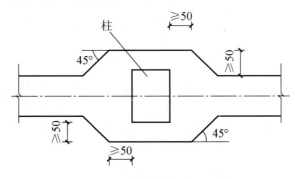

图 6.15 现浇柱与基础梁的连接

🏠 **特别提示**

《建筑地基基础设计规范》规定：条形基础梁底面和顶面的纵向受力钢筋除应满足计算要求外，顶部钢筋应按计算配筋全部贯通，底部通长钢筋不应少于底部受力筋截面总面积的1/3。

4．筏形基础

筏形基础常用于高层建筑，其构造要求如下：

(1) 平板式筏基的最小板厚不宜小于 400mm，当柱荷载较大时，可将柱下筏板局部加厚或增设柱墩，也可采用设置抗冲切箍筋来提高受冲切承载能力。

(2) 在一般情况下，筏基底板边缘应伸出边柱和角柱外侧包线或侧墙以外，伸出长度宜不大于伸出方向边跨柱距的 1/4，无外伸肋梁的底板，其伸出长度一般不宜大于 1.5m。双向外伸部分的底板直角应削成钝角。

(3) 梁板式筏基肋梁与地下室底层柱或剪力墙的连接构造应符合图 6.16 的要求。

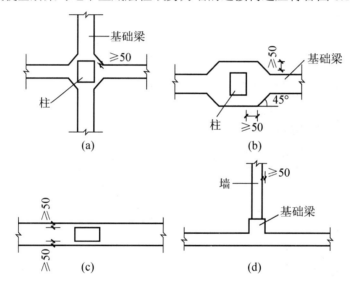

图 6.16　地下室底层柱或剪力墙与基础梁连接的构造

(4) 筏形基础的混凝土强度等级不应低于 C30，对于设置地下室的筏形基础，其所用混凝土的抗渗等级不应小于 0.6MPa。

(5) 筏板与地下室外墙的接缝、地下室外墙沿高度处的水平接缝应严格按施工缝要求采取措施，必要时可通长止水带。

(6) 高层建筑筏形基础与裙房之间的构造应符合下列要求。

① 当高层建筑与相连的裙房之间设置沉降缝时，高层建筑的基础埋深应大于裙房基础的埋深至少 2m。当不满足要求时必须采取有效措施，沉降缝地面以下的空间应用粗砂填实。

② 当高层建筑与相连的裙房之间不设置沉降缝时，宜在裙房一侧设置后浇带。当高层建筑基础面积满是地基承载力和变形要求时，后浇带宜设在与房层建筑相邻裙房的第一跨内。当需要满足高层建筑地基承载力、降低高层建筑沉降量，减小高层建筑与裙房间的沉降差而增大高层建筑基础面积时后浇带的位置宜设在距主楼边柱的第二跨内。后浇带混凝

土宜根据实测沉降值并计算后期沉降差能满足设计要求后方可进行浇注。

③ 当高层建筑与相连的裙房之间不允许设置沉降缝和后浇带时，应进行地基变形验算。验算时需考虑地基变形对结构的影响并采取相应的有效措施。

(7) 筏板基础地下室施工完毕后，应及时进行基坑回填工作。回填基坑时，必须先清除基坑中的杂物，在相对的两侧或四周同时回填并分层夯实。

特别提示

平板式与梁板式筏形基础的选型应根据地基土质、上部结构体系、柱距、荷载大小、使用要求以及施工条件等因素确定，框架-核心筒结构与筒中筒结构宜采用平板式筏形基础。

5．箱形基础

箱形基础构造要求如下：

(1) 箱形基础的混凝土强度等级不应低于 C20；筏形基础和桩箱、桩筏基础的混凝土强度等级不应低于 C30。当采用防水混凝土时，防水混凝土的抗渗等级应根据地下水的最大水头比值选用，且其抗渗等级不应小于 0.6MPa。对重要建筑宜采用自防水并设架空排水层方案。

(2) 箱形基础的顶板、底板及墙体的厚度，应根据受力情况、整体刚度和防水要求确定。无人防设计要求的箱基，基础底板不应小于 300mm，外墙厚度不应小于 250mm，内墙的厚度不应小于 200mm，顶板厚度不应小于 200mm，可用合理的简化方法计算箱形基础的承载力。

(3) 箱形基础的内、外墙应沿上部结构柱网和剪力墙纵横均匀布置，墙体水平截面总面积不宜小于箱形基础外墙外包尺寸的水平投影面积的 1/10。对基础平面长宽比大于 4 的箱形基础，其纵墙水平截面面积不得小于箱基外墙外包尺寸水平投影面积的 1/18。

(4) 箱形基础的墙体内应设置双面钢筋，竖向和水平钢筋的直径不应小于 10mm，间距不应大于 200mm。除上部为剪力墙外，内、外墙的墙顶处宜配置两根直径不小于 20mm 的通长构造钢筋。

任务6.3 桩　基　础

知识导航

6.3.1 桩基础的类型

1．低承台和高承台桩基

根据承台与地面相对位置的高低，桩基础可分为低承台桩基和高承台桩基两种。低承台桩基的承台底面位于地面以下，而高承台桩基的承台底面则高出地面以上，如图 6.17 所示。在工业与民用建筑中，几乎使用低承台桩基，但在桥梁、港湾和海洋构筑物等工程中，则常常使用高承台桩。

2. 端承型桩和摩擦型桩

根据桩的承载性状，桩可分为端承型桩和摩擦型桩两大类。

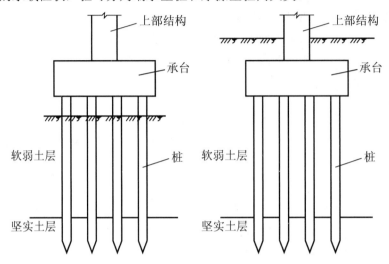

图 6.17 低承台和高承台桩基

(1) 端承型桩

端承型桩是指桩顶竖向荷载由桩侧阻力和桩端阻力共同承受，但桩端阻力分担荷载较多的桩。根据桩侧和桩端承担竖向荷载大小的不同，又可分为端承桩和摩擦端承桩。

(2) 摩擦型桩

摩擦型桩是指桩顶竖向荷载由桩侧阻力和桩端阻力共同承受，但桩侧阻力分担荷载较多的桩。根据桩侧和桩端承担竖向荷载大小的不同，又可分为摩擦桩和端承摩擦桩。

3. 预制桩和灌注桩

桩根据施工方法的不同，可分为预制桩和灌注桩两大类。

(1) 预制桩是指在工厂制作成型，运到施工现场后，通过各种打桩机械把它打入至设计标高的桩。常见的沉桩方法有锤击法、振动法、静压法等。

(2) 灌注桩是指直接在建筑工地现场成孔，然后在孔内安放钢筋再浇灌混凝土而成的桩。常见的成孔方法有沉管灌注桩、钻孔灌注桩、冲孔灌注桩、扩底灌注桩等。

6.3.2 桩基础的受力特点

1. 单桩竖向荷载的传递

单桩在竖向荷载作用下，桩身产生相对于土的向下位移，从而使桩侧表面受到土的向上摩阻力。随着荷载增加，桩侧摩阻力从桩身上段向下传递；桩底持力层也因受压产生桩端反力，当沿桩身全长的摩阻力都到达极限值之后，桩顶荷载增量就全归桩端阻力承担，直到桩底持力层破坏。

由此可见，单桩轴向荷载的传递过程就是桩侧阻力与桩端阻力的发挥过程。单桩竖向承载力可以通过现场静载荷试验或其他原位测试方法确定。

2. 群桩效应

由 2 根以上桩组成的桩基称为群桩基础。竖向荷载作用下，由于承台、桩、土相互作用,群桩基础中的一根桩单独受荷时的承载力和沉降性状,往往与相同条件的独立单桩有显著差别。一般来说,群桩基础的承载力小于单桩承载力与桩数的乘积,这种现象称为群桩效应。群桩基础竖向承载力与单桩竖向承载力之和的比值称为群桩效应系数。它体现了群桩平均承载力比单桩降低或提高的幅度。试验表明,群桩效应系数与桩距、桩数、桩径、桩的入土深度、桩的排列、承台宽度及桩间土的性质等因素有关,其中以桩距为主要因素。当桩距较小时,地基应力重叠现象严重,群桩效应系数降低;当桩距大于6倍桩径时,地基应力重叠现象较轻,群桩效应系数较高。对于端承桩,由于桩底持力层刚硬,桩与桩相互作用的影响很小,可以不考虑群桩效应(即群桩效应系数等于1),认为群桩竖向承载力为各单桩竖向承载力之和。

6.3.3 桩基础的构造要求

(1) 桩的平面布置可采用对称式、梅花式、行列式和环状排列。

工程实践中,桩群的常用平面布置形式为:柱下桩基多采用对称多边形,墙下桩基采用梅花式或行列式,筏形或箱形基础下宜尽量沿柱网、肋梁或隔墙的轴线设置,如图6.18所示。

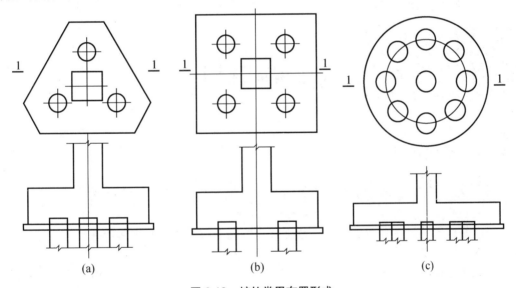

图 6.18 桩的常用布置形式

(a) 柱下桩基(三桩承台);(b) 柱下桩基(矩形承台);(c) 环形桩基

为了使桩基中各桩受力比较均匀,群桩横截面的重心应与竖向永久荷载合力的作用点重合或接近。布置桩位时,桩的间距(中心距)一般采用3~4倍桩径。摩擦型桩(包括摩擦桩和端承摩擦桩)的中心距不宜小于桩身直径的3倍;扩底灌注桩的中心距不宜小于扩底直径的1.5倍,当扩底直径大于2m时,桩端净距不宜小于1m。在确定桩距时尚应考虑施工工艺中挤土等效应对邻近桩的影响。

(2) 扩底灌注桩的扩底直径,不应大于桩身直径的3倍。

(3) 桩底进入持力层的深度,根据地质条件、荷载及施工工艺确定,宜为桩身直径的1~

3倍。在确定桩底进入持力层深度时，尚应考虑特殊土、岩溶以及震陷液化等影响。嵌岩灌注桩周边嵌入完整和较完整的未风化、微风化、中风化硬质岩体的深度不宜小于0.5m。

(4) 布置桩位时宜使桩基承载力合力点与竖向永久荷载合力作用点重合。

(5) 预制桩的混凝土强度等级不应低于C30；灌注桩不应低于C20；预应力桩不应低于C40。

(6) 桩的主筋应经过计算确定。打入式预制桩的最小配筋率不宜小于0.8%；静压预制桩的最小配筋率不宜小于0.6%；灌注桩最小配筋率不宜小于0.2%～0.65%(小直径桩取大值)。

(7) 配筋长度：受水平荷载和弯矩较大的桩，配筋长度应通过计算确定；桩基承台下存在淤泥、淤泥质土或液化土层时，配筋长度应穿过淤泥、淤泥质土或液化土层；坡地岸边的桩、8度及8度以上地震区的桩、抗拔桩、嵌岩端承桩应通长配筋；桩径大于600mm的钻孔灌注桩，构造钢筋的长度不宜小于桩长的2/3。

(8) 桩顶嵌入承台内的长度不宜小于50mm。主筋伸入承台内的锚固长度不宜小于钢筋直径的30倍(HPB300级筋)和35倍(HRB335、HRB400级筋)。对于大直径灌注桩，当采用一柱一桩时，应满足《建筑地基基础设计规范》的有关规定。

(9) 在承台及地下室周围的回填中，应满足填土密实性的要求。

(10) 桩基承台的构造要求见《建筑地基基础设计规范》。

任务6.4　基础结构施工图

知识导航

6.4.1　基础施工图的表示方法

基础是建筑物的主要组成部分，承受建筑物的全部荷载，并传递给基础。建筑物的上部结构形式以及受力状况相应的决定了基础形式的选择。

基础施工图表示建筑物室内地面以下基础部分的平面布置及详细构造。通常由基础平面布置图和基础详图组成，采用桩基础时还应包括桩位平面图，以及一些必要的设计说明。基础详图主要表明基础各组成部分的具体形状、大小、材料及基础埋深等。

1. 基础平面图

基础平面图：在建筑物底层室内地面(正负零)处一水平剖切面，即为基础平面图。

其主要内容如下：

(1) 图名、比例。

(2) 纵、横向定位轴线及其编号。

(3) 基础梁、柱、基础底面的尺寸及其与轴线的关系。

(4) 剖面图的剖切线及其编号。

2．基础详图

通常用断面图表示，并与基础平面图中被剖切的相应代号及剖切符号一致。基础详图的主要内容如下。

(1) 图名、比例。

(2) 基础剖面图中轴线及其编号，通用剖面图，则轴线圆圈内可不编号。

(3) 基础剖面的形状及细部尺寸。

(4) 室内地面及基础底面的标高。

(5) 基础底板及基础梁内受力钢筋及分布钢筋的直径、间距及钢筋编号。此外，现浇基础尚应标注预留插筋、搭接长度与位置及箍筋加密等。对桩基础应表示出承台细部尺寸、配筋及桩的埋深等。

(6) 垫层的材料及做法等。

基础详图为了突出表示基础钢筋的配置，轮廓线全部用细实线表示，不画钢筋混凝土的材料图例，用粗实线表示钢筋。

3．基础设计说明

设计说明一般是说明难以用图示表达的内容和易用文字表达的内容，如材料的质量要求、施工注意事项等。一般包括以下内容。

(1) 对地基土质情况提出注意事项和有关要求，概述地基承载力、地下水位和持力层土质情况。

(2) 地基处理措施，并说明注意事项和质量要求。

(3) 对施工方面提出验槽、钎探等事项的设计要求。

(4) 垫层、砌体、混凝土、钢筋等所用材料的质量要求。

能力导航

6.4.2 基础结构施工图

1．基础结构施工图识读

基础施工图识读一般应注意以下问题。

(1) 查阅建筑图，核对所有的轴线是否与基础一一对应，了解是否有的墙下无基础而用基础梁替代，基础的形式有无变化，有无设备基础。

(2) 对照基础的平面和剖面，了解基底标高和基础顶面标高有无变化，有变化时是如何处理的。如果有设备基础时，还应了解设备基础与设备标高的相对关系，避免因标高有误造成严重的责任事故。

(3) 了解基础中预留洞和预埋件的平面位置、标高、数量，必要时应与需要这些预留洞和预埋件的工种进行核对，落实其相互配合的操作方法。

(4) 了解基础的形式和做法。

(5) 了解各个部位的尺寸和配筋。

2．基础施工图示例

图 6.19 为××基础施工图(独立基础)，图 6.20 为××基础施工图(条形基础)，图 6.21 为××基础施工图(筏形基础)。

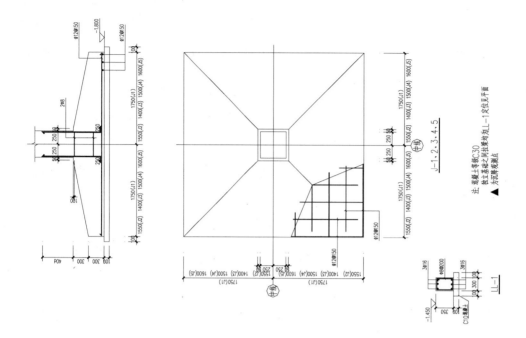

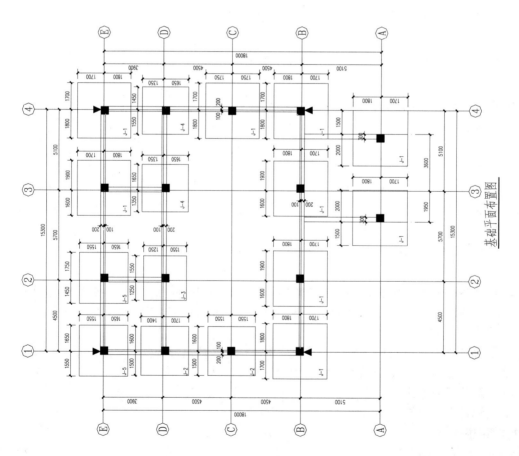

图 6.19 独立基础施工图

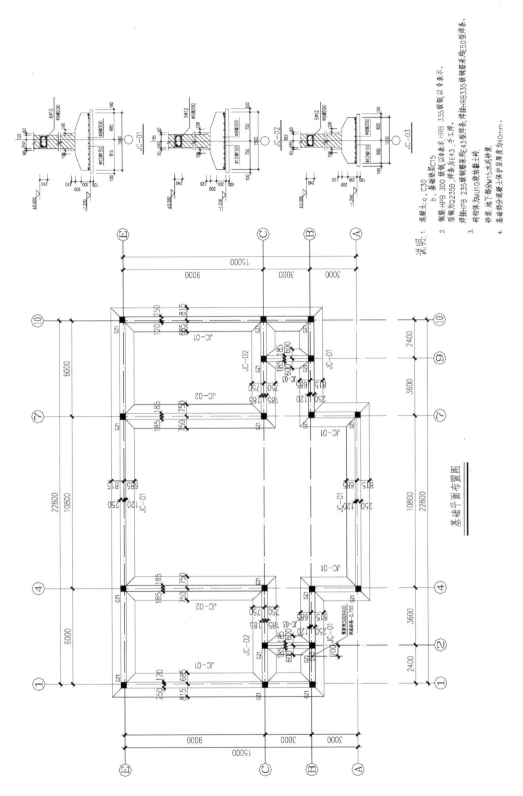

图 6.20 条形基础施工图

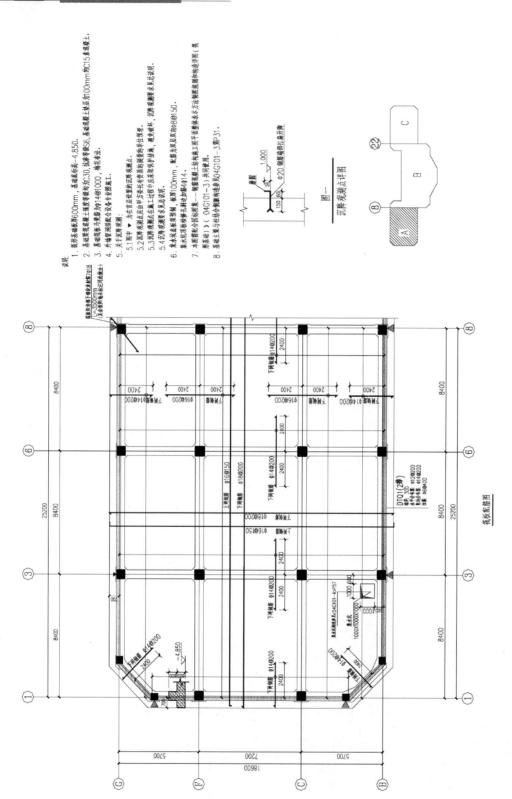

图 6.21 筏形基础施工图

特别提示

教材图例基础结构施工图为传统施工图表达方式,国家平法图集详细介绍了各类基础平面整体表示法制图规则,学习者可参看图集 11G101—3 相关内容。

实践教学课题 基础施工现场参观和基础施工图识读实训

【目的与意义】通过对钢筋混凝土基础施工图的识读,掌握基础施工图识读的基本方法和重点内容,理论联系实际,为今后的工作奠定基础。

【内容与要求】在实践教学环节中,选择一个有代表性的钢筋混凝土基础工程,结合现场参观学习,在指导教师或工程技术人员的指导下,针对该工程的基础形式、平面布置、埋置深度、底面尺寸、截面尺寸、钢筋设置、构造要求、现场管理等方面进行深入认识,在此基础上,进行系统的识图训练。

项 目 小 结

(1) 基础是建筑结构的重要受力构件,上部结构所承受的荷载都要通过基础传至地基。基础根据材料性质可以分为刚性基础与柔性基础,根据基础埋置深度可以分为深基础与浅基础,根据构造形式可以分为独立基础、条形基础、筏形基础、箱形基础、桩基础等。

(2) 钢筋混凝土基础为基础采用的主要形式,各类基础的构造要求主要包括混凝土钢筋于材料选择、基础截面尺寸、基础配筋等方面。独立基础、筏形基础、桩基础应用尤其广泛,应作为重要内容掌握。

(3) 基础结构施工图包括基础平面布置图、基础详图、基础说明等内容,在阅读基础施工图时应结合各方面内容理解。

习 题

一、填空题

1. 基础按其埋置深度的不同可分为_____与_____,二者的分界是_____m。
2. 基础按所用材料性能的不同可分为_____与_____,钢筋混凝土基础属于_____。
3. 柱下钢筋混凝土独立基础属于扩展基础,按照其构造做法形式的不同可分为_____、_____与_____。
4. 筏形基础又称为满堂基础,发型基础按其做法的不同可分为_____与_____。
5. 桩基础由_____与_____两部分组成。

6. 基础垫层的厚度不宜小于_____mm，垫层混凝土强度等级一般为_____。

7. 筏形基础的混凝土强度等级不应低于_____。

8. 根据桩的承载性状，桩可以分为_____与_____，根据桩的施工方法不同可以分为_____与_____。

二、选择题

1. 下列基础类型中不属于刚性基础的是(　　)。
   A. 灰土基础　　　B. 素混凝土基础　　　C. 砖基础　　　D. 钢筋混凝土基础

2. 通常情况下，桩基础与独立基础分别属于(　　)。
   A. 浅基础，浅基础　　　　　　　　B. 浅基础，深基础
   C. 深基础，深基础　　　　　　　　D. 深基础，浅基础

3. 基础埋置深度是指(　　)的距离。
   A. 基础底面至室内设计地面　　　　B. 基础底面至室外设计地面
   C. 基础顶面至室内设计地面　　　　D. 基础顶面至室外设计地面

4. 平板式筏形基础的最小板厚不宜小于(　　)mm。
   A. 300　　　B. 400　　　C. 500　　　D. 600

5. 桩顶嵌入承台内的长度不宜小于(　　)mm。
   A. 30　　　B. 40　　　C. 50　　　D. 60

6. 当柱下钢筋混凝土独立基础的边长大于或等于(　　)m时，底板受力筋的长度可取边长的0.9倍。
   A. 2　　　B. 2.5　　　C. 3　　　D. 3.5

7. 预应力混凝土桩的混凝土强度等级不应低于(　　)。
   A. C20　　　B. C30　　　C. C40　　　D. C50

三、判断题

1. 跨度相等或相差不超过10%时，均可按连续板进行计算。　　　　　　　(　　)
2. 筏形基础的埋置深度不宜小于建筑物高度的1/30~1/20。　　　　　　　(　　)
3. 锥形独立基础的边缘高度不宜小于300mm。　　　　　　　　　　　　(　　)
4. 端承桩是指桩顶竖向荷载全部由桩端阻力共同承受。　　　　　　　　(　　)
5. 预制桩是指直接在建筑工地现场成孔，然后在孔内安放钢筋再浇灌混凝土而成的桩。
　　　　　　　　　　　　　　　　　　　　　　　　　　　　　　　(　　)

四、简答题

1. 常见的浅基础有哪些？它们各自的特点是什么？
2. 钢筋混凝土条形基础底板在T形及十字形交接处，底板受力钢筋应如何布置？
3. 筏形基础分为哪两类？各自适用于什么情况？
4. 桩基础由哪几部分组成？桩的常见布置形式有哪些？
5. 桩按承载性状分为哪几类？端承型桩和摩擦型桩受力情况有什么不同？
6. 何谓群桩？何谓群桩效应？
7. 基础施工图识读时，一般应注意哪些问题？
8. 基础施工图识读的一般顺序如何？

项目 7 多层及高层钢筋混凝土房屋结构

教学目标

本项目主要介绍多高层钢筋混凝土房屋的结构形式和结构体系以及框架结构、剪力墙结构、框架-剪力墙结构的受力特点和构造要求等内容。通过学习,应了解多高层建筑结构的常用结构体系的类型、特点和适用条件;掌握框架结构、剪力墙结构及框架-剪力墙结构尤其是现浇框架结构非抗震和抗震配筋构造的规定。

教学要求

能 力 要 求	相 关 知 识	权 重
能够进行多层及高层钢筋混凝土房屋的结构类型的判断与初步选型	多高层房屋常见结构体系的结构类型及适用范围	20%
能够进行框架结构的结构设计	框架结构的形式、受力特点、现浇框架抗震与非抗震构造要求	60%
掌握剪力墙、框架-剪力墙结构体系配筋构造规定	剪力墙、框架-剪力墙的受力特点、构造要求	20%

学习重点

多高层钢筋混凝土房屋结构的类型特点,框架结构、剪力墙、框架-剪力墙结构的配筋构造。

引例

2010年上海世博会中国国家馆，建筑面积105879m²，以城市发展中的中华智慧为主题，表现出了"东方之冠，鼎盛中华，天下粮仓，富庶百姓"的中国文化精神与气质。采用钢框架剪力墙结构体系，中间以四个混凝土核心筒作为主要的抗侧力及竖向承载体系，核心筒结构标高为68m。每个核心筒截面为18.6m×18.6m，相邻核心筒外边距约70m，内边距33m；屋顶边长为138m×138m。在34m以下仅存在16根劲性钢柱，即每个核心筒的四个角部设置截面为箱形的劲性钢柱，劲性钢柱从底板起始达60m，与屋顶桁架顶高度相同。从33.75m起，采用20根巨型钢斜撑支撑起整个大悬挑的钢屋盖。巨型钢斜撑底部与核心筒内的劲性柱连接，中间通过层层楼层钢梁与核心筒连接，顶部通过钢桁架与核心筒连接，锚固于劲性钢柱上。

大家知道的知名的高层建筑有哪些？它们有什么建筑特色？各是什么样的结构体系？

任务7.1 多层与高层结构体系

7.1.1 多层与高层结构体系概述

随着社会的发展和人们需求水平的提高，出现了众多的高层建筑。广为人知的高层建筑有纽约帝国大厦(1931年建成)，102层，高381m；纽约世界贸易中心大厦(1972年建成)，110层，高412m；上海环球金融中心(2008年建成)101层，高492m；台北101大厦(2004年建成)，101层，高508m。关于多层与高层建筑的界限，各国的标准有所不同。我国《高层建筑混凝土结构设计技术规程》(JGJ 3—2010，以下简称《高规》)以10层及10层以上或高度大于28m的房屋为高层建筑，2~9层且高度不大于28m为多层建筑。《民用建筑设计通则》(GB 50352—2005)均以10层及10层以上或高度大于24m的房屋为高层建筑。

通常，多层房屋常采用混合结构、钢筋混凝土结构；高层房屋常采用钢筋混凝土结构、钢结构、钢-混凝土混合结构。本项目主要介绍钢筋混凝土多层与高层房屋，其常用的结构体系有框架体系、剪力墙体系、框架-剪力墙体系和筒体体系等。

7.1.2 多层与高层结构体系的类型

1. 框架结构体系

由梁和柱为主要构件组成的承受竖向和水平作用的结构称为框架结构，如图7.1所示。

框架结构体系的特点是将承重结构和围护、分隔构件分开,墙只起围护及分隔作用。由于框架结构平面布置灵活,容易满足生产工艺和使用要求,构件易于标准化制作,同时具有较高的承载力和整体性能,广泛用于多层工业厂房及多、高层办公楼,旅馆,教学楼,医院,住宅等。

但在水平荷载作用下,其抗侧刚度小、水平位移大,因此使用高度受到限制。框架结构的适用高度地震区为6~15层,非地震区为15~20层。

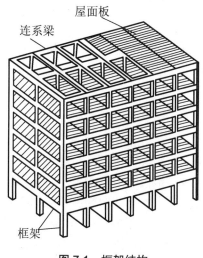

图 7.1 框架结构

2. 剪力墙结构体系

采用建筑物的墙体作为竖向承重和抵抗侧力的结构称为剪力墙结构体系,如图 7.2 所示。剪力墙实际就是固结在基础上的钢筋混凝土墙片,既承担竖向荷载,又承担水平荷载产生的剪力,故称作剪力墙;当建筑底部需较大空间时,可将底层或底部几层部分剪力墙取消,用框架来替代,就形成了框支剪力墙体系。

剪力墙体系具有抗侧刚度大,整体性好,整齐美观,抗震性能好,利于承受水平荷载,并可使用滑模、大模板等先进施工方法施工等众多优点,但由于横墙较多、间距较密,使得建筑平面的空间较小。剪力墙体系的适用高度为15~50层,常用于住宅、旅馆等开间较小的高层建筑。

3. 框架-剪力墙结构体系

在框架体系中设置适当数量的剪力墙,即形成框架-剪力墙体系。该体系综合了框架结构和剪力墙结构的优点,其中竖向荷载主要由框架承担,水平荷载则主要由剪力墙承担,如图 7.3 所示。

框架-剪力墙结构的侧向刚度较大,抗震性较好,具有平面布置灵活、使用方便的特点,广泛应用于办公楼和宾馆等公共建筑中,框架-剪力墙体系的适用高度为15~25层,一般不宜超过30层。

4. 筒体结构体系

以筒体为主要的承受竖向和水平作用的结构称为筒体结构体系。它是在剪力墙体系和框架-剪力墙体系基础上发展而形成的,筒体是由若干片剪力墙或密柱框架围合而成的封闭井筒式结构(或框筒)。

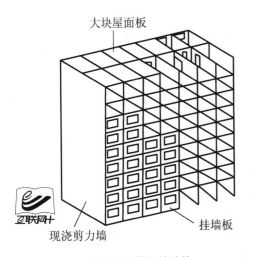

图 7.2 剪力墙结构

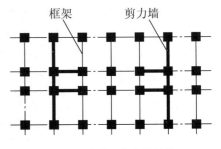

图 7.3 框架-剪力墙结构

根据开孔的多少，筒体有空腹筒和实腹筒之分，如图 7.4 所示。实腹筒一般由楼梯间、电梯井、管道井等形成，开孔少，常位于房屋中部，故又称核心筒[见图 7.4(a)]。空腹筒又称框筒，由布置在房屋四周的密排立柱和截面高度很大的横梁组成[见图 7.4(b)]，其中立柱柱距一般为 1.20～3.0m，横梁的梁高一般为 0.6～1.20m。

根据所受水平力及房屋高度的不同，筒体体系可以布置成筒中筒结构、框架-核心筒结构、成束筒结构和多重筒结构等形式，如图 7.5 所示。其中，筒中筒结构通常用框筒作外筒，实腹筒作内筒。筒体体系因为刚度大，可形成较大的内部空间且平面布置灵活，广泛应用于写字楼等超高层公共建筑。

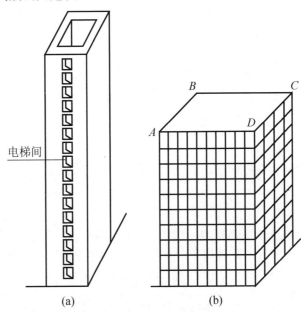

图 7.4 筒体结构

(a) 实腹筒；(b) 空腹筒

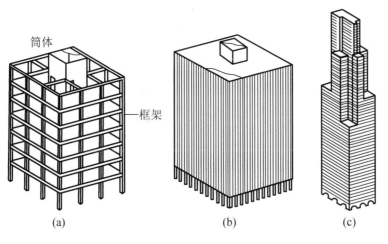

图 7.5 筒体结构

(a) 框架核心筒；(b) 筒中筒；(c) 成束筒

特别提示

《高规》中对高层建筑的结构体系作了如下要求。

(1) 结构的竖向和水平布置宜具有合理的刚度和承载力分布，避免应局部突变和扭转效应而形成薄弱部位。

(2) 宜设置多道抗震防线。

任务 7.2 框 架 结 构

知识导航

7.2.1 框架结构的形式

1. 框架结构类型

框架结构按照施工方法的不同，可分为全现浇式框架、半现浇式框架、装配式框架和装配整体式框架四种形式。

(1) 全现浇式框架。全现浇式框架的全部构件都在现场浇筑而成。它的优点是结构整体性及抗震性好，平面布置比较灵活，预埋件少，节省钢材等。缺点是需耗用大量模板，现场湿作业多，工期长，在北方寒冷地区冬季施工很困难。对功能复杂，使用要求高，抗震性要求较高的多、高层框架，宜采用全现浇框架。

(2) 半现浇框架。半现浇式框架是将房屋结构中的梁、板和柱部分现浇，部分预制装配而形成的结构形式。常见的做法有两种：一种是梁、柱现浇，板预制；另一种是柱现浇，梁、板预制。它的优点是施工简单，整体性较全装配式好，由于楼板预制，又比全现浇式节约模板，省去了现场支模的麻烦。半现浇框架是目前采用较多的框架形式之一。

(3) 装配式框架。这种框架的构件(板、梁、柱)全部预制，然后在施工现场进行安装就位，对预埋件焊接而成的框架形式。它的优点是节约模板、加快施工进度，可以做到构件的标准化和定型化，构件质量保证。缺点是预埋件多，总用钢量大，框架整体性差，施工时需要大型运输及吊装机械，在地震区不宜采用。

(4) 装配整体式框架。这种框架的构件(板、梁、柱)全部预制，在现场安装就位后，再在构件连接处局部现浇混凝土使之形成整体。它兼有现浇整体式和装配式框架的一些优点，节约模板和缩短工期，省去众多的预埋铁件，节点用钢量减少，保证了节点的刚度，结构整体性较好。缺点是增加了现场浇注混凝土的工作量，施工相对复杂。

2．框架结构布置

在框架结构体系中，主要承受楼面和屋面荷载的梁称为框架梁，而另一方向的梁称为连系梁。楼盖的荷载可传递到纵、横两个方向的框架上，其中框架梁和柱组成主要承重框架，连系梁和柱组成非主要承重框架。若采用双向板，则纵、横框架都是承重框架。承重框架的布置方案有以下三种：

(1) 横向布置方案。主要承重框架由横向主梁(框架梁)与柱构成，楼板沿纵向布置，支承在主梁上，而纵向连系梁则将横向框架连成一空间结构体系，如图 7.6(a)所示。采用这种布置方案有利于增大房屋的横向刚度以抵抗横向的水平作用，由于纵梁尺寸小利于房间的采光和通风。其缺点是主梁尺寸较大使房屋的净高受限。

(2) 纵向布置方案。主要承重框架由纵向主梁(框架梁)与柱构成，楼板沿横向布置，支承在纵向主梁上，而横向连系梁则将纵向框架连成一空间结构体系，如图 7.6(b)所示。采用该方案时，房间布置灵活，采光和通风好，有利于提高房屋净高，其缺点是横向刚度较差，故只适用于层数较少的房屋。

(3) 纵横向混合布置方案。沿房屋纵、横两个方向都布置有承重框架，如图 7.6(c)所示。采用这种方案时，使纵、横两个方向都获得较大的刚度，柱网尺寸为正方形或接近正方形，具有较好的整体工作性能，目前地震区的多层框架房屋及要求双向承重的工业厂房常采用该方案。

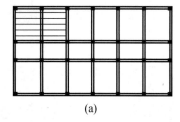
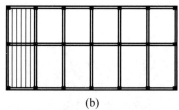
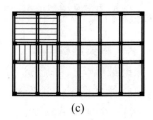

(a)   (b)   (c)

图 7.6 框架结构布置方案

(a) 横向布置方案；(b) 纵向布置方案；(c) 纵横向混合布置方案

特别提示

结构布置的一般原则：满足使用要求；满足人防、消防要求，使水、暖、电各专业的布置能有效地进行；结构尽可能简单、规则、均匀、对称，构件类型少。

7.2.2 框架结构的受力特点

1. 框架结构承受的荷载

框架结构承受的作用包括竖向荷载、水平荷载和地震作用。竖向荷载包括结构自重及楼(屋)面活荷载，一般为分布荷载，有时有集中荷载；水平荷载为风荷载，沿建筑物高度按均匀分布荷载考虑，并将其折算成作用于楼层节点位置的水平集中力；地震作用主要是水平地震作用，在抗震设防烈度6度以上时需考虑。对一般房屋结构而言，只需考虑水平地震作用，而对抗震设防烈度8度以上的大跨结构、高耸结构中才考虑竖向地震作用。

2. 框架结构的计算简图

框架结构是由横向框架和纵向框架组成的一个空间结构体系。设计中为简化起见，常忽略结构的空间联系，将纵向、横向框架分别按平面框架进行分析和计算，如图7.7(a)所示，它们分别承受纵向和横向水平荷载，分别承受阴影范围内的水平荷载，如图7.7(b)所示。竖向荷载的传递方式则根据楼(屋)面布置方式而定。现浇平板楼(屋)面的荷载主要向距离较近的梁上传递，而预制板楼盖荷载则向支承板的梁上传递。

框架结构的计算简图是通过梁、柱轴线来确定的。其中梁、柱等各杆件均用轴线表示，杆件之间的连接用节点表示，杆件长度用节点间的距离表示。除装配式框架外，一般可将梁、柱节点看成刚性节点，认为柱固结于基础顶面，所以框架结构多为高次超静定结构，如图7.7(c)、(d)所示。

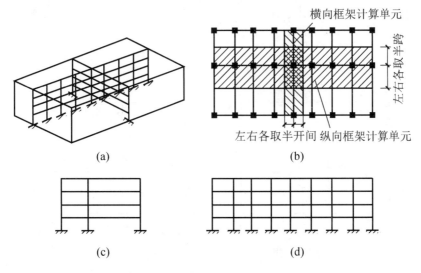

图7.7 框架结构计算单元

(a) 纵向与横向框架；(b) 框架计算单元；(c) 横向框架；(d) 纵向框架

 **特别提示**

(1) 计算简图中的层高为结构层高，底层柱长度从基础承台顶面算起。
(2) 跨度差小于10%的不等跨框架，近似按照等跨框架计算。
(3) 空间三向受力的框架节点简化为平面节点，当为现浇框架结构时视为刚结节点，当为装配式框架结构时视为铰接节点。

3．框架结构在荷载作用下的内力
1) 竖向及水平荷载及作用下的内力

图 7.8(a)所示为某一 3 层 3 跨框架，同时在竖向均布荷载和水平集中力作用下的计算简图以及框架内力图，如图 7.8(b)、(c)所示。

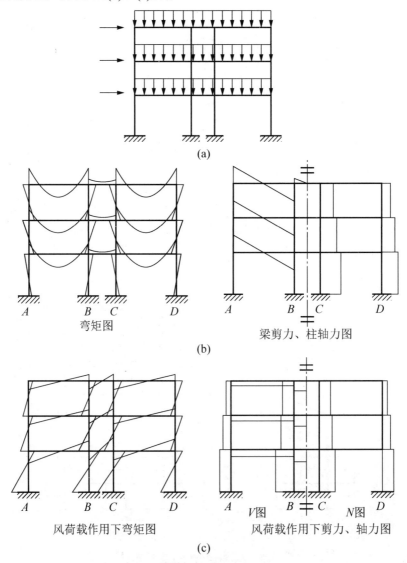

图 7.8 竖向及水平荷载下框架的计算简图和内力图
(a) 计算简图；(b) 竖向荷载下框架的内力图；(c) 水平荷载下框架的内力图

其中图 7.8(b)为框架在竖向荷载作用下的内力图(弯矩图、剪力图和轴力图)。从图中可以看出，在竖向荷载作用下，框架梁、柱截面上均产生弯矩，其中框架梁的弯矩呈抛物线形变化，跨中截面产生最大的正弯矩(梁截面下侧受拉)，框架梁的支座截面产生最大的负弯矩(梁截面上侧受拉)。柱的弯矩沿柱长线性变化，弯矩最大的位置位于柱的上、下端截面；剪力沿框架梁长度呈线性变化，最大剪力出现在梁的端部支座截面处；同时，在竖向荷载作用下框架柱截面上还产生轴力。

框架在水平风荷载作用下的内力图如图 7.8(c)所示。图中表明，左侧来风时，在框架梁、柱截面上均产生线性变化的弯矩，在梁、柱支座端截面处分别产生最大的正弯矩和最大的负弯矩，并且在同一根柱中柱端弯矩由下至上逐层减小。剪力图中反映出剪力在梁的各跨长度范围内呈均匀分布的。框架柱的轴力图在同一根柱中由下至上轴力逐层减小。由于水平荷载作用的方向是任意的，故水平集中力还可能是反方向作用。当水平集中力的方向改变时，相应的内力也随之发生变化。

2) 控制截面及内力组合

框架结构同时承受竖向荷载和水平荷载作用。为保证框架结构的安全可靠，需根据框架的内力进行框架梁、柱的配筋计算以及加强节点的连接构造。

控制截面就是杆件中需要按其内力进行设计计算的截面，内力组合的目的就是为了求出各构件在控制截面处对截面配筋起控制作用的最不利内力，以作为梁、柱配筋的依据。对于某一控制截面，最不利内力组合可能有多种。

(1) 框架梁。梁的内力主要为弯矩 M 和剪力 V_0 框架梁的控制截面是梁的跨中截面和梁端支座截面，跨中截面产生最大正弯矩($+M_{max}$)，有时也可能出现负弯矩；支座截面产生最大负弯矩($-M_{max}$)、最大正弯矩($+M_{max}$)和最大剪力(V_{max})。

需要按梁跨中的$+M_{max}$计算确定梁的下部纵向受力钢筋；按$-M_{max}$、$+M_{max}$计算确定梁端上部及下部的纵向受力钢筋；按 V_{max} 计算确定梁中的箍筋及弯起钢筋。同时必须符合相应的构造要求。

(2) 框架柱。框架柱的内力主要是弯矩 M 和轴力 N_0 框架柱的控制截面是柱的上、下端截面，其中弯矩最大值出现在柱的两端，而轴力最大值位于柱的下端。一般的柱都是偏心受压构件。根据柱的 M_{max} 和 N_{max}，确定出柱中纵向受力钢筋的数量，并配置相应的箍筋。

能力导航

7.2.3 现浇框架构造要求(非抗震设防要求)

1. 框架柱

框架柱纵向钢筋的接头可采用绑扎搭接、机械连接或焊接连接等方式，宜优先采用焊接或机械连接。柱相邻纵筋连接接头应相互错开，在同一截面内的钢筋接头面积百分率：对于绑扎搭接和机械连接不宜大于 50%，对于焊接连接不应大于 50%。

图 7.9 为纵筋连接构造。在绑扎搭接接头中，纵筋搭接长度不得小于 l_l，且不应小于 300mm；

相邻接头间距：机械连接时为 35d，搭接时不得小于 1.3l_1，焊接时不得小于 35d 且不小于 500mm。当上、下柱中纵筋的直径或根数不相同时，其连接构造如图 7.10 所示。

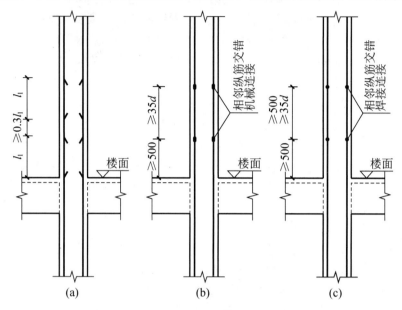

图 7.9 非抗震 KZ 纵向钢筋连接构造

(a) 绑扎连接；(b) 机械连接；(c) 焊接连接

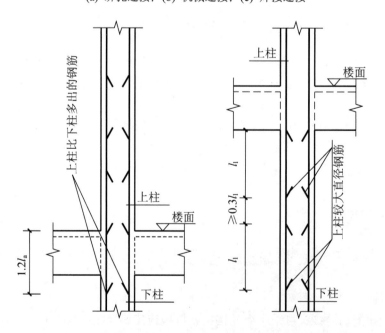

图 7.10 上、下柱中纵筋的直径或根数不相同时纵筋连接构造

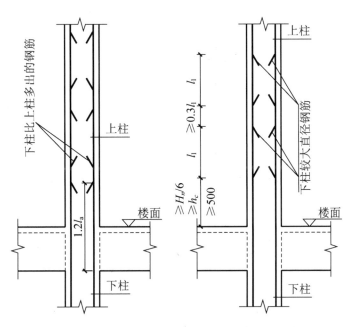

图 7.10 上、下柱中纵筋的直径或根数不相同时纵筋连接构造(续)

当纵筋直径大于 28mm 时不宜采用绑扎搭接接头。在柱的纵向钢筋搭接长度范围内,当纵筋受压时,箍筋间距不应大于 $10d$,且不应大于 200mm;当纵筋受拉时,箍筋间距不应大于 $5d$,且不应大于 100mm。箍筋弯钩要适当加长,以绕过搭接的两根纵筋。

特别提示

$l_l = \zeta_1 l_a$,其中 ζ_1 为搭接长度修正系数,与纵向钢筋搭接接头面积百分率有关。当直径不同的钢筋搭接时,l_l 按直径较小的钢筋计算。

2. 框架梁

框架梁除应满足一般梁的有关构造规定外,在跨中上部至少应配置 2Φ12 的钢筋与横梁支座的负弯矩钢筋搭接,搭接长度不应小于 $1.2l_a$(l_a 为纵向受拉钢筋的最小锚固长度)。

3. 现浇框架节点构造

梁、柱节点构造是保证框架结构整体性的重要措施。现浇框架的梁、柱节点应做成刚性节点,节点区的混凝土强度等级,应不低于混凝土柱的强度等级。

1) 顶层中间节点

顶层中间节点的柱纵向钢筋可用直线方式锚固,其锚固长度从梁底标高算起不应小于 l_a,且必须伸至柱顶,如图 7.11(a)所示。当节点处梁截面高度不足时,柱纵向钢筋应伸至柱顶并向节点内水平弯折,当充分利用柱纵向钢筋的抗拉强度时,弯折前必须伸至柱顶竖直投影长度不应小于 $0.5l_a$,弯折后的水平投影长度不应小于 $12d$(d 为纵向钢筋的直径),如图 7.11(b)所示;当柱顶有现浇板且板厚不小于 100mm 时,柱纵向钢筋也可向外弯入框架梁和现浇板内,弯折后的水平投影长度不宜小于 $12d$,如图 7.11(c)所示,此外在特殊情况下柱顶纵向钢筋还可采用加锚头(锚板)锚固方式,如图 7.11(d)所示。

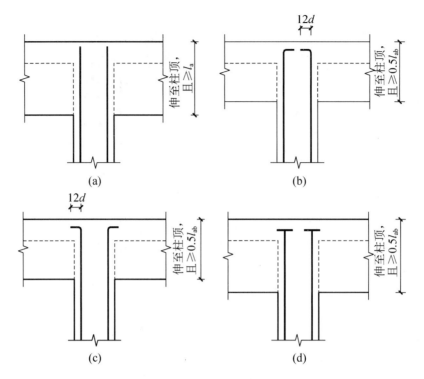

图 7.11 顶层中间节点柱的纵向钢筋锚固

(a) 直线锚固；(b) 向内弯折锚固；(c) 向外弯折锚固；(d) 加锚头(锚板)锚固

2) 顶层端节点

柱内侧纵向钢筋的锚固要求与顶层中间节点的纵向钢筋相同。该节点的梁、柱端均主要受负弯矩作用，相当于一段 90°的折梁。为了保证钢筋在节点区的搭接传力，应将柱外侧纵向钢筋的相应部分弯入梁内作梁上部纵向钢筋使用或将梁上部纵向钢筋与柱外侧纵向钢筋在顶层端节点及其附近位置搭接，而不允许采用将柱筋伸至柱顶、将梁上部钢筋锚入节点的做法，如图 7.12 所示。

(1) 搭接接头沿顶层端节点外侧及梁端顶部布置，如图 7.12(a)、(b)所示。此时，搭接长度不应小于 $1.5l_{ab}$，伸入梁内的外侧柱筋截面面积不宜小于外侧柱筋全部截面面积的 65%；梁宽范围以外的外侧柱筋宜沿节点顶部伸至柱内边，当柱纵筋位于柱顶第一层时，至柱内边后宜向下弯折不小于 $8d$ 后截断；当柱纵筋位于柱顶第二层时，可不向下弯折。当有现浇板且板厚不小于 100mm 时，梁宽范围以外的外侧柱筋可伸入现浇板内，且伸入长度不宜小于 $15d$。当外侧柱筋配筋率大于 1.2%时，伸入梁内的柱筋除满足上述规定之外，且宜分两批截断，其截断点之间的距离不小于 $20d$。梁上部纵筋应伸至节点外侧并向下弯至梁下边缘高度后截断。此时，d 为柱的外侧纵筋直径。此方案的优点是梁的上部钢筋不伸入柱内，利于在梁底标高处设置混凝土施工缝。但如果梁上部和柱外侧筋数量过多，则不利于节点混凝土的浇筑。故此方案主要适于梁上部和柱外侧钢筋不太多的情况。

(2) 搭接接头沿柱顶外侧布置，如图 7.12(c)所示。此时，搭接长度竖直段不应小于 $1.7l_{ab}$。当梁上部纵筋配筋率大于 1.2%时，弯入柱外侧的梁上部纵筋除应满足搭接长度竖直段不应

小于 $1.7l_{ab}$ 外，宜分两批截断，其截断点之间的距离不宜小于 $20d$（d 为梁上部纵筋的直径），柱外侧纵筋伸至柱顶。此方案适于梁上部和柱外侧钢筋较太多的情况。

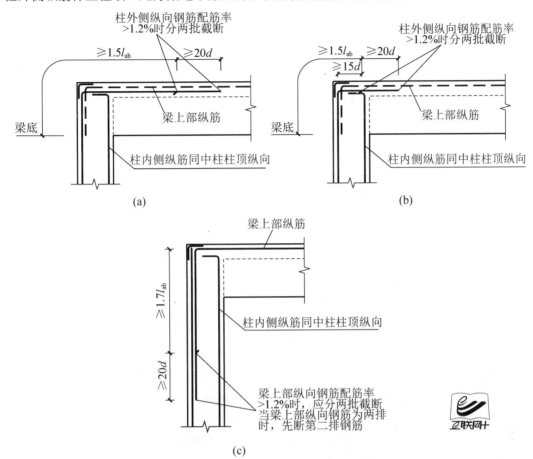

图 7.12 非抗震 KZ 边柱和角柱柱顶纵向钢筋构造

(a) 从梁底算起 $1.5l_{ab}$ 超过柱内侧边缘；(b) 从梁底算起 $1.5l_{ab}$ 未超过柱内侧边缘；
(c) 梁、柱纵向钢筋搭接接头沿节点外侧直线布置

特别提示

(1) 中柱：横向和纵向梁跨（不包括悬挑端）在以柱为支座形成十字形相交的柱。
(2) 边柱：横向和纵向梁跨（不包括悬挑端）在以柱为支座形成 T 形相交的柱。
(3) 角柱：横向和纵向梁跨（不包括悬挑端）在以柱为支座形成 L 形相交的柱。

3) 中间层中间节点

框架中间层中间节点或连续梁中间支座，梁的上部纵向钢筋应贯穿节点或支座。梁的下部纵向钢筋宜贯穿节点或支座。当必须锚固时，应符合下列锚固要求：

(1) 当计算中不利用该钢筋的强度时，其伸入节点或支座的锚固长度对带肋钢筋不小于 $12d$，对光面钢筋不小于 $15d$，d 为钢筋的最大直径。

(2) 当计算中充分利用钢筋的抗压强度时,钢筋应按受压钢筋锚固在中间节点或中间支座内,其直线锚固长度不应小于 $0.7l_a$。

(3) 当计算中充分利用钢筋的抗拉强度时,钢筋可采用直线方式锚固在节点或支座内,锚固长度不应小于钢筋的受拉锚固长度 l_a,如图 7.13(a)所示。

(4) 当柱截面尺寸不足时,宜按本规范第 9.3.4 条第 1 款的规定采用钢筋端部加锚头的机械锚固措施,也可采用 90°弯折锚固的方式。

(5) 钢筋可在节点或支座外梁中弯矩较小处设置搭接接头,搭接长度的起始点至节点或支座边缘的距离不应小于 $1.5h_0$,如图 7.13(b)所示。

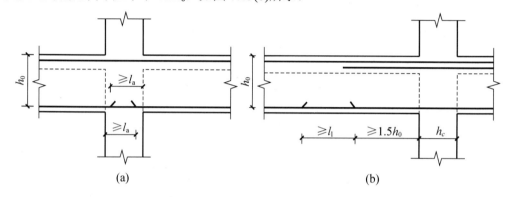

图 7.13 中间层中间节点梁下部钢筋的锚固

(a) 直线锚固;(b) 节点外锚固

4) 中间层端节点

梁纵向钢筋在框架中间层端节点位置梁下部纵向钢筋伸入端节点范围内的锚固要求与中间层节点相同,梁上部纵向钢筋伸入节点的锚固:

(1) 当采用直线锚固形式时,锚固长度不应小于 l_a,且应伸过柱中心线,伸过的长度不宜小于 $5d$,d 为梁上部纵向钢筋的直径,如图 7.14(a)所示。

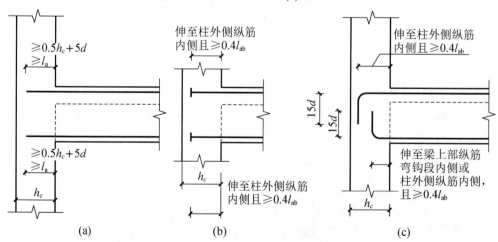

图 7.14 中间层端节点梁上下部钢筋的锚固

(a) 直线锚固;(b) 锚头(锚板)锚固;(c) 90°弯折锚固

(2) 当柱截面尺寸不满足直线锚固要求时，梁上部纵向钢筋可钢筋端部加机械锚头的锚固方式。梁上部纵向钢筋宜伸至柱外侧纵向钢筋内边，包括机械锚头在内的水平投影锚固长度不应小于 $0.4l_{ab}$，如图 7.14(b)所示。

(3) 梁上部纵向钢筋也可采用 90°弯折锚固的方式，此时梁上部纵向钢筋应伸至柱外侧纵向钢筋内边并向节点内弯折，其包含弯弧在内的水平投影长度不应小于 $0.4l_{ab}$，弯折钢筋在弯折平面内包含弯弧段的投影长度不应小于 $15d$，如图 7.14(c)所示。

5) 节点处箍筋的设置

在框架节点内应设置水平箍筋用以约束柱的纵向钢筋和核芯区混凝土。对非抗震设防的框架节点箍筋的构造规定与柱中箍筋相同，但间距不宜大于 250mm。对四边均与梁相连接的中间节点，由于只有位于四角的纵向钢筋存在压屈的危险，故节点内可只沿周边设置矩形箍筋，而不需设置复合箍筋。当顶层端节点内设有梁上部纵向钢筋和柱外侧纵向钢筋的搭接接头时，节点内水平箍筋应按纵向受力钢筋搭接长度范围内箍筋的规定设置。高层框架内梁、柱纵向钢筋在框架节点区的搭接和锚固要求如图 7.15 所示。

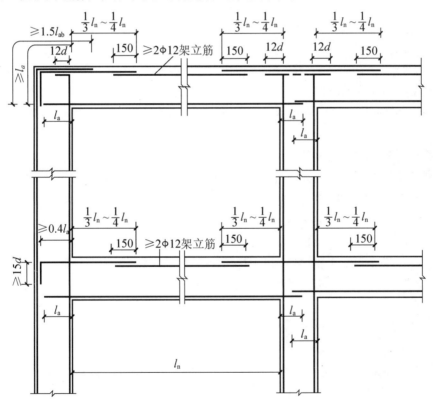

图 7.15 高层框架梁、柱纵向钢筋在框架节点区的锚固和搭接

4．填充墙的构造要求

在框架结构中常采用砌体填充墙起分隔作用。砌体填充墙必须与框架牢固连接，其上部与框架梁底之间必须用块材填实；砌体填充墙与框架柱连接时，柱与墙之间应紧密接触。应在墙、柱交接处，沿高度每隔若干皮砖，用 2Φ6 的拉结筋拉结以提高整体性能。

7.2.4 现浇框架构造要求(抗震设防要求)

1. 一般要求

(1) 混凝土的强度等级。抗震等级为一级的框架梁、柱和节点核芯区，混凝土等级不应低于 C30，其他各类构件不应低于 C20；在烈度 9 度时不宜超过 C60，8 度时不宜超过 C70。

(2) 钢筋种类。框架梁、柱中的受力钢筋宜选用 HRB400 和 HRB335 级钢筋，箍筋宜选用 HPB300、HRB335 和 HRB400 级钢筋。

(3) 钢筋锚固。纵向受力钢筋最小抗震锚固长度 l_{aE} 的选用：

一、二级抗震等级时 　　　　　　　　　$l_{aE}=1.15\,l_a$

三级抗震等级时 　　　　　　　　　　　$l_{aE}=1.05\,l_a$

四级抗震等级时 　　　　　　　　　　　$l_{aE}=1.0\,l_a$

上式中 l_a 为纵向受拉钢筋的最小锚固长度，按规范要求取用。

(4) 钢筋的接头。柱纵向受力钢筋的接头宜优先采用焊接或机械连接。钢筋接头不宜设置在梁端和柱端箍筋加密区范围内。当柱每侧主筋超过 4 根时，应在两个或两个以上的水平面上搭接。

(5) 箍筋。箍筋须做成封闭式，端部设 135°弯钩。弯钩端头平直段长度不应小于 $10d$(d 为箍筋直径)。箍筋应与纵向钢筋紧贴。设置附加拉结钢筋时，拉结钢筋必须同时钩住箍筋和纵筋。

2. 框架梁的抗震构造要求

(1) 梁的截面尺寸。梁的截面宽度不宜小于 200mm，截面高宽比不宜大于 4，净跨与截面高度之比不宜小于 4。

(2) 梁的纵向钢筋。框架梁端截面的底面和顶面配筋量的比值，一级不应小于 0.5，二、三级不应小于 0.3；梁的顶面和底面至少应配置两根通长的纵向钢筋，一、二级框架不应少于 2Φ14，且分别不应少于梁两端顶面和底面纵向配筋中较大截面面积的 1/4。三、四级框架不应少于 2Φ12；一、二级框架梁内贯通中柱的每根纵筋直径，不宜大于柱在该方向截面尺寸的 1/20。

(3) 梁的箍筋，梁端箍筋应加密。箍筋加密区的范围和构造要求应按表 7-1 选用。当梁端纵筋配筋率大于 2%时，表中箍筋的最小直径应增大 2mm。

梁端加密区的箍筋肢距，一级不宜大于 200mm 和 20d(其中 d 为较大的箍筋直径)，二、三级不宜大于 250mm 和 20d，四级不宜大于 300mm。

表 7-1　梁端箍筋最大间距、最小直径和加密区长度

抗 震 等 级	箍筋最大间距/mm (取三者中最小值)	箍筋最小直径/mm	箍筋加密区长度/mm (取两者中较大值)
一	$h_b/4$, $6d$, 100	10	$2h_b$, 500
二	$h_b/4$, $8d$, 100	8	$1.5h_b$, 500

续表

抗 震 等 级	箍筋最大间距/mm (取三者中最小值)	箍筋最小直径/mm	箍筋加密区长度/mm (取两者中较大值)
三	$h_b/4$, $8d$, 150	8	$1.5h_b$, 500
四	$h_b/4$, $8d$, 150	8	$1.5h_b$, 500

注：h_b 为梁截面高度；d 为纵向钢筋的直径。

3. 框架柱的抗震构造要求

(1) 柱截面尺寸。柱的截面宽度和高度均不宜小于 300mm，剪跨比 λ 宜大于 2，截面的长边和短边之比不宜大于 3。

(2) 柱中纵向钢筋。柱中纵向钢筋宜对称配置；当截面尺寸大于 400mm 时，纵向钢筋间距不宜大于 200mm；柱中全部纵向钢筋的最小配筋率应满足表 7-2 的规定，同时每一侧配筋率不应小于 0.2%；柱的总配筋率不应大于 5%，一级且剪跨比 $\lambda \leq 2$ 的柱，每侧纵向钢筋不宜大于 1.2%；边柱、角柱在地震作用组合下产生拉力时，柱内纵筋截面面积应相应增加 25%。

表 7-2 框架柱的全部纵向钢筋的最小配筋百分率(%)

类 别	抗 震 等 级			
	一	二	三	四
边柱、中柱	1.0	0.8	0.7	0.6
角柱、框支柱	1.1	0.9	0.8	0.7

(3) 柱中箍筋。框架柱中箍筋一般采用复合箍。柱子的上、下端箍筋应加密。加密区的范围和构造要求应按表 7-3 取用。一、二级抗震的框架角柱、框支柱和剪跨比 $\lambda \leq 2$ 的柱，应沿柱全高加密箍筋。另外，底层柱在距离柱底不小于 1/3 柱净高范围内应按加密区的要求配置箍筋。

表 7-3 柱箍筋最大间距、最小直径和加密区长度

抗 震 等 级	箍筋最大间距/mm (取两者中较小值)	箍筋最小直径/mm	箍筋加密区长度/mm (取三者中较大值)
一	$6d$, 100	10	
二	$8d$, 100	8	h, $H_n/6$, 500
三	$8d$, 150(柱底 100)	8	(D, $H_n/3$, 500)
四	$8d$, 150(柱底 100)	6(柱底为 8)	

注：d 为纵筋的最小直径，h 为矩形截面的长边尺寸，H_n 为柱的净高，柱底指底层柱的嵌固部位。

柱箍筋加密区的箍筋肢距，一级不宜大于 200mm，二、三级不宜大于 250mm 和 $20d$（d 为较大的箍筋直径），四级不宜大于 300mm。至少每隔一根纵向钢筋宜在两个方向有箍筋或拉筋约束。采用拉筋复合箍时，拉筋宜紧靠纵筋并钩住封闭箍筋。

非加密区的柱箍筋间距，对于一、二级框架柱应不大于 $10d$；三、四级框架柱应不大于 $15d$，其中 d 为纵筋的直径。

4．框架节点构造

框架节点内应设箍筋，箍筋的最大间距和最小直径与柱加密区相同。柱中的纵向受力钢筋不宜在节点区截断，框架梁上部纵向钢筋应贯穿中间节点。框架梁、柱中钢筋在节点的配筋构造参照非抗震设防要求的现浇框架，但钢筋的锚固长度应满足相应的纵向受拉钢筋抗震锚固长度 l_{aE}。

任务 7.3 剪力墙结构

7.3.1 剪力墙结构的布置

如前所述，剪力墙是既承受竖向荷载，又承受水平荷载的钢筋混凝土实体墙，其中以承受水平荷载为主。剪力墙在平面内的刚度很大，但平面外的刚度很小，为保证剪力墙的侧向稳定性，需要各层楼盖对它起支撑作用。通常，剪力墙的下部固结于基础内，形成竖向的悬臂构件，在水平荷载作用下，墙体处于压、弯、剪的复合受力状态。在抗震设防区，水平荷载还包括水平地震作用，因此剪力墙常被称为抗震墙。

剪力墙宜沿结构的主轴方向布置成双向或者多向，使两个方向的刚度接近。剪力墙的墙肢截面应简单、规则，墙体宜沿建筑物高度方向对齐贯通、上下不错层以避免刚度的突变。较长的剪力墙可用楼板或连梁分成若干独立的墙段，各独立墙段的总高与长度之比不宜小于 2。剪力墙中的洞口宜上下对齐布置，以形成明显的墙肢和连梁，不宜采用错洞墙。墙肢截面长度与厚度之比不宜小于 3。

开洞剪力墙由墙肢和连梁两种构件组成，不开洞的剪力墙仅有墙肢。根据墙面的开洞情况，剪力墙可分为四类：整截面剪力墙、整体小开口剪力墙、联肢剪力墙和壁式框架四类，如图 7.16 所示。

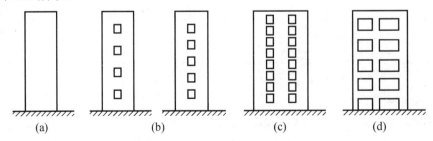

图 7.16 剪力墙的类型

(a) 整截面剪力墙；(b) 整体小开口剪力墙；(c) 联肢剪力墙；(d) 壁式框架

(1) 整截面剪力墙。不开洞或所开洞口面积不大于 15%的剪力墙，称为整截面剪力墙。它在水平荷载作用下，如同一整体的悬臂弯曲构件，在墙肢的整个高度上，弯矩图无突变也无反弯点，其变形以弯曲变形为主，结构上部的层间位移较大，越往下层间位移越小，如图 7.17(a)所示。

(2) 整体小开口剪力墙。门窗洞口沿竖向成列布置、洞口总面积大于 15%，但相对仍较小，整体性较好的开洞剪力墙称为整体小开口剪力墙。在水平荷载下其弯矩图在连梁处发生突变，但在整个墙肢高度上没有或仅仅在个别楼层中出现反弯点，变形仍以弯曲型为主，如图 7.17(b)所示。

(3) 联肢剪力墙。洞口成列布置且开口较大的剪力墙称为双肢及多肢剪力墙，其特点与整体小开口剪力墙相似，如图 7.17(c)所示。

(4) 壁式框架。剪力墙上有多列洞口且洞口尺寸大，连梁线刚度大于或接近墙肢线刚度的墙称为壁式框架。在水平荷载下，整个剪力墙的受力特点与框架类似，结构上部的层间位移较小，越往下层间位移越大。弯矩图在楼层位置有突变，并且在多数楼层出现反弯点，剪力墙的变形以剪切型为主，如图 7.17(d)所示。

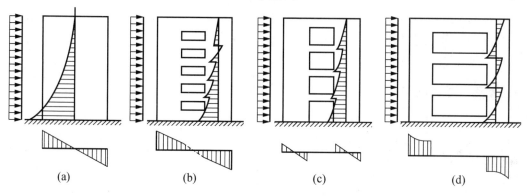

图 7.17 剪力墙的截面应力及弯矩分布

(a) 整截面剪力墙；(b) 整体小开口剪力墙；(c) 联肢剪力墙；(d) 壁式框架

7.3.2 剪力墙结构构件的受力特点

1. 墙肢

在整截面剪力墙中，墙肢处于压、弯、剪的复合应力状态；开洞剪力墙的墙肢处于压(拉)、弯、剪的复合应力状态。在墙肢中，弯矩和剪力的最大值均出现在墙底部位，故墙底截面是剪力墙设计的控制截面。

墙肢的截面配筋计算与偏心受压柱和偏心受拉杆类似，但由于剪力墙截面高度很大，在墙肢内除在端部(正应力较大的位置)设置竖向钢筋外，还应在剪力墙腹板中设置分布钢筋。其中，截面端部的竖向钢筋与竖向分布钢筋共同抵抗压弯作用。而水平分布钢筋则承担剪力作用。竖向分布钢筋与水平分布钢筋构成网状以抵抗墙面混凝土的收缩及温度应力。

2. 连梁

剪力墙中的连梁承担弯矩、剪力、轴力的共同作用，是受弯构件。配筋时应选择内力最大的连梁作为计算对象。通过正截面承载力计算确定连梁的纵向受力钢筋(上、下配筋)，通过斜截面承载力计算来确定箍筋的用量。一般情况下，连梁常采用对称配筋。

能力导航

7.3.3 剪力墙结构的构造要求

1. 材料选择

钢筋混凝土剪力墙中，混凝土等级不宜低于 C20。墙内分布钢筋和箍筋宜采用 HPB300 级钢筋，纵向钢筋可用 HRB335 级或 HRB400 级钢筋。

2. 剪力墙的最小厚度

一、二级剪力墙：底部加强部位不应小于 200mm，其他部位不应小于 160mm；无端柱或翼墙的一字形独立剪力墙，底部加强部位不应小于 220mm，其他部位不应小于 180mm。三、四级剪力墙：不应小于 160mm，一字形独立剪力墙的底部加强部位尚不应小于 180mm。非抗震设计时不应小于 160mm。剪力墙井筒中，分隔电梯井或管道井的墙肢截面厚度可适当减小，但不宜小于 160mm。

特别提示

底部加强部位的范围：应从地下室顶板算起；其高度可取底部两层和墙体总高度的 1/10 二者的较大值；当结构计算嵌固部位端位于地下一层底板或以下时，底部加强部位宜延伸至计算嵌固端。

3. 墙肢配筋构造

1) 墙肢端部的钢筋

剪力墙两端和洞口两侧边缘应力较大的部位，应按规定设置由竖向钢筋和箍筋组成边缘构件。边缘构件可分为约束边缘构件(边缘压应力较大时采用)和构造边缘构件(边缘压应力较小时采用)。非抗震设计时应设置构造边缘构件，包括端柱和暗柱。

在墙肢两端应集中配置直径较大的竖向受力钢筋，与墙内的竖向分布钢筋共同承受正截面受弯承载力。端部竖筋应位于由箍筋或水平分布钢筋和拉筋约束的边缘构件内。

剪力墙端部需按构造要求配置不少于4根直径12mm的竖向受力钢筋或2根直径16mm的钢筋；沿竖向钢筋方向宜配置直径不小于 6mm、间距为 250mm 的拉筋。纵向钢筋宜采用 HRB335 级或 HRB400 级钢筋。暗柱或端柱应设置箍筋，箍筋直径，一、二、三级时不应小于 8mm，四级及非抗震时不应小于 6mm，且均不应小于纵向钢筋直径的 1/4；箍筋间距，一、二、三级时不应大于 150mm，四级及非抗震时不应大于 200mm。端柱和暗柱内纵筋的构造配筋率和箍筋的配置要求详见表 7-4。

表 7-4　剪力墙构造边缘构件的最小配筋率要求

抗 震 等 级	底加强部位		
	竖向钢筋最小量（取较大值）	箍筋	
		最小直径/mm	沿竖向最大间距/mm
一级	$0.010A_c$，6Φ16	8	100
二级	$0.008A_c$，6Φ14	8	150
三级	$0.006A_c$，6Φ12	6	150
四级	$0.005A_c$，6Φ12	6	200
抗 震 等 级	其 他 部 位		
	竖向钢筋最小量（取较大值）	箍筋	
		最小直径/mm	沿竖向最大间距/mm
一级	$0.008A_c$，6Φ14	8	150
二级	$0.006A_c$，6Φ12	8	200
三级	$0.005A_c$，4Φ12	6	200
四级	$0.004A_c$，4Φ12	6	250

注：A_c 为构造边缘构件的截面面积。

端柱及暗柱内纵向钢筋的连接和锚固要求宜与框架柱相同。在非抗震设计时，剪力墙纵向钢筋的最小锚固长度应取 l_a。端柱及暗柱内纵向钢筋在楼层与基础顶面高出 500mm 的位置进行连接，相邻钢筋交错连接，绑扎连接的连接区段长度为 $1.3l_{lE}$，机械连接的连接区段长度为 $35d$，焊接连接的连接区段长度为 $35d$ 且不小于 500mm，如图 7.18 所示。

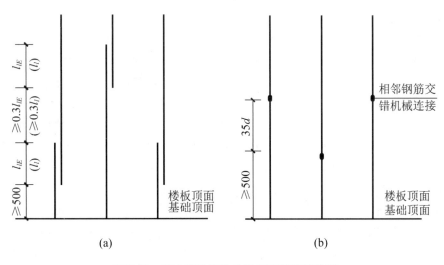

图 7.18　剪力墙边缘构件纵向钢筋连接构造

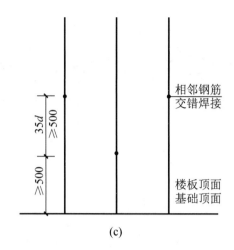

图 7.18　剪力墙边缘构件纵向钢筋连接构造(续)

(a) 绑扎连接；(b) 机械连接；(c) 焊接连接

2) 墙身内分布钢筋

剪力墙墙身应配置水平和竖向分布钢筋，使剪力墙有一定的延性、减少和防止温度裂缝的产生及当剪力墙产生裂缝时控制裂缝的持续发展。剪力墙的配筋方式有单排及多排两种，其中单排配筋施工简单，但剪力墙厚度较大时不宜采用。

(1) 当剪力墙厚度不大于 400mm 时，应布置双排分布钢筋网；结构中重要部位的剪力墙，当其厚度大于 400mm、但不大于 700mm 时，宜布置三排分布钢筋网；大于 700mm 时，宜布置四排分布钢筋网。双排分布钢筋网应沿墙的两侧表面布置，且采用拉筋连系，同时应保证拉筋与外皮钢筋钩牢。拉筋直径不应小于 6mm，间距不宜大于 600mm。

施工时先立竖筋后绑水平分布筋。为方便起见，竖向钢筋宜在内侧，水平钢筋宜在外侧，且水平和竖向分布钢筋的直径、间距一般宜相同。

(2) 剪力墙竖向和水平分布钢筋的配筋率，一、二、三级时均不应小于 0.25%，四级和非抗震设计时均不应小于 0.20%。剪力墙的竖向和水平分布钢筋的间距均不宜大于 300mm，直径不应小于 8mm。剪力墙的竖向和水平分布钢筋的直径不宜大于墙厚的 1/10。

(3) 水平分布钢筋应伸至墙端并向内水平弯折 $10d$ 后截断，其中 d 为水平分布钢筋的直径。当剪力墙端部有转角墙或翼墙时，内墙两侧的水平分布钢筋和外墙内侧的水平分布钢筋应伸至转角墙或翼墙的外边缘，并分别向两侧水平弯折 $15d$ 后截断。在转角墙处，外墙外侧的水平分布钢筋应在墙端外角位置弯入翼墙，并与翼墙外侧水平分布钢筋相互搭接，其搭接长度 $l_1 \geqslant 1.2l_a$。剪力墙水平分布钢筋的连接构造如图 7.19(a)、(b)所示。

(4) 剪力墙内水平分布钢筋的搭接长度 $l_1 \geqslant 1.2l_a$。同排水平分布钢筋的搭接接头间及上、下相邻水平分布钢筋的搭接接头间，沿水平方向的净间距不宜小于 500mm，如图 7.19(c)所示。

(5) 剪力墙中竖向分布钢筋可在同一高度位置搭接，搭接长度 $l_1 \geqslant 1.2l_a$，且不应小于 300mm。当分布钢筋的直径大于 28mm 时，不宜采用搭接接头。

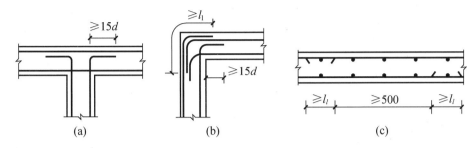

图 7.19 剪力墙水平分布钢筋的连接构造

(a) 丁字形节点；(b) 转角节点；(c) 水平钢筋的搭接(沿高度每隔一根错开搭接)

 **特别提示**

(1) 高层剪力墙结构的竖向和水平分布筋不应单排配置。

(2) 在剪力墙底部加强部位，约束边缘构件以外的拉筋间距宜适当加密。

(3) 房屋顶层剪力墙、长矩形平面房屋的楼梯间和电梯间剪力墙、端开间纵向剪力墙以及端山墙的水平和竖向分布筋的配筋率均不应小于0.25%，间距不应大于200mm。

3) 连梁的配筋构造

连梁是一个受到反弯矩作用的梁，且通常跨高比较小，容易出现剪切斜裂缝，为防止斜裂缝出现后连梁发生脆性破坏，《高规》规定了连梁在构造上的一些特殊要求。

(1) 连梁顶面、底面纵向水平钢筋伸入墙肢的长度，抗震设计时不应小于 l_{aE}，非抗震设计时不应小于 l_a，且均不应小于600mm。

(2) 抗震设计时，沿连梁全长箍筋的构造应符合框架梁梁端箍筋加密区的箍筋构造要求；非抗震设计时，沿连梁全长的箍筋直径不应小于6mm，间距不应大于150mm。

(3) 顶层连梁纵向水平钢筋伸入墙肢的长度范围内应配置箍筋，箍筋间距不宜大于150mm，直径应与该连梁的箍筋直径相同。

(4) 连梁高度范围内的墙肢水平分布钢筋应在连梁内拉通作为连梁的腰筋。连梁截面高度大于700mm时，其两侧面腰筋的直径不应小于8mm，间距不应大于200mm；跨高比不大于2.5的连梁，其两侧腰筋的总面积配筋率不应小于0.3%。采用现浇楼板时，连梁配筋构造如图7.20所示。

4) 墙面和连梁开洞时的构造

剪力墙墙面开洞较小时，除了要集中在洞口边缘补足切断的分布钢筋外，还要进一步加强以抵抗洞口的应力集中。连梁是剪力墙中的薄弱位置，同样应重视连梁开洞后的加强措施。《高规》规定，当剪力墙墙面开有非连续小洞口(各边长度小于800mm)时，应将洞口处被截断的分布筋量分别集中配置在洞口的上、下和左、右两侧，且钢筋直径不应小于12mm，从洞口边伸入墙内的长度不应小于 l_a(抗震设计中取 l_{aE})，如图7.21(a)所示。剪力墙洞口上、下两侧的水平纵向钢筋除了应满足洞口连梁的正截面受弯承载力外，其面积不宜小于洞口截断的水平分布钢筋总面积的一半，并不应少于2根。

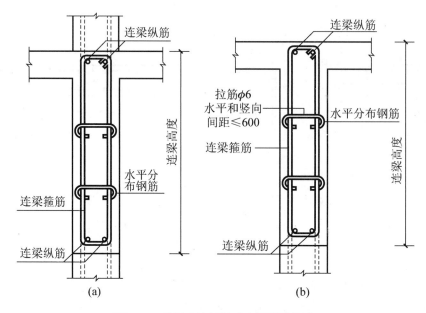

图 7.20 采用现浇楼板时连梁配筋构造

(a) 楼层剪力墙连梁；(b) 顶层剪力墙连梁

注：当梁宽≤350mm 时为 6mm，梁宽>350mm 时为 8mm，拉筋间距为 2 倍箍筋间距，竖向沿侧面水平筋隔一拉一。

穿过连梁的管道宜预埋套管，洞口上、下的有效高度不宜小于梁高的 1/3，且不宜小于 200mm，并且洞口处应配置补强钢筋，如图 7.21(b)所示。

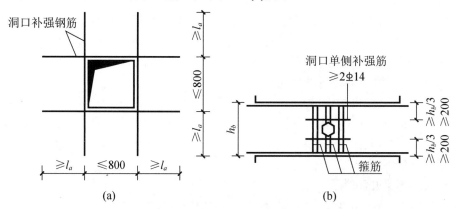

图 7.21 洞口补强配筋示意

(a) 剪力墙洞口补强；(b) 连梁洞口补强

7.3.4 剪力墙结构的抗震构造措施

1. 混凝土的强度

剪力墙结构混凝土强度等级不应低于 C20；带有筒体及短肢剪力墙的剪力墙结构混凝

土强度等级不应低于 C25。

2．边缘构件

按《建筑抗震设计规范》规定，在抗震剪力墙墙肢两端和洞口两侧应设置边缘构件。

1) 约束边缘构件

一、二级抗震剪力墙底部的加强部位和相邻的上一层的墙肢端部应设置约束边缘构件。在部分框支剪力墙结构中，一、二级落地剪力墙底部的加强部位和相邻的上一层的墙肢端部应设置翼墙或端柱，洞口两侧应设置约束边缘构件；不落地剪力墙应在底部的加强部位和相邻的上一层的墙肢两端设置约束边缘构件。图 7.22 为常见的几种约束边缘构件。

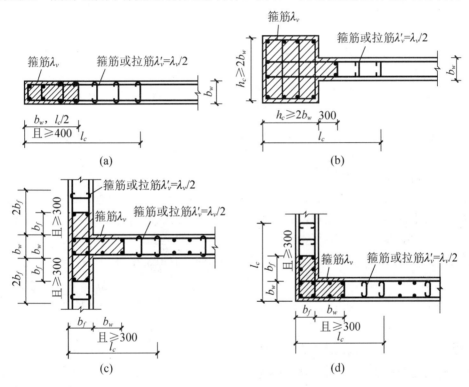

图 7.22　剪力墙的约束边缘构件

(a) 暗柱；(b) 端柱；(c) 翼墙；(d) 转角墙

2) 构造边缘构件

一、二级抗震剪力墙的其他部位及三、四级抗震剪力墙的墙肢端部，均应设置构造边缘构件，其设置范围如图 7.23 所示。

3．剪力墙的配筋构造

1) 墙肢端部纵向钢筋的构造要求

暗柱和端柱内纵向钢筋的连接和锚固要求宜与框架柱相同。抗震设计时，剪力墙纵向钢筋的最小锚固长度应取 l_{aE}。

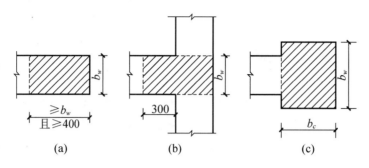

图 7.23 剪力墙的构造边缘构件范围

(a) 暗柱；(b) 翼墙；(c) 端柱

2) 剪力墙中的分布钢筋

当剪力墙厚大于 140mm 时，竖向和水平方向分布钢筋应双排布置；当墙厚大于 400mm，但不大于 700mm 时，宜采用三排布置钢筋；当墙厚大于 700mm 时，宜采用四排布置钢筋。各排分布钢筋网之间宜采用拉筋连接。

抗震剪力墙中竖向和水平方向分布钢筋的直径不应小于 8mm，且不宜大于墙厚的 1/10，最大间距不应大于 300mm；拉筋直径不应小于 6mm，间距不应大于 600mm，在底部加强部位，约束边缘构件以外的拉筋间距应适当加密。

剪力墙水平分布钢筋应伸至墙端。当墙端部无翼墙时，分布钢筋应伸至墙端并向内弯折 15d(d 为水平分布钢筋直径)后截断，也可在墙端附近搭接，如图 7.24(a)、(b)所示；当墙端部有翼墙或转角墙时，内墙两侧的水平分布钢筋应伸至翼墙或转角墙外边，并分别向两侧水平弯折不小于 15d(d 为水平分布钢筋直径)后截断，如图 7.24(c)所示。

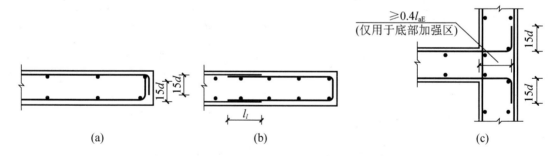

图 7.24 剪力墙端水平分布钢筋的锚固

(a) 无翼墙时锚固；(b) 无翼墙时搭接；(c) 有翼墙时锚固

当剪力墙有端柱时，内墙两侧水平分布钢筋和外墙内侧水平分布钢筋应伸至端柱对边，锚固长度不小于 l_{aE}；如伸至端柱对边的长度不足 l_{aE} 时，应伸至端柱对边后分别向两侧水平弯折不小于 15d，而弯折前长度不应小于 $0.4l_{aE}$。

在剪力墙转角处，沿剪力墙外侧的水平分布钢筋应沿外墙边在翼墙内连续通过转弯。如需在纵、横墙的转角处设置搭接接头时，沿外墙的水平分布钢筋应在墙端外角处弯入翼墙，并与翼墙外侧水平分布钢筋搭接，搭接长度不应小于 $1.2l_{aE}$。

剪力墙内水平分布钢筋的搭接长度不应小于 $1.2l_{aE}$。同排水平分布钢筋的搭接接头间及上、下相邻水平分布钢筋的搭接接头间沿水平方向的净间距不宜小于 500mm。

当剪力墙内竖向分布钢筋的直径不大于 28mm 时，可采用搭接连接，其搭接长度不应小于 $1.2l_{aE}$，采用 HPB300 级钢筋时端头应加 $5d$ 长的直钩；一、二级抗震剪力墙中竖向分布钢筋的接头应分两批错开搭接，接头间隔距离应不小于 0.3 倍的搭接长度；三、四级抗震剪力墙中竖向分布钢筋的接头可在同一高度搭接。当剪力墙内竖向分布钢筋的直径大于 28mm 时，应分两批采用机械连接，接头间隔距离应不小于 $35d$。

3) 连梁的配筋构造

(1) 剪力墙连梁顶面、底面的纵向受力钢筋伸入墙内的长度不应小于 l_{aE}，且不应小于 600mm。当伸入墙端部的长度不足 l_{aE} 时，应伸至墙端部后分别向上、下弯折 $15d$，并且保证弯折前的长度不应小于 $0.4l_{aE}$。

(2) 箍筋应沿连梁全长配置。抗震设计时，箍筋的构造应按框架梁梁端加密区箍筋的构造采用。

(3) 顶层连梁中，纵向钢筋伸入墙体的长度范围内应配置间距不大于 150mm，直径应与连梁跨内的箍筋直径一致。

(4) 墙体内水平分布钢筋的设置要求应与非抗震设计中相同。

任务 7.4　框架-剪力墙结构

知识导航

7.4.1　框架-剪力墙结构概述

在框架-剪力墙结构中，剪力墙应沿平面的主轴方向布置，一般应遵循"均匀、对称、分散、周边"的布置原则。横向剪力墙宜均匀对称地设置在楼(电)梯间、建筑物的端部附近、平面形状变化处以及恒载较大的部位。横向剪力墙的间距应满足表 7-5 的规定，如剪力墙之间的楼盖开有比较大的洞口时，剪力墙的间距应适当减小。纵向剪力墙宜布置在单元的中间区段内，当房屋纵向较长时，纵向剪力墙不宜集中布置在房屋的两端。建筑物中各片剪力墙的刚度不宜悬殊过大，剪力墙宜贯穿建筑物全高，墙体厚度可随高度逐渐减薄以避免刚度沿高度方向发生突变。

表 7-5　横向剪力墙的间距要求

楼盖的形式	非抗震设计	抗震设防烈度		
		6、7 度	8 度	9 度
现浇式	≤5B 且≤60m	≤4B 且≤50m	≤3B 且≤40m	≤2B 且≤30m
装配式	≤3.5B 且≤50m	≤3B 且≤40m	≤2.5B 且≤30m	不允许

注：B 为楼面宽度；现浇部分厚度大于 60mm 的预应力或非预应力叠合楼板可看作现浇板。

框架-剪力墙结构中的楼盖结构是框架和剪力墙能够协同工作的基础,宜采用现浇楼盖。

 特别提示

框架-剪力墙结构可采用下列形式:(1)框架与剪力墙(单片墙、联肢墙或较小井筒)分开布置;(2)在框架结构的若干跨内嵌入剪力墙(带边框剪力墙);(3)在单片抗侧力结构内连续分别布置框架和剪力墙;(4)以上两种或三种形式的混合。

7.4.2 框架-剪力墙结构的受力特点

框架-剪力墙结构是由框架和剪力墙两种不同的抗侧力单元组成的受力体系。其中,剪力墙的变形以弯曲型为主,如图7.25(a)所示;框架的变形以剪切型为主,如图7.25(b)所示;而由楼盖连接起来的框架-剪力墙结构将产生共同的变形,如图7.25(c)所示,其协同变形曲线如图7.25(d)所示。在水平荷载作用下,框架-剪力墙的变形及受力特点如下:

(1) 剪力墙的变形特点是其层间相对水平位移越往上越大,如图7.25(a)所示。而框架变形的特点是其层间相对水平位移越往上越小,如图7.25(b)所示。从协同变形曲线可以看出,框架-剪力墙结构的层间变形在下部小于纯框架,在上部小于纯剪力墙,因此各层的层间变形也将趋于均匀化。

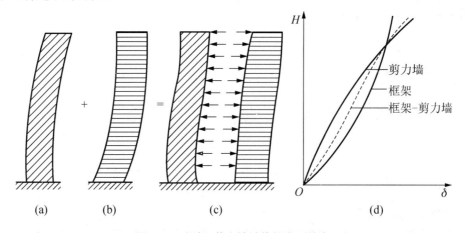

图 7.25 框架-剪力墙结构的变形特点

(a) 剪力墙的弯曲变形;(b) 框架的剪切变形;(c) 框架-剪力墙的共同变形;(d) 框架-剪力墙的变形曲线

(2) 框架-剪力墙结构共同工作时,由于剪力墙的刚度比框架大很多,因此剪力墙承担绝大部分水平剪力(占70%~90%),框架只承担小部分剪力。同时,框架和剪力墙承担水平剪力的比例,也随房屋高度的变化而变化。在房屋上部,剪力墙承担剪力较少,而框架承担剪力较大。而在房屋下部,由于剪力墙变形增大,框架变形减小,使得下部剪力墙承担更多剪力,而框架下部承担的剪力较少。

能力导航

7.4.3 框架-剪力墙结构的构造要求

在框架-剪力墙结构中,剪力墙是主要的抗侧力构件,承担着绝大部分剪力,因此构造上应加强。框架-剪力墙结构除应满足一般框架和剪力墙的相关构造要求外,框架-剪力墙结构中的框架、剪力墙和连梁的设计构造,还应符合如下的构造要求。

(1) 剪力墙的厚度不应小于 160mm,且不应小于楼层净高的 1/20;底部加强部位的剪力墙墙厚不应小于 200mm,且不应小于楼层高度的 1/16。

(2) 剪力墙内竖向和水平方向分布钢筋的配筋率均不应小于 0.20%,直径不应小于 8mm,间距不应大于 300mm,至少应双排布置。各排分布钢筋间应设置直径不小于 6mm,间距不应大于 600mm 的拉筋拉结。

(3) 剪力墙周边应设置梁(或暗梁)和端柱围成边框。梁宽不宜小于 $2b_w$(b_w 为剪力墙厚度),梁高不宜小于 $3b_w$;柱截面宽度不宜小于 $2.5 b_w$,截面高度不应小于截面宽度。边框梁或暗梁的上、下纵筋的配筋率均不应小于 0.2%,箍筋不应少于 Φ6@200。

(4) 剪力墙的水平分布钢筋应全部锚入边框柱内,其锚固长度不应小于 l_a(或 l_{aE})。

(5) 剪力墙端部的纵向受力筋应配置在边框柱截面内。剪力墙底部加强部位处,边框柱内箍筋宜沿全高加密;当带边框剪力墙上的洞口紧靠边框柱时,边框柱内箍筋宜沿全高加密。

项 目 小 结

(1) 在我国,10 层及 10 层以上或高度大于 28m 的房屋为高层建筑,2~9 层且高度不大于 28m 为多层建筑。

(2) 多高层房屋常用的结构体系有混合结构、框架体系、剪力墙体系、框架-剪力墙体系和筒体体系等。

(3) 框架结构承受的作用包括竖向荷载、水平风荷载和地震作用。为保证框架结构的安全可靠,需根据框架的内力进行框架梁、柱的配筋计算以及加强节点的连接构造。

(4) 剪力墙是既承受竖向荷载,又承受水平荷载的钢筋混凝土实体墙,其中以承受水平荷载为主。剪力墙墙身应配置水平和竖向分布钢筋,使剪力墙有一定的延性、减少和防止温度裂缝的产生及当剪力墙产生裂缝时控制裂缝的持续发展。

(5) 在框架-剪力墙结构中,由框架和剪力墙两种不同的抗侧力单元组成的受力体系。剪力墙应沿平面的主轴方向布置,一般应遵循"均匀、对称、分散、周边"的布置原则且宜贯穿建筑物全高,墙体厚度可随高度逐渐减薄以避免刚度沿高度方向发生突变。

习 题

一、填空题

1. 框架结构主要受力构件为_____，适用高度地震区为_____层，非地震区为_____。
2. 采用建筑物的墙体作为竖向承重和抵抗侧力的结构称为_____。
3. 框架-剪力墙结构竖向荷载主要由_____承担，水平荷载则主要由_____承担。
4. 根据开孔的多少，筒体有_____和_____之分。
5. 对功能复杂，使用要求高，抗震性要求较高的多、高层框架，宜采用_____。
6. 框架结构中按梁跨中的_____计算确定梁的下部纵向受力钢筋；按_____计算确定梁中的箍筋及弯起钢筋；框架柱的控制截面是_____。
7. 抗震框架柱纵向受力钢筋的接头宜优先采用_____连接。钢筋接头不宜设置在梁端和柱端箍筋_____范围内。
8. 开洞剪力墙由_____和_____两种构件组成，不开洞的剪力墙仅有_____。
9. 框架-剪力墙结构_____承担绝大部分水平剪力(占70%~90%)。

二、选择题

1. 抗震性能最好的结构体系是( )。
   A. 框架结构　　　B. 剪力墙结构　　　C. 框架剪力墙结构　D. 筒体结构
2. 框架结构按照施工方法的不同，可分为( )。
   A. 全现浇式框架　B. 半现浇式框架　C. 装配式框架　　　D. 装配整体式框架
3. 在竖向荷载作用下，框架梁最大正弯矩产生在( )，最大负弯矩产生在( )。
   A. 跨中，跨端　　B. 跨端，跨中　　C. 跨端，跨端1/3　D. 跨端1/3，跨中
4. 框架柱纵向钢筋的接头可采用的连接方式( )。
   A. 绑扎搭接　　　B. 机械连接　　　C. 焊接　　　　　　D. 铆接
5. 顶层中间节点的柱纵向钢筋可用的锚固方式( )。
   A. 直锚　　　　　B. 向内弯锚　　　C. 向外弯锚　　　　D. 加锚头(锚板)锚
6. 根据墙面的开洞情况，剪力墙可分为( )。
   A. 整截面剪力墙　　　　　　　　　 B. 整体小开口剪力墙
   C. 联肢剪力墙　　　　　　　　　　 D. 壁式框架
7. 在框架-剪力墙结构中，剪力墙应沿平面的主轴方向布置，一般应遵循( )的布置原则。
   A. 均匀　　　　　B. 对称　　　　　C. 分散　　　　　　D. 周边

三、判断题

1. 框架结构广泛用于多层工业厂房及多、高层办公楼、教学楼、医院、住宅等。( )
2. 剪力墙结构在水平荷载作用下，抗侧刚度小、水平位移大。( )
3. 框架剪力墙结构抗震性较好，适用高度为15~50层。( )

4. 筒体结构为主要的承受竖向和水平作用的结构。（ ）
5. 目前地震区的多层框架房屋常采用承重框架纵向布置方案。（ ）
6. 对一般房屋结构而言，只需考虑水平地震作用，而对抗震设防烈度 8 度以上的大跨结构、高耸结构中才考虑竖向地震作用。（ ）
7. 框架梁的弯矩呈抛物线形变化，梁跨中截面上侧受拉，支座截面下侧受拉。（ ）
8. 框架柱节点内应设箍筋，箍筋的最大间距和最小直径与柱加密区相同。（ ）
9. 剪力墙宜沿结构的主轴方向布置成双向或者多向，使两个方向的刚度接近。（ ）
10. 当剪力墙厚大于 140mm 时，竖向和水平方向分布钢筋应双排布置。（ ）
11. 框架－剪力墙结构中剪力墙的变形以剪切型为主，框架的变形以弯曲型为主。（ ）

四、简答题

1. 高层建筑混凝土结构的结构体系有哪些？各自的优缺点和适用范围是什么？
2. 高层建筑结构的定义是什么？
3. 对多层和高层建筑而言，竖向荷载与水平荷载在结构设计中起的作用如何变化？
4. 根据施工方法的不同，钢筋混凝土框架结构的形式有哪几种？其适用范围如何？
5. 在水平荷载或竖向荷载作用下，框架梁、柱截面中各将产生哪些内力？内力是如何分布的？
6. 如何确定框架梁的控制截面？
7. 如何确定框架柱的控制截面？
8. 现浇框架节点的构造有哪些？

项目 8 砌体结构基础

教学目标

了解组成砌体的块材和砂浆的种类与性质;了解砌体轴心受压破坏特征、砖砌体受压应力状态分析,以及影响砌体抗压强度的主要因素;熟悉多层砌体结构墙和柱的一般构造要求及其抗震构造措施。

教学要求

能力要求	相关知识	权重
能在工程实际中正确使用砌体材料并对砌体结构进行初步选型	砌体的组成材料和砂浆的种类、力学性质;砌体的类型	30%
能分辨出砌体结构的破坏形式	砌体的抗压性能	20%
能够正确运用砌体结构的相关构造要求进行工程建设活动	多层砌体结构墙、柱的一般构造要求	50%
	多层砌体房屋抗震构造要求	

学习重点

组成砌体的材料性质、砌体的力学性质、多层砌体结构墙和柱的一般构造要求及其抗震构造措施。

项目 **8** 砌体结构基础

> 🏠 **引例**
>
> 2008年5·12汶川特大地震，是新中国成立以后破坏力最强、经济损失最严重、波及范围最广、救灾难度最大的一次灾害。这次地震造成了巨大的人员伤亡和财产损失，其中房屋倒塌和损毁数达2000余万间，经济损失8451亿元。事故发生后，引起了人们对砌体结构抗震能力的怀疑。从世界范围讲，历次地震表明，砌体结构(主要指传统砌体结构)在地震中破坏和倒塌较多。调查表明，除了危险地段山体滑坡造成的灾害外，总体上城镇倒塌和严重破坏需要拆除的房屋约为10%。四川省建筑科学研究院对重灾区都江堰地区的震害调查表明，在9度地震烈度下，凡是按照1989抗震规范或2001抗震规范的规定设计，按照施工规范施工的砌体结构房屋没有一幢倒塌，也没有砸死一人。
>
> 砌体结构在我国应用很广泛，不仅可以就地取材，具有很好的耐久性、耐火性及较好的化学稳定性和大气稳定性，而且施工简便，造价低廉，即使在科学技术突飞猛进发展的当今世界，砌体结构仍是一种主要的建筑体系。大家能列举生活中见到的砌体结构吗？

【参考图文】

任务 8.1　砌体结构的类型及力学性质

🏠 知识导航

　砌体结构的组成材料：块材和砂浆

1. 块材

块材是砌体的主要组成部分，目前在砌体结构中常用的块体有砖、砌块和石材三类。砖和块体通常是按块体的高度尺寸划分的，块体高度小于180mm者称为砖，大于或等于180mm者称为砌块。

1) 砖

(1) 烧结普通砖。烧结普通砖是以黏土、页岩、煤矸石或粉煤灰为主要原料，经过焙烧而成的实心或孔洞率不大于规定值且外形尺寸符合规定的砖，主要有烧结黏土砖、烧结页岩砖、烧结煤矸石粉煤灰砖等。目前我国生产的烧结普通砖，其标准尺寸为240mm×115mm×53mm。

(2) 烧结多孔砖。烧结多孔砖是以黏土、页岩、煤矸石或粉煤灰为主要原料，经过焙烧而成的多孔砖，其孔洞率不小于15%，烧结多孔砖主要用于承重部位。它的孔洞尺寸小而数量多，具有减轻结构自重、减少黏土用量及减少能源消耗等许多优点。

(3) 蒸压灰砂砖及蒸压粉煤灰砖。蒸压灰砂砖是以石灰和砂为原料，经过配料制备、压制成型、蒸压养护而成的实心砖。蒸压粉煤灰砖是以粉煤灰、石灰为主要原料，掺加适量石膏和集料，经坯料制备、压制成型、高压蒸汽养护而成的实心砖。

砖的强度等级是由其抗压强度和抗折强度综合确定的。烧结普通砖和烧结多孔砖的强度等级有 MU30、MU25、MU20、MU15 和 MU10 五个等级；蒸压灰砂砖及蒸压粉煤灰砖的强度等级有 MU25、MU20、MU15 三个等级。

2) 砌块

我国当前采用砌块的主要类型有实心砌块、空心砌块和微孔砌块。砌块按尺寸大小分为手工砌筑的小型砌块和采用机械施工的中型和大型砌块。通常把高度小于 380mm 的砌块称为小型砌块；高度在 380～900mm 的砌块称为中型砌块；高度大于 900mm 的砌块称为大型砌块。空心小型混凝土砌块一般由普通混凝土或轻骨料混凝土制成，规格尺寸为 390mm×190mm×190mm、空心率为 25%～50%。

砌块的强度等级通过其 3 个砌块单块抗压强度的平均值划分为 MU20、MU15、MU10、MU7.5、MU5 五个等级。

3) 石材

砌体中的石材应选用无明显风化的天然石材。常用的有重质天然石(花岗石、石灰石、砂岩等重力密度大于 $18kN/m^3$ 的石材)和轻质天然石。重质天然石强度高、耐久，但开采及加工困难，一般用于基础砌体或挡土墙中。在产石材地区，重质天然石也可用于砌筑承重墙体，但由于其导热系数大，不宜作为采暖地区的房屋外墙。石材按其加工后的外形规则程度，可分为毛石和料石两种。

石材的强度等级用边长为 70mm 的立方体试块的抗压强度表示，其强度等级有 MU100、MU80、MU60、MU50、MU40、MU30、MU20 七个等级。

2．砂浆

砂浆是由胶凝材料(水泥、石灰)、细骨料(砂)、水以及根据需要掺入的掺和料和外加剂等，按照一定的比例混合后搅拌而成。砂浆的作用是将砌体中的块体黏结成整体而共同工作；同时，砂浆抹平块体表面能使砌体受力均匀；此外，砂浆填满块体间的缝隙，也提高了砌体的隔音、隔热、保温、防潮、抗冻等性能。

1) 砂浆的种类

砂浆按其配合成分可以分为以下几种：

(1) 水泥砂浆。由砂与水泥加水拌和而成不掺任何塑性掺合料，其强度高、耐久性好，但保水性和流动性较差。一般适用于潮湿环境和地下砌体。

(2) 混合砂浆。由水泥、石灰膏、砂和水拌和而成，其强度高，耐久性、保水性和流动性较好，便于施工，质量容易保证，是砌体结构中常用的砂浆。

(3) 石灰砂浆。由石灰、砂和水拌和而成，其强度低，耐久性差，但砌筑方便，不能用于地面以下和潮湿环境的砌体，通常只能用于临时建筑或受力不大的简易建筑。

(4) 砌块专用砂浆。由水泥、砂、水以及根据需要掺入的掺合料和外加剂等组成，按一定比例，采用机械拌和制成，专门用于砌筑混凝土砌块。

2) 砂浆的性质

(1) 强度。砂浆的强度等级按龄期为 28d 的边长为 70.7mm 立方体试块所测得的抗压强度极限值来确定。一般砂浆的强度等级有 M15、M10、M7.5、M5 和 M2.5 五个等级，砌块专用砂浆的强度等级有 Mb20、Mb15、Mb10、Mb7.5 和 Mb5 五个等级。

(2) 流动性。在砌筑砌体的过程中，应使块体与块体之间有较好的密实度，这就要求砂浆容易而且能够均匀的铺开，也就是要有合适的稠度，以保证砂浆有一定的流动性。

(3) 保水性。砂浆在存放、运输和砌筑过程中保持水分的能力叫做保水性。砂浆的质量在很大程度上取决于其保水性。在砌筑时，块体将吸收一部分水分，如果砂浆的保水性很差，新铺在块体上的砂浆中的水分会很快被吸去，这将使砂浆难以铺平，同时砂浆过多的失水会影响砂浆的硬化，导致砌筑质量和砌体强度下降。

(4) 其他特性。在砂浆中掺入适量的掺合料，可提高砂浆的流动性和保水性，从而既能节约水泥，又可提高砌筑质量。纯水泥砂浆的流动性和保水性均比混合砂浆差，因此混合砂浆的砌体比同强度等级的水泥砂浆砌筑的砌体强度要高。

特别提示

采用混凝土砖(砌块)砌体以及蒸压硅酸盐砖砌体时，应采用与块体材料相适应且能提高砌筑工作性能的专用砌筑砂浆；尤其对于块体高度较高的普通混凝土砖空心砌块，普通砂浆很难保证竖向灰缝的砌筑质量。

8.1.2 砌体的抗压性能

1. 砌体轴心受压破坏特征

由于砌体内部块体的抗压强度不能被充分发挥，致使砌体的抗压强度总低于块体的抗压强度。为了正确的了解砌体的抗压性能，先研究砌体的受压破坏特征及单个块体的应力状态。

砖砌体受压试验表明，砌体轴心受压构件从开始加载直到破坏，大致经历了以下三个阶段，如图 8.1 所示。

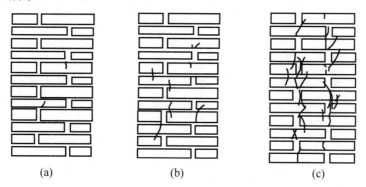

图 8.1 砖砌体轴心受压时破坏特征

第一阶段：大约达到破坏荷载的 50%～70%时，单个块体内产生细小裂缝，如不增加荷载，这些细小裂缝亦不发展，如图 8.1(a)所示。

第二阶段：随着压力的增加，达到破坏荷载的 80%～90%时，单个块体内的裂缝连接起来而形成连续的裂缝，沿竖向贯通若干皮砌体，即使不增加荷载，这些裂缝仍会继续发展，砌体已接近破坏，如图 8.1(b)所示。

第三阶段：压力继续增加，接近破坏荷载时，砌体中裂缝发展很快，并连成几条贯通的裂缝，从而将砌体分成若干个小柱体(个别砖可能被压碎)，随着小柱体的受压失稳，砌体明显向外鼓出从而导致砌体试件的破坏，如图8.1(c)所示。

2．砖砌体受压应力状态分析

图8.1所示的试验砌体，如果砖的抗压强度为$16N/mm^2$，砂浆强度为$(1.3～6)N/mm^2$，则实测砌体抗压强度为$(4.5～5.4)N/mm^2$。可见砌体抗压强度远低于它所用砖的抗压强度，其原因可以从砌体内单块砖的受压及变形特点对砌体强度的影响来说明：

(1) 砌体是通过砂浆用人工砌成整体的。由于灰缝厚度及密实性不均匀，单个块体在砌体内并不是均匀受压的，而是受到上下不均匀压力的作用。此外块体本身也不平整，受力后，块体处于受弯、受剪甚至受扭状态。由于块体的厚度小、又是脆性材料，抗弯、剪的能力差，故砌体中第一批裂缝出现是由于单个块体的受弯和受剪所引起的。

(2) 由于块体和砂浆的弹性模量及横向变形系数的不同，砌体受压时要产生横向变形。当砂浆强度较低时，块体的横向变形比砂浆小，在砂浆黏着力与摩擦力的影响下，块体要约束砂浆的横向变形，使砂浆受到横向压力；反过来，块体就受到砂浆对它的附加拉力，加快了块体内裂缝的出现。

(3) 砌体内的竖直灰缝往往不能很好的填满。不能保证块体黏结成整体，于是在位于竖直灰缝上的砖内，将发生横向拉力和剪应力的集中，加快了块体的开裂。

由于以上几点原因，砌体中的单个块体实际上是处于受弯、受剪和受拉等的复杂应力状态下，而块体的抗弯、抗剪、抗拉强度均低于其抗压强度，以致砌体在块体的抗压强度未得到充分发挥的情况下就因剪切、弯曲等原因而破坏了，所以砖砌体的抗压强度总是比砖的抗压强度小得多。

3．影响砌体抗压强度的主要因素

(1) 块材和砂浆的强度。块材和砂浆的强度是决定砌体抗压强度最主要的因素。单个块体的抗弯、抗拉、抗剪强度在某种程度上决定了砌体的抗压强度。一般来说强度等级高的块体，其抗弯、抗拉、抗剪强度也较高，相应的砌体抗压强度也高；砂浆强度等级越高，砂浆的横向变形越小，砌体的抗压强度也有所提高。

(2) 砂浆的性能。除强度之外，砂浆的流动性、保水性对砌体的抗压强度都有影响。砂浆的流动性和保水性好，容易使之铺成厚度和密实性都较均匀的水平灰缝。可以降低块体在砌体内的弯剪能力，提高砌体强度。试验表明，当采用水泥砂浆砌筑时，由于水泥砂浆的保水性、和易性都差，砌体抗压强度降低5%～15%。但是砂浆的流动性不能过大，否则硬化后变形率增大，会导致单块块体内受到的弯、剪应力和横向拉应力增大，砌体强度反而有所下降。

(3) 块体的形状、尺寸及灰缝厚度。块材的外形对砌体抗压强度也有明显的影响，块材的外形比较平整、规则，块材在砌体中所受弯剪应力相对较小，从而使砌体强度得到相对提高。

砌体灰缝厚度对砌体抗压强度也有影响，灰缝越厚，越难保证均匀与密实，所以当块材表面平整时，灰缝宜尽量减薄，对砖和小型砌块灰缝厚度应控制在8～12mm。

(4) 砌筑质量。影响砌筑质量的因素是多方面的，如砂浆饱满度、砌筑时块体的含水率、组砌方式、砂浆搅拌方式、工人的技术水平、现场质量管理水平等。因此《砌体工程施工质量验收规范》规定了砌体施工质量控制等级及相关要求。

能力导航

8.1.3 砌体结构的类型

砌体是由块体和砂浆砌筑而成的整体。砌体中块体的组砌方式应能使砌体均匀的承受力的作用。为使砌体能构成一个整体及考虑建筑的保温、隔音等建筑物理的要求，应使砌体中的竖向灰缝错开并填实饱满。

砌体结构可分为无筋砌体、配筋砌体和预应力砌体三类。

(1) 无筋砌体。无筋砌体不配置钢筋，仅由块材和砂浆组成，包括砖砌体、砌块砌体、石砌体。无筋砌体抗震性能和抵抗不均匀沉降的能力较差。

① 砖砌体。由砖和砂浆砌筑而成的砌体称为砖砌体。在房屋建筑中，砖砌体用作内外承重墙、柱、围护墙及隔墙。其厚度是根据承载力及高度比的要求确定的，但外墙厚度往往还需要考虑到保温、隔热等建筑物理的要求。砖砌体一般多砌成实心的，有时也可砌成空斗墙，砖柱则应实砌。空斗墙的整体性和抗震性均差，所以不提倡使用。常见的实砌标准砖墙的厚度有120mm(半砖)、240mm(一砖)、370mm(一砖半)、490mm(两砖)等。

② 砌块砌体。由砌块和砂浆砌筑而成的砌体称为砌块砌体。目前采用较多的为混凝土小型空心砌块砌体，主要用于民用建筑和一般工业建筑的承重墙或围护墙，常用的墙厚为190mm。

③ 石砌体。由天然石材和砂浆或天然石材和混凝土砌筑而成的砌体称为石砌体，分为料石砌体、毛石砌体和毛石混凝土砌体三类。料石砌体可用作一般民用建筑的承重墙、柱和基础，还可用于建造石拱桥、石坝和涵洞等；毛石砌体因块体只有一个面较平整，可用于外墙；毛石混凝土砌体是在模板内交替铺置混凝土及毛石层筑成的，常用于一般建筑物和构筑物的基础以及挡土墙等。

(2) 配筋砌体。配筋砌体是指配置适量钢筋或钢筋混凝土的砌体，它可以提高砌体强度、减少截面尺寸、增加整体性。配筋砌体分为网状配筋砖砌体、组合砖砌体、砖砌体和钢筋混凝土柱组合墙以及配筋砌块砌体。

① 网状配筋砖砌体。网状配筋砖砌体是在砌体的水平灰缝中每隔几皮砖放置一层钢筋网。钢筋网有方格网式和连弯式两种，如图8.2所示。方格网式一般采用直径为3～4mm的钢筋；连弯式采用直径为5～8mm的钢筋。

② 组合砖砌体。组合砖砌体是由砖砌体和钢筋混凝土面层或钢筋砂浆面层组合而成，如图8.3所示。适用于荷载偏心距较大，超过核心范围，或进行增层，改造原有的墙、柱。

③ 砖砌体和钢筋混凝土柱组合墙。砖砌体和钢筋混凝土柱组合墙是由砖砌体和钢筋混凝土构造柱共同组成，如图8.4所示。工程实践表明，在砌体墙的纵横墙交接处及大洞口边缘，设置钢筋混凝土构造柱与房屋圈梁连接组成钢筋混凝土空间骨架，可以有效提高墙体的承载力，加强整体性。这种墙体施工时必须先砌墙，后浇筑钢筋混凝土构造柱。

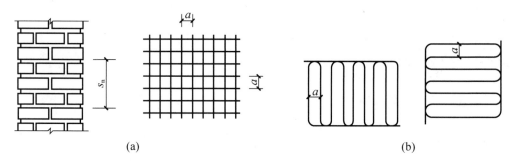

图 8.2 网状配筋砖砌体

(a) 方格网式钢筋网；(b) 连弯式钢筋网

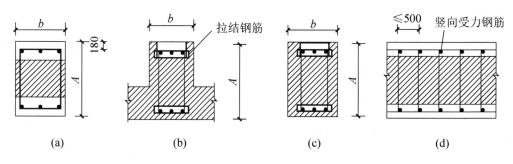

图 8.3 组合砖砌体

(a)、(b)、(c) 组合砖砌体构件截面；(d) 混凝土或砂浆面层组合墙

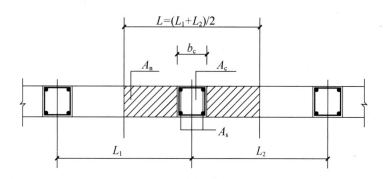

图 8.4 砖砌体和钢筋混凝土柱组合墙

 特别提示

组合砖墙砂浆的强度等级不应低于 M5；构造柱的混凝土强度等级不宜低于 C20，截面尺寸不宜小于 240mm×240mm，其厚度不应小于墙厚，边柱、角柱的截面宽度宜适当加大，其竖向受力钢筋应在基础梁和楼层圈梁中锚固，并应符合受拉钢筋的锚固要求。

④ 配筋砌块砌体。配筋砌块砌体是在混凝土小型空心砌块的竖向孔洞中配置钢筋，在砌块横肋凹槽中配置水平筋，然后浇筑混凝土，或在水平灰缝中配置水平钢筋，所形成的砌体，如图 8.5 所示。常用于中高层或高层房屋中起剪力墙作用，所以又称配筋砌块剪力

墙结构。这种砌体具有抗震性能好，造价较低，节能的特点。

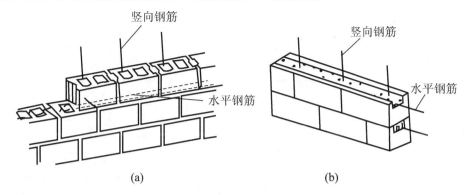

图 8.5 配筋砌块砌体

特别提示

配筋砌块砌体钢筋的直径不宜大于 25mm，当设置在灰缝中时，钢筋的直径不宜大于灰缝厚度的 1/2，且不应小于 4mm，在其他部位不应小于 10mm。两平行的水平钢筋间的净距不应小于 50mm。

钢筋直径大于 22mm 时，宜采用机械连接接头，其他直径的钢筋可采用搭接接头，接头的位置宜设置在受力较小处。

(3) 预应力砌体。在砌体的孔洞或槽口内放置预应力钢筋，构成预应力砌体，国外已有这方面的应用。

任务 8.2 多层砌体房屋的构造要求

知识导航

8.2.1 多层砌体结构墙、柱的一般构造要求

由于多层砌体房屋具有整体性差，抗拉、抗剪强度低，材料质脆、匀质性差等弱点，因此在满足承载力的基础上，还要采取必要的构造措施，以加强房屋的整体性，提高变形能力和抗倒塌能力。

1. 最低强度等级要求

砌体所使用的块材和砂浆，主要应依据承载力、耐久性以及隔热、保温等要求选择，同时结合当地材料供应情况，按技术经济指标较好、符合施工条件的原则确定。

《砌体结构设计规范》规定，5 层及 5 层以上房屋的墙，以及受振动或层高大于 6m 的墙、柱，所用材料的最低强度等级应符合：砖采用 MU10，砌块采用 MU7.5，石材采用 MU30，

砂浆采用 M5。对安全等级为一级或设计使用年限大于 50 年的房屋，墙、柱所用材料的最低强度等级应至少提高一级。

对地面以下或防潮层以下的砌体，潮湿房间的墙，所用材料应符合表 8-1 的规定。

表 8-1　地面以下或防潮层以下的砌体、潮湿房间墙所用材料的最低强度等级

基土的潮湿程度	烧结普通砖、蒸压灰砂砖		混凝土砌块	石材	水泥砂浆
	严寒地区	一般地区			
稍潮湿的	MU10	MU10	MU7.5	MU30	M5
很潮湿的	MU15	MU10	MU7.5	MU30	M7.5
含饱和水的	MU20	MU15	MU10	MU40	M10

注：1. 在冻胀地区，地面以下或防潮层以下的砌体，不宜采用多孔砖，如采用时其孔洞应用水泥砂浆灌实，当采用混凝土砌块砌体时，其孔洞应采用强度等级不低于 Cb20 的混凝土灌实；
2. 对安全等级为一级或设计使用年限大于 50 年的房屋，表中材料强度等级应至少提高一级。

2．截面尺寸要求

(1) 承重的独立砖柱截面尺寸不应小于 240mm×370mm。

(2) 毛石墙的厚度不宜小于 350mm。

(3) 毛料石柱较小边长不宜小于 400mm，当有振动荷载时，墙、柱不宜采用毛石砌体。

3．设置垫块的条件

跨度大于 6m 的屋架和跨度大于下列数值的梁，应在支承处砌体上设置混凝土或钢筋混凝土垫块；当墙中设有圈梁时，垫块与圈梁宜浇成整体。

(1) 对砖砌体为 4.8m；

(2) 对砌块或料石砌体为 4.2m；

(3) 对毛石砌体为 3.9m。

4．设置壁柱或构造柱的条件

当梁跨度大于或等于下列数值时，其支承处宜加设壁柱，或采取其他加强措施：

(1) 对 240mm 厚砖墙为 6m，对 180mm 厚砖墙为 4.8m；

(2) 对砌块、料石墙为 4.8m。

5．预制钢筋混凝土板支承长度要求

预制钢筋混凝土板的支承长度，在墙上不宜小于 100mm；在钢筋混凝土圈梁上不宜小于 80mm；当利用板端伸出钢筋拉结和混凝土灌缝隙时，其支承长度可为 40mm，但板端缝宽不小于 80mm，灌缝混凝土不宜低于 C20。

6．连接锚固要求

(1) 支承在墙、柱上的吊车梁、屋架及跨度大于或等于下列数值的预制梁的端部，应采用锚固件与墙、柱上的垫块锚固。

① 对砖砌体为 9m；

② 对砌块和料石砌体为 7.2m。

(2) 填充墙、隔墙应分别采取措施与周边构件可靠连接。

(3) 山墙处的壁柱宜砌至山墙顶部，屋面构件应与山墙可靠拉结。

项目 8 砌体结构基础

7. 砌块砌体的构造

(1) 砌块砌体应分皮错缝搭砌,上下皮搭砌长度不得小于 90mm。当搭砌长度不满足上述要求时,应在水平灰缝内设置不少于 $2\phi4$、横筋间距不大于 200mm 的焊接钢筋网片(横向钢筋的间距不宜大于 200mm),网片每端均应超过该垂直缝,其长度不得小于 300mm。

(2) 砌块墙与后砌隔墙交接处,应沿墙高每 400mm 在水平灰缝内设置不少于 $2\phi4$、横筋间距不大于 200mm 的焊接钢筋网片,如图 8.6 所示。

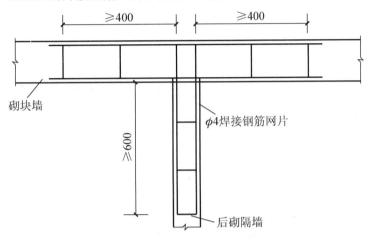

图 8.6 砌块墙与后砌隔墙交接处钢筋网片

(3) 混凝土砌块墙体的下列部位,如未设圈梁或混凝土垫块,应采用不低于 Cb20 灌孔混凝土将孔洞灌实:

① 搁栅、檩条和钢筋混凝土楼板的支承面下,高度不应小于 200mm 的砌体;
② 屋架、梁等构件的支承面下,高度不应小于 600mm,长度不应小于 600mm 的砌体;
③ 挑梁支承面下,距墙中心线每边不应小于 300mm,高度不应小于 600mm 的砌体。

8. 砌体中留槽洞及埋设管道的要求

(1) 不应在截面长边小于 500mm 的承重墙体、独立柱内埋设管线;

(2) 不宜在墙体中穿行暗线或预留、开凿沟槽,无法避免时应采取必要的措施或按削弱后的截面验算墙体的承载力。(对受力较小或未灌孔的砌块砌体,允许在墙体的竖向孔洞中设置管线。)

9. 防止或减轻墙体开裂的主要措施

(1) 为了防止或减轻房屋在正常使用条件下,由温差和砌体干缩引起的墙体竖向裂缝,应在墙体中设置伸缩缝。伸缩缝应设在因温度和收缩变形可能引起应力集中、砌体产生裂缝可能性最大的地方。伸缩缝的间距可按表 8-2 采用。

表 8-2 砌体房屋伸缩缝的最大间距

屋盖或楼盖类别		间距/m
整体式或装配整体式钢筋混凝土结构	有保温层或隔热层的屋盖、楼盖	50
	无保温层或隔热层的屋盖	40
装配式无檩体系钢筋混凝土结构	有保温层或隔热层的屋盖、楼盖	60
	无保温层或隔热层的屋盖	50

续表

屋盖或楼盖类别		间距/m
装配式有檩体系钢筋混凝土结构	有保温层或隔热层的屋盖	75
	无保温层或隔热层的屋盖	60
瓦材屋盖、木屋盖或楼盖、轻钢屋盖		100

注：1. 对烧结普通砖、多孔砖、配筋砌块砌体房屋取表中数值；对石砌体、蒸压灰砂砖、蒸压粉煤灰砖和混凝土砌块房屋取表中数值乘以 0.8 的系数。当有实践经验并采取有效措施时，可不遵守本表规定。

2. 在钢筋混凝土屋面上挂瓦的屋盖应按钢筋混凝土屋盖采用。

3. 按本表设置的墙体伸缩缝，一般不能同时防止由于钢筋混凝土屋盖的温度变形和砌体干缩变形引起的墙体的局部裂缝。

4. 层高大于 5m 的烧结普通砖、多孔砖、配筋砌块砌体结构单层房屋，其伸缩缝间距可按表中数值乘以 1.3。

5. 温差较大且变化频繁地区和严寒地区不采暖的房屋及构筑物墙体的伸缩缝的最大间距，应按表中数值予以适当减小。

6. 墙体的伸缩缝应与结构的其他变形缝相重合，在进行立面处理时，必须保证缝隙的伸缩作用。

(2) 为了防止减轻房屋顶层墙体的裂缝，可根据情况采取下列措施。

① 屋面应设置保温、隔热层。

② 屋面保温(隔热)层或屋面刚性面层及砂浆找平层应设置分隔缝，分隔缝间距不宜大于 6m，并与女儿墙隔开，其缝宽不小于 30mm。

③ 采用装配式有檩体系钢筋混凝土屋盖和瓦材屋盖。

④ 在钢筋混凝土屋面板与墙体圈梁的接触面处设置水平滑动层，滑动层可采用两层油毡夹滑石粉或橡胶片等；对于长纵墙，可只在其两端的 2～3 个开间内设置，对于横墙可只在其两端各 $l/4$ 范围内设置(l 为横墙长度)。

⑤ 顶层屋面板下设置现浇混凝土圈梁，并沿内外墙拉通，房屋两端圈梁下的墙体内宜适当设置水平钢筋。

⑥ 顶层挑梁末端下墙体灰缝内设置 3 道焊接钢筋网片(纵向钢筋不宜少于 $2\phi4$，横筋间距不宜大于 200mm)或 $2\phi6$ 钢筋，钢筋网片或钢筋应自挑梁末端伸入两边墙体不小于 1m。

⑦ 顶层墙体有门窗等洞口时，在过梁上的水平灰缝内设置 2～3 道焊接钢筋网片或 $2\phi6$ 钢筋，并应伸入过梁两端墙内不小于 600mm。

⑧ 顶层及女儿墙砂浆强度等级不低于 M7.5。

⑨ 女儿墙应设置构造柱，构造柱间距不宜大于 4m，构造柱应伸至女儿墙顶并与钢筋混凝土压顶整浇在一起。

⑩ 房屋顶层端部墙体内适当增设构造柱。

(3) 为防止或减轻房屋底层墙体裂缝，可根据情况采取下列措施。

① 增大基础圈梁的刚度。

② 在底层的窗台下墙体灰缝内设置 3 道焊接钢筋网片或 $2\phi6$ 钢筋，并伸入两边窗间墙内不小于 600mm。

③ 采用钢筋混凝土窗台板，窗台板嵌入窗间墙内不小于 600mm。

8.2.2 多层砌体房屋抗震的一般规定

1. 房屋层数和高度的限制

大量的地震灾害表明,砌体结构房屋的层数愈多,高度愈高,破坏的程度和概率就愈大,因此《建筑抗震设计规范》(GB 50011—2010)(以下简称《抗震规范》)规定砌体房屋的层数和总高度应符合下列要求:

(1) 一般情况下,房屋的层数和总高度不应超过表 8-3 的规定。

表 8-3 房屋的层数和总高度限值/m

房屋类别		最小抗震墙厚度/mm	烈度和设计基本地震加速度									
			6		7				8		9	
			0.05g		0.10g		0.15g		0.20g	0.30g	0.40g	
			高度	层数	高度	层数	高度	层数	高度	层数	高度	层数	高度	层数
多层砌体房屋	普通砖	240	21	7	21	7	21	7	18	6	15	5	12	4
	多孔砖	240	21	7	21	7	18	6	18	6	15	5	9	3
	多孔砖	190	21	7	18	6	15	5	15	5	12	4	—	—
	小砌块	190	21	7	21	7	18	6	18	6	15	5	9	3
底层框架-抗震墙砌体房屋	普通砖 多孔砖	240	22	7	22	7	19	6	16	5	—	—	—	—
	多孔砖	190	22	7	19	6	16	5	13	4	—	—	—	—
	小砌块	190	22	7	22	7	19	6	16	5	—	—	—	—

注:1. 房屋的总高度指室外地面到主要屋面板板顶或檐口的高度,半地下室从地下室室内地面算起,全地下室和嵌固条件好的半地下室应允许从室外地面算起;对带阁楼的坡屋面应算到山尖墙的 1/2 高度处。

2. 室内外高差大于 0.6m 时,房屋总高度应允许比表中的数据适当增加,但增加量应少于 1.0m。

3. 乙类的多层砌体房屋仍按本地区设防烈度查表,其层数应减少一层且总高度应降低 3m;不应采用底部框架-抗震墙砌体房屋。

4. 本表小砌块砌体房屋不包括配筋混凝土小型空心砌块砌体房屋。

(2) 横墙较少的多层砌体房屋,总高度应比表 8-3 的规定降低 3m,层数相应减少一层;各层横墙很少的多层砌体房屋,还应再减少一层。横墙较少是指同一楼层内开间大于 4.2m 的房间占该层总面积的 40%以上;其中,开间不大于 4.2m 的房间占该层总面积不到 20%且开间大于 4.8m 的房间占该层总面积的 50%以上为横墙很少。

(3) 抗震设防烈度 6、7 度时,横墙较少的丙类多层砌体房屋,当按规定采取加强措施并满足抗震承载力要求时,其高度和层数应允许仍按表 8-3 的规定采用。

(4) 采用蒸压灰砂砖和蒸压粉煤灰砖的砌体的房屋,当砌体的抗剪强度仅达到普通黏土砖砌体的 70%时,房屋的层数应比普通砖房减少一层,总高度应减少 3m;当砌体的抗剪强度达到普通黏土砖砌体的取值时,房屋层数和总高度的要求同普通砖房屋。

(5) 多层砌体承重房屋的层高,不应超过 3.6m。底部框架-抗震墙砌体房屋的底部,层高不应超过 4.5m;当底层采用约束砌体抗震墙时,底层的层高不应超过 4.2m。当使用功能确有需要时，采用约束砌体等加强措施的普通砖房屋，层高不应超过 3.9m。

2．房屋的高宽比限制

为保证房屋有足够的稳定性和整体抗弯能力，要求房屋的总高度与总宽度的最大比值宜符合：6、7 度时不大于 2.5，8 度时不大于 2.0，9 度时不大于 1.5。在计算单面走廊房屋的总宽度时不把走廊宽度计在内；当建筑平面接近正方形时，高宽比宜适当减小。

3．房屋抗震横墙的间距限制

为尽量减少纵墙的出平面破坏，《抗震规范》规定横墙最大间距应符合表 8-4 的要求。

表 8-4　房屋抗震横墙最大间距/m

房屋类别		烈　度			
		6	7	8	9
多层砌体	现浇或装配整体式钢筋混凝土楼、屋盖	15	15	11	7
	装配式钢筋混凝土楼、屋盖	11	11	9	4
	木楼、屋盖	9	9	4	4
底部框架-抗震墙	上部各层	同多层砌体房屋			—
	底层或底部两层	18	15	11	—

注：1．多层砌体房屋的顶层，除木屋盖外的最大横墙间距应允许适当放宽，但应采取相应加强措施。
　　2．多孔砖抗震横墙厚度为 190mm 时，最大横墙间距应比表中数值减少 3m。

4．房屋局部尺寸限制

对房屋中砌体墙段的局部尺寸限值，宜符合表 8-5 的要求。

表 8-5　房屋的局部尺寸限值/m

部　位	6 度	7 度	8 度	9 度
承重窗间墙最小宽度	1.0	1.0	1.2	1.5
承重外墙尽端至门窗洞边的最小距离	1.0	1.0	1.2	1.5
非承重外墙尽端至门窗洞边的最小距离	1.0	1.0	1.0	1.0
内墙阳角至门窗洞边的最小距离	1.0	1.0	1.5	2.0
无锚固女儿墙(非出入口)的最大高度	0.5	0.5	0.5	0.0

注：1．局部尺寸不足时，应采取局部加强措施弥补，且最小宽度不宜小于 1/4 层高和表列数据的 80%。
　　2．出入口处的女儿墙应有锚固。

5．房屋结构体系选择要合理

合理的抗震体系对于提高房屋整体抗震能力非常重要，选择多层砌体房屋的结构体系时，应符合下列要求：

(1) 应优先采用横墙承重或纵横墙共同承重的结构体系。不应采用砌体墙和混凝土墙混合承重的结构体系。

(2) 纵横向砌体抗震墙的布置应符合下列要求。

① 宜均匀对称，沿平面内宜对齐，沿竖向应上下连续；且纵横向墙体的数量不宜相差过大。

② 平面轮廓凹凸尺寸，不应超过典型尺寸的 50%；当超过典型尺寸的 25%时，房屋

转角处应采取加强措施。

③ 楼板局部大洞口的尺寸不宜超过楼板宽度的30%，且不应在墙体两侧同时开洞。

④ 房屋错层的楼板高差超过500mm时，应按两层计算；错层部位的墙体应采取加强措施。

⑤ 同一轴线上的窗间墙宽度宜均匀；墙面洞口的面积，6、7度时不宜大于墙面总面积的55%，8、9度时不宜大于50%。

⑥ 在房屋宽度方向的中部应设置内纵墙，其累计长度不宜小于房屋总长度的60%(高宽比大于4的墙段不计入)。

(3) 房屋有下列情况之一时宜设置防震缝，缝两侧均应设置墙体，缝宽应根据烈度和房屋高度确定，可采用70mm～100mm。

① 房屋立面高差在6m以上。

② 房屋有错层，且楼板高差大于层高的1/4。

③ 各部分结构刚度、质量截然不同。

(4) 楼梯间不宜设置在房屋的尽端或转角处。

(5) 不应在房屋转角处设置转角窗。

(6) 横墙较少、跨度较大的房屋，宜采用现浇钢筋混凝土楼、屋盖。

6．底部框架-抗震墙房屋的结构布置，应符合下列要求。

(1) 上部的砌体墙体与底部的框架梁或抗震墙，除楼梯间附近的个别墙段外均应对齐。

(2) 房屋的底部，应沿纵横两方向设置一定数量的抗震墙，并应均匀对称布置。6度且层数不超过四层的底层框架-抗震墙砌体房屋，应允许采用嵌砌于框架之间的约束普通砖砌体或小砌块砌体的砌体抗震墙，但应计入砌体墙对框架的附加轴力和附加剪力并进行底层的抗震验算，且同一方向不应同时采用钢筋混凝土抗震墙和约束砌体抗震墙；其余情况，8度时应采用钢筋混凝土抗震墙，6、7度时应采用钢筋混凝土抗震墙或配筋小砌块砌体抗震墙。

(3) 底层框架-抗震墙砌体房屋的纵横两个方向，第二层计入构造柱影响的侧向刚度与底层侧向刚度的比值，6、7度时不应大于2.5，8度时不应大于2.0，且均不应小于1.0。

(4) 底部两层框架，抗震墙砌体房屋纵横两个方向，底层与底部第二层侧向刚度应接近，第三层计入构造柱影响的侧向刚度与底部第二层侧向刚度的比值，6、7度时不应大于2.0，8度时不应大于1.5，且均不应小于1.0。

(5) 底部框架-抗震墙砌体房屋的抗震墙应设置条形基础、筏形基础等整体性好的基础。

能力导航

8.2.3 多层黏土砖房屋抗震构造措施

1．设置钢筋混凝土构造柱

1) 构造柱设置要求

(1) 构造柱设置部位，应符合表8-6的要求。

表 8-6 砖房构造柱设置要求

房屋层数				设置部位	
6度	7度	8度	9度		
四、五	三、四	二、三		外墙四角，错层部位横墙与外纵墙交接处，较大洞口两侧	7、8度时，楼、电梯间的四角；隔15m或单元横墙与外纵墙交接处
六、七	五	四	二		隔开间横墙(轴线)与外墙交接处，山墙与内纵墙交接处；7～9度时，楼、电梯的四角
八	六、七	五、六	三、四		内墙(轴线)与外墙交接处，内墙的局部较小墙垛处；7～9度时，楼、电梯间的四角；9度时内纵墙与横墙(轴线)交接处

(2) 外廊式和单面走廊式的多层房屋，应根据房屋增加一层后的层数，按表 8-6 的要求设置构造柱且单面走廊两侧纵墙均应按外墙处理。

(3) 教学楼、医院等横墙较少的房屋，应根据房屋增加一层后的层数，按表 8-6 的要求设置构造柱；当该类横墙较少的房屋为外廊式或单面走廊式时，应按第 2 款要求设置构造柱，但 6 度不超过四层、7 度不超过三层和 8 度不超过二层时，应按二层后的层数对待。

2) 构造柱构造要求

(1) 构造柱最小截面可采用 180mm×240mm(墙厚 190mm 时为 180mm×190mm)，纵向钢筋宜采用 $4\phi12$，箍筋间距不宜大于 250mm，且在柱上下端应适当加密；6、7 度时超过六层、8 度时超过五层和 9 度时，构造柱纵向钢筋宜采用 $4\phi14$，箍筋间距不应大于 200mm；房屋四角的构造柱应适当加大截面及配筋。

(2) 构造柱与墙连接处应砌成马牙槎，沿墙高每隔 500mm 设 $2\phi6$ 水平钢筋和 $\phi4$ 分布短筋平面内点焊组成的拉结网片或 $\phi4$ 点焊钢筋网片，每边伸入墙内不宜小于 1m。6、7 度时底部 1/3 楼层，8 度时底部 1/2 楼层，9 度时全部楼层，上述拉结钢筋网片应沿墙体水平通长设置。

(3) 构造柱与圈梁连接处，构造柱的纵筋应在圈梁纵筋内侧穿过，保证构造柱纵筋上下贯通。

(4) 构造柱可不单独设置基础，但应伸入室外地面下 500mm，或与埋深小于 500mm 的基础圈梁相连。

(5) 房屋高度和层数接近本规范表 7.1.2 的限值时，纵、横墙内构造柱间距尚应符合下列要求。

① 横墙内的构造柱间距不宜大于层高的 2 倍；下部 1/3 楼层的构造柱间距适当减小。

② 当外纵墙开间大于 3.9m 时，应另设加强措施。内纵墙的构造柱间距不宜大于 4.2m。

2．设置钢筋混凝土圈梁

1) 圈梁的设置要求

(1) 装配式钢筋混凝土楼、屋盖或木楼、屋盖的砖房，横墙承重 是应按表 8-7 的要求设置圈梁；纵墙承重时每层均应设置圈梁，且抗震横墙上的圈梁间距应比表内要求适当加密。

表 8-7　砖房现浇钢筋混凝土圈梁设置要求

墙类	烈　度		
	6、7	8	9
外墙和内纵墙	屋盖处及每层楼盖处	屋盖处即每层楼盖处	屋盖处及每层楼盖处
内横墙	同上；屋盖处间距不应大于4.5m；楼盖处间距不应大于7.2m；构造柱对应部位	同上；各层所有横墙，且间距不应大于4.5m；构造柱对应部位	同上；各层所有横墙

(2) 现浇或装配整体式钢筋混凝土楼、屋盖与墙体有可靠连接的房屋，应允许不另设圈梁，但楼板沿墙体周边应加强配筋并应与相应的构造柱钢筋可靠连接。

2) 圈梁的构造要求

(1) 圈梁应闭合，遇有洞口圈梁应上下搭接。圈梁宜与预制板设在同一标高处或紧靠板底。

(2) 圈梁在表 8-7 要求的间距内无横墙时，应利用梁或板缝中配筋替代圈梁。

(3) 圈梁的截面高度不应小于 120mm，配筋应符合表 8-8 的要求。

表 8-8　砖房圈梁配筋要求

配　筋	烈　度		
	6、7	8	9
最小纵筋	4ϕ10	4ϕ12	4ϕ14
最大箍筋间距/mm	250	200	150

**特别提示**

钢筋混凝土圈梁的宽度宜与墙厚相同，当墙厚≥240mm 时，其宽度不宜小于 $2h/3$。圈梁兼作过梁时，过梁的部分钢筋应按计算用量另行增配；不得用圈梁的钢筋兼作过梁的钢筋。

3．合理布置楼、屋盖

(1) 现浇钢筋混凝土楼板或屋面板伸进纵、横墙内的长度，均不应小于 120mm。

(2) 装配式钢筋混凝土楼板或屋面板，当圈梁未设在板的同一标高时，板端伸进外墙的 120mm，伸进内墙的长度不应小于 100mm 或采用硬架支模连接，在梁上不应小于 80mm 或采用硬架支模连接。

(3) 当板的跨度大于 4.8m 并与外墙平行时，靠外墙的预制板侧边应与墙或圈梁拉结。

(4) 房屋端部大房间的楼盖，抗震设防烈度 6 度时房屋的屋盖和 7～9 度时房屋的楼、屋盖，当圈梁设在板底时，钢筋混凝土预制板应相互拉结，并应与梁、墙或圈梁拉结。

(5) 楼、屋盖的钢筋混凝土梁或屋架应与墙、柱(包括构造柱)或圈梁可靠连接；不得采用独立砖柱。跨度不小于 6m 大梁的支承构件应采用组合砌体等加强措施，并满足承载力要求。

4. 合理布置楼梯间

(1) 顶层楼梯间墙体应沿墙高每隔 500mm 设 $2\phi6$ 通长钢筋和 $\phi4$ 分布短钢筋平面内点焊组成的拉结网片或 $\phi4$ 点焊网片；抗震设防烈度 7~9 度时其他各层楼梯间墙体应在休息平台或楼层半高处设置 60mm 厚、纵向钢筋不应少于 $2\phi10$ 的钢筋混凝土带或配筋砖带，配筋砖带不少于 3 皮，每皮的配筋不少于 $2\phi6$，砂浆强度等级不应低于 M7.5 且不低于同层墙体的砂浆强度等级。

(2) 楼梯间及门厅内墙阳角处的大梁支承长度不应小于 500mm，并应与圈梁连接。

(3) 装配式楼梯段应与平台板的梁可靠连接，8、9 度时不应采用装配式楼梯段；不应采用墙中悬挑式踏步或踏步竖肋插入墙体的楼梯，不应采用无筋砖砌栏板。

(4) 突出屋顶的楼、电梯间，构造柱应伸到顶部，并与顶部圈梁连接，所有墙体应沿墙高每隔 500mm 设 $2\phi6$ 通长钢筋和 $\phi4$ 分布短筋平面内点焊组成的拉结网片或 $\phi4$ 点焊网片。

5. 其他构造要求

(1) 门窗洞处不应采用无筋砖过梁；过梁支承长度，抗震设防烈度 6~8 度时不应小于 240mm，9 度时不应小于 360mm。

(2) 抗震设防烈度 6、7 度时长度大于 7.2m 的大房间，以及 8、9 度时外墙转角及内外墙交接处，应沿墙高每隔 500mm 配置 $2\phi6$ 的通长钢筋和 $\phi4$ 分布短筋平面内点焊组成的拉结网片或 $\phi4$ 点焊网片。

8.2.4 多层砌块房屋抗震构造措施

1. 设置钢筋混凝土芯柱

1) 芯柱的设置要求

多层小砌块房屋应按表 8-9 的要求设置钢筋混凝土芯柱。对外廊式和单面走廊式的多层房屋、横墙较少的房屋、各层横墙很少的房屋，应分别增加层数，按表 8-9 的要求设置芯柱。

表 8-9 小砌块房屋芯柱设置要求

房屋层数				设置部位	设置数量
6度	7度	8度	9度		
四、五	三、四	二、三		外墙转角，楼、电梯间四角，楼梯斜梯段上下端对应的墙角处；大房间内外墙交接处；错层部位横墙与外纵墙交接处；隔 12m 或单元横墙与外纵墙交接处	外墙转角，灌实 3 个孔；内外墙交接处，灌实 4 个孔；楼梯斜梯段上下端对应的墙角处，灌实 2 个孔
六	五	四		同上；隔开间横墙(轴线)与外纵墙交接处	
七	六	五	二	同上；各内墙(轴线)与外纵墙交接处；内纵墙与横墙(轴线)交接处和洞口两侧	外墙转角，灌实 5 个孔；内外墙交接处，灌实 4 个孔；内墙交接处，灌实 4~5 个孔；洞口两侧各灌实 1 个孔

续表

房屋层数				设置部位	设置数量
6度	7度	8度	9度		
	七	≥六	≥三	同上；横墙内芯柱间距不宜大于2m	外墙转角，灌实7个孔；内外墙交接处，灌实5个孔；内墙交接处，灌实4~5个孔；洞口两侧各灌实1个孔

注：外墙转角，楼、电梯间四角等部位，应允许采用钢筋混凝土构造柱替代部分芯柱。

2) 芯柱的构造要求

(1) 小砌块房屋芯柱截面不宜小于120mm×120mm。

(2) 芯柱混凝土强度等级，不应低于C20。

(3) 芯柱的竖向插筋应贯通墙身且与圈梁连接；插筋不应小于1ϕ12，抗震设防烈度6、7度时超过五层、8度时超过四层和9度时，插筋不应小于1ϕ14。

(4) 芯柱应伸入室外地面下500mm或与埋深小于500mm的基础圈梁相连。

(5) 为提高墙体抗震受剪承载力而设置的芯柱，宜在墙体内均匀布置，最大净距不宜大于2.0m。

(6) 多层小砌块房屋墙体交接处或芯柱与墙体连接处应设置拉结钢筋网片，网片可采用直径4mm的钢筋点焊而成，沿墙高间距不大于600mm，并应沿墙体水平通长设置。抗震设防烈度6、7度时底部1/3楼层，8度时底部1/2楼层，9度时全部楼层，上述拉结钢筋网片沿墙高间距不大于400mm。

特别提示

混凝土砌块砌体墙纵横墙交接处、墙段两端和较大洞口两侧宜设置不少于单孔的芯柱。有错层的多层房屋，错层部位应设置墙，墙中部的钢筋混凝土芯柱间距宜适当加密，在错层部位纵横墙交接处设置不少于4孔的芯柱；在错层部位的错层楼板位置尚应设置现浇钢筋混凝土圈梁。

3) 小砌块房屋中替代芯柱的钢筋混凝土构造柱构造要求

(1) 构造柱截面不宜小于190mm×190mm，纵向钢筋宜采用4ϕ12，箍筋间距不宜大于250mm，且在柱上下端应适当加密；抗震设防烈度6、7度时超过五层、8度时超过四层和9度时，构造柱纵向钢筋宜采用4ϕ14，箍筋间距不应大于200mm；外墙转角的构造柱可适当加大截面及配筋。

(2) 构造柱与砌块墙连接处应砌成马牙槎，与构造柱相邻的砌块孔洞，抗震设防烈度6度时宜填实，7度时应填实，8、9度时应填实并插筋。构造柱与砌块墙之间沿墙高每隔600mm设置ϕ4点焊拉结钢筋网片，并应沿墙体水平通长设置。6、7度时底部1/3楼层，8度时底部1/2楼层，9度全部楼层，上述拉结钢筋网片沿墙高间距不大于400mm。

(3) 构造柱与圈梁连接处，构造柱的纵筋应在圈梁纵筋内侧穿过，保证构造柱纵筋上下贯通。

(4) 构造柱可不单独设置基础，但应伸入室外地面下 500mm，或与埋深小于 500mm 的基础圈梁相连。

2．设置小砌块房屋的现浇钢筋混凝土圈梁

小砌块房屋的现浇钢筋混凝土圈梁应按表 8-7 要求设置，圈梁宽度不应小于 190mm，配筋不应少于 $4\phi 12$，箍筋间距不应大于 200mm。

3．其他构造措施

(1) 小砌块房屋墙体交接处或芯柱与墙体连接处应设置拉结钢筋网片，网片可采用直径 4mm 的钢筋电焊而成，沿墙高每隔 600mm 设置，每边伸入墙内不宜小于 1m。

(2) 小砌块房屋的层数，抗震设防烈度 6 度时七层、7 度时超过五层、8 度时超过四层，在底层和顶层的窗台标高处，沿纵横墙应设置通长的水平现浇钢筋混凝土带；其截面高度不小于 60mm，纵筋不少于 $2\phi 10$，并应有分布拉结钢筋；其混凝土强度等级不应低于 C20。

8.2.5 底部框架-抗震墙房屋抗震构造措施

1．选择材料

(1) 框架柱、抗震墙和托墙梁的混凝土强度等级不应低于 C30。

(2) 过渡层墙体的砌筑砂浆强度等级不应低于 M7.5。

2．设置构造柱

(1) 钢筋混凝土构造柱的设置部位，应根据房屋的总层数按多层黏土砖房有关构造柱抗震构造措施的规定设置。过渡层尚应在底部框架柱对应位置处设置构造柱。

(2) 构造柱的截面，不宜小于 240mm×240mm(墙厚 190mm 时为 240mm×190mm)。

(3) 构造柱的纵向钢筋不宜少于 $4\phi 14$，箍筋间距不宜大于 200mm。

(4) 过渡层构造柱的纵向钢筋，7 度时不宜少于 $4\phi 16$，8 度时不宜少于 $6\phi 16$。一般情况下，纵向钢筋应锚入下部的框架柱内；当纵向钢筋锚固在框架梁内时，框架梁的相应位置应加强。

3．合理设置楼盖

(1) 过渡层的底板应采用现浇钢筋混凝土板，板厚不应小于 120mm；并应少开洞、开小洞，当洞口尺寸大于 800mm 时，洞口周边应设置边梁。

(2) 其他楼层，采用装配式钢筋混凝土楼板时均应设现浇圈梁，采用现浇钢筋混凝土楼板时应允许不另设圈梁，但楼板沿墙体周边应加强配筋并应与相应的构造柱可靠连接。

4．设置托墙梁

(1) 梁的截面宽度不应小于 300mm，梁的截面高度不应小于跨度的 1/10。

(2) 箍筋的直径不应小于 8mm，间距不应大于 200mm；梁端在 1.5 倍梁高且不小于 1/5 梁净跨范围内，以及上部墙体的洞口处和洞口两侧各 500mm 且不小于梁高的范围内，箍筋间距不应大于 100mm。

(3) 沿梁高应设腰筋，数量不应少于 $2\phi 14$，间距不应大于 200mm。

(4) 梁的主筋和腰筋应按受拉钢筋的要求锚固在柱内，且支座上部的纵向钢筋在柱内的锚固长度应符合钢筋混凝土框支梁的有关要求。

5. 设置抗震墙

(1) 抗震墙周边应设置梁(或暗梁)和边框柱(或框架柱)组成的边框；边框梁的截面宽度不宜小于墙板厚度的 1.5 倍，截面高度不宜小于墙板厚度的 2.5 倍；边框柱截面高度不宜小于墙板厚度的 2 倍。

(2) 抗震墙墙板的厚度不宜小于 160mm，且不应小于墙板净高的 1/20；抗震墙宜开设洞口形成若干墙段，各墙段的宽度比不宜小于 2。

(3) 抗震墙的竖向和横向分布钢筋率均不应小于 0.25%，并应采用双排布置；双排分布钢筋间拉筋的间距不应大于 600mm，直径不应小于 6mm。

(4) 抗震墙的边缘构件可按《抗震规范》第 6.4 节关于一般部位的规定设置。

6. 底层采用普通砖抗震墙

(1) 墙厚不应小于 240mm，砌筑砂浆强度等级不应低于 M10，应先砌墙、后浇筑框架。

(2) 沿框架柱每隔 500mm 配置 $2\phi6$ 拉结钢筋，并沿砖墙全长设置；在墙体半高处尚应设置与框架柱相连的钢筋混凝土水平系梁。

(3) 墙长大于 5m 时，应在墙内增设钢筋混凝土构造柱。

7. 其他构造措施

其他构造措施应符合多层黏土砖房抗震构造措施的规定。

实践教学课题　砌体结构工程参观

【目的与意义】 通过到施工现场参观学习，可加深对砌体结构的构造要求与加强措施的理解，为今后从事工程造价及施工、设计、监理等工作奠定基础。

【内容与要求】 在指导教师的指导下，结合现行规范、标准图集等，着重对一在建的砌体结构工程进行参观学习，全面了解砌体结构的构造要求，主要针对圈梁、构造柱展开实践。

项 目 小 结

(1) 块材是砌体的主要组成部分，目前在砌体结构中常用的块体有砖、砌块和石材三类。

(2) 砖的强度等级是由其抗压强度和抗折强度综合确定的。

(3) 我国当前采用砌块的主要类型有实心砌块、空心砌块和微孔砌块。

(4) 砌体中的石材应选用无明显风化的天然石材。石材的强度等级用边长为 70mm 的立方体试块的抗压强度表示，其强度等级有 MU100、MU80、MU60、MU50、MU40、MU30、MU20 七个等级。

(5) 砌体是由块体和砂浆砌筑而成的整体。砌体中块体的组砌方式应能使砌体均匀的承受力的作用。砌体结构可分为无筋砌体、配筋砌体和预应力砌体三类。

(6) 由于多层砌体房屋具有整体性差，抗拉、抗剪强度低，材料质脆、匀质性差等弱点，因此在满足承载力的基础上，还要采取必要的构造措施，以加强房屋的整体性，提高变形能力和抗倒塌能力。

习 题

一、填空题

1. 目前我国生产的烧结普通砖，其标准尺寸为_____。
2. 蒸压灰砂砖及蒸压粉煤灰砖的强度等级有_____、_____、_____和 MU10 四个等级。
3. 空心小型混凝土砌块一般由普通混凝土或轻骨料混凝土制成，规格尺寸为_____，空心率为_____。
4. 砂浆按其配合成分可以分为_____、_____、_____和_____。
5. 砂浆的强度等级按龄期为_____的边长为_____立方体试块所测得的抗压强度极限值来确定。
6. 砌体结构可分为_____、_____和_____三类。
7. 常见的实砌标准砖墙的厚度有_____(半砖)、_____(一砖)、_____(一砖半)、_____(两砖)等。
8. 目前采用较多的为混凝土小型空心砌块砌体，主要用于民用建筑和一般工业建筑的_____，常用的墙厚为_____mm。
9. 石砌体，分为料_____砌体、_____砌体和_____砌体三类。
10. 配筋砌体分为_____、_____、砖砌体和钢筋混凝土柱组合墙以及_____。

二、简答题

1. 组成砌体的块材的类型及其强度等级如何确定？
2. 砂浆的性质有哪些？
3. 砌体轴心受压构件从加载开始直到破坏经历了哪些阶段？
4. 影响砌体抗压强度的主要因素有哪些？
5. 多层砌体结构墙和柱的一般构造要求主要有哪些？
6. 防止墙体开裂的措施有哪些？
7. 多层砌体房屋抗震的一般要求是什么？
8. 多层黏土砖房抗震构造措施有哪些？
9. 多层砌块房屋的抗震构造措施有哪些？
10. 底层框架-抗震墙房屋的抗震构造措施有哪些？

项目 9 钢结构基础

教学目标

通过本项目的学习,熟悉钢结构的连接方法、对接焊缝和角焊缝的构造;掌握普通及高强度螺栓连接的构造、受力特点;熟悉轴心受力构件、受弯构件的受力特点、类型和稳定性。

教学要求

能 力 要 求	相 关 知 识	权 重
能够进行钢结构连接的基本结构设计	钢结构的连接方法,焊接方法、焊缝形式及构造;普通螺栓和高强度螺栓连接	40%
能够进行简单的钢结构构件结构设计并识读简单的钢结构施工图	轴心受力构件的受力特点、轴心受压柱的构造;受弯构件的类型和应用,受弯构件(梁)的稳定性以及梁的拼接和连接	60%

学习重点

钢结构的连接方法;普通及高强度螺栓连接的构造;轴心受力构件、受弯构件的受力特点、类型和稳定性。

引例

广州塔建筑总高度 600m，其中主塔体高 450m，天线桅杆高 150m，具有结构超高、造型奇特、形体复杂，用钢量最多的特点，通过把一万多个倾斜并且大小规格全部不相同的钢构件进行精确安装，创造了一系列建筑上的"世界之最"。它的外框筒由 24 根钢柱和 46 个钢椭圆环交叉构成，形成镂空、开放的独特美体，拥有目前世界上腰身最细(最小处直径只有 30 多米)的建筑物。

大家知道的知名的钢结构建筑物有哪些？它们有什么建筑特色？

任务 9.1　钢结构的连接

知识导航

9.1.1　钢结构的连接方法

钢结构的连接方法有焊缝连接、螺栓连接和铆钉连接三种，如图 9.1 所示。

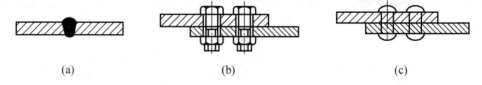

图 9.1　钢结构的连接方法

(a) 焊接连接；(b) 螺栓连接；(c) 铆钉连接

1. 焊缝连接

焊缝连接是通过电弧产生的热量使焊条和焊件局部熔化，经冷却凝结成焊缝，从而将焊件连接成为一体，是目前钢结构应用最广泛的连接方法。其优点是焊件一般均可不设连接板而直接连接，不削弱构件截面，节约钢材，构造简单，制造方便，连接刚度大，密封性能好，在一定条件下易于采用自动化作业，生产效率高。其缺点是焊缝附近钢材因焊接高温作用形成的热影响区可能使某些部位材质变脆；焊接过程中钢材受到分布不均匀的高温和冷却，使结构产生焊接残余应力和残余变形，对结构的承载力、刚度和使用性能有一定影响；焊接结构由于刚度大，局部裂纹一经发生很容易扩展到整体，尤其是在低温下易发生脆断；焊缝连接的塑性和韧性较差，施焊时可能产生缺陷，使疲劳强度降低。

2. 螺栓连接

螺栓连接是通过螺栓这种紧固件把连接件连接成为一体。螺栓连接分普通螺栓连接和高强度螺栓连接两种。普通螺栓通常用 Q235 钢制成，分 A、B、C 三级，安装时用普通扳手拧紧。高强度螺栓则用高强度钢材制成并经热处理，用能控制螺栓杆的扭矩或拉力的特制扳手，拧紧到规定的预拉应力值，把被连接件高度夹紧。

螺栓连接的优点是施工工艺简单、安装方便，特别适用于工地安装连接，也便于拆卸，适用于需要装拆结构和临时性连接。其缺点是需要在板件上开孔和拼装时对孔，增加制造工作量，且对制造的精度要求较高；螺栓孔还使构件截面削弱，且被连接件常需相互搭接或增设辅助连接板(或角钢)，因而构造较繁且多费钢材。但是螺栓连接的紧固工具和工艺均较简便，易于实施，进度和质量也容易保证，且不需要高级技工操作，加之装拆维护方便，故螺栓连接仍是钢结构连接的一种重要方法。

3. 铆钉连接

铆钉连接是将一端带有半圆形预制钉头的铆钉，将钉杆烧红后迅速插入连接件的钉孔中，然后用铆钉枪将另一端也打铆成钉头，以使连接达到紧固。铆接传力可靠，塑性、韧性均较好，质量易于检查和保证，可用于重型和直接承受动力荷载的结构。但由于铆接工艺复杂、制造费工费料，且劳动强度高，故已基本被焊接和高强度螺栓连接所取代。

能力导航

9.1.2 焊接连接

1. 焊接方法

钢结构常用的焊接方法是电弧焊，包括手工电弧焊、自动或半自动电弧焊以及气体保护焊等。

手工电弧焊是钢结构中最常用的焊接方法，其设备简单，操作灵活方便。但劳动条件差，生产效率比自动或半自动电弧焊低，焊缝质量的变异性大，在一定程度上取决于焊工的技术水平。手工电弧焊常用的焊条有碳钢焊条和低合金钢焊条，其牌号有 E43 型、E50 型和 E55 型等。其中 E 表示焊条，两位数字表示焊条熔敷金属的抗拉强度最小值(单位为 kgf/mm^2)。在选用焊条时，应与主体金属的强度相适应。一般情况下，对 Q235 钢采用 E43 型焊条，对 Q345 钢采用 E50 型焊条，对 Q390 和 Q420 钢采用 E55 型焊条。当不同强度的钢材焊接时，宜采用与低强度钢材相适应的焊条。

自动电弧焊的焊缝质量稳定，焊缝内部缺陷较少，塑性好，冲击韧性好，适合于焊接较长的直线焊缝。半自动焊因人工操作，适用于焊曲线或任意形状的焊缝。自动和半自动电弧焊应采用与主体金属相适应的焊丝和焊剂，焊丝应符合国家标准的规定，焊剂应根据焊接工艺要求确定。

气体保护焊是用惰性气体(或 CO_2 气体)作为电弧的保护介质，使熔化金属与空气隔绝，以保持焊接过程稳定。气体保护焊电弧加热集中，焊接速度快，熔深大，故焊缝强度比手工焊的高。且塑性和抗腐蚀性好，适合于厚钢板的焊接。

2. 焊缝形式

焊缝连接形式根据被连接构件间的相互位置可分为对接、搭接、T 形连接和角接四种形式。这些连接所用的焊缝有对接焊缝和角焊缝两种基本形式。在具体应用时，应根据连接的受力情况，结合制造、安装和焊接条件进行选择。图9.2所示为焊缝连接的形式。

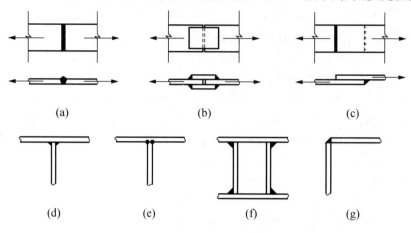

图9.2 焊缝的连接形式

(a) 对接连接；(b) 用拼接盖板的对接连接；(c) 搭接连接；
(d)、(e) T形连接；(f)、(g) 角部连接

焊缝按其工作性质来分有强度焊缝和密强焊缝两种。强度焊缝只作为传递内力之用，密强焊缝除传递内力外，还必须保证不使气体或液体渗漏。

焊缝按施焊位置分，有平焊、立焊、横焊和仰焊四种。平焊的施焊工作方便，质量好，效率高；立焊和横焊是在立面上施焊的竖向和水平焊缝，生产效率和焊接质量比平焊的差一些；仰焊是仰面向上施焊，操作条件最差，焊缝质量不易保证，因此应尽量避免采用。

3．焊缝构造

根据焊缝截面、构造可分为对接焊缝和角焊缝两种基本形式。

1) 对接焊缝

对接焊缝传力直接、平顺、没有显著的应力集中现象，因而受力性能良好，对于承受静、动荷载的构件连接都适用。但由于对接焊缝的质量要求较高，焊件之间施焊间隙要求较严，一般多用于工厂制造的连接中。

对接焊缝又称坡口焊缝，因为在施焊时应对板件边缘加工成适当形式和尺寸的坡口，如图9.3所示，以便焊接时有焊条运转的必要空间，保证对接焊缝内部有足够的熔透深度。坡口基本形式可分为I形、单边V形、V形、X形、U形和K形等。坡口形式随板厚和焊接方法而不同。采用手工焊时，当板厚 $t \leqslant 10mm$，可采用不切坡口的I形缝，只需保持间隙 $0.5 \sim 2mm$，$t \leqslant 5mm$ 时可单面焊；当板厚 $t=10 \sim 20mm$ 时，采用V形或半V形坡口；对于较厚的板件 $t \geqslant 20mm$ 时，采用X形、U形或K形。对于V形和U形缝的根部还需要清除焊根，并进行补焊。

没有条件清除焊根和补焊者，要事先加垫板。当采用自动焊时，因所用电流强、熔深大，只在 $t \geqslant 16mm$ 时，才采用V形坡口。

在焊件宽度或厚度有变化的连接中，为了减缓应力集中，应从板的一侧或两侧做成坡度不大于1：2.5的斜坡，如图9.4所示，形成平缓过渡。如板厚相差不大于4mm时，可不做斜坡。

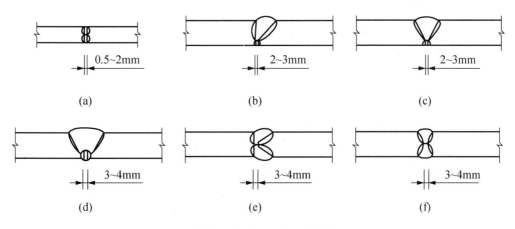

图 9.3 对接焊缝的坡口形式

(a) I 形缝；(b) 单边 V 形坡口；(c) V 形坡口；(d) U 形坡口；(e) K 形坡口；(f) X 形坡口

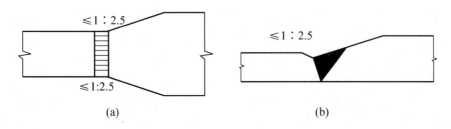

图 9.4 变截面板的拼接

(a) 改变宽度；(b) 改变厚度

一般在对接焊缝的起点和终点常出现弧坑等缺陷，这些缺陷统称为焊口，此处极易引起应力集中而产生裂纹，对承受动力荷载的结构更为不利。为避免焊口缺陷，施焊时应在焊缝两端设置引弧板，焊后将引弧板切除，并将板沿受力方向修磨平整，以消除焊口缺陷的影响，焊缝的计算长度即等于其实际长度。当受条件限制而无法采用引弧板施焊时，则每条焊缝的计算长度为实际长度减去 $2t$(此处 t 为较薄焊件厚度)。

2) 角焊缝

(1) 角焊缝的形式。角焊缝按其长度方向和外力作用方向的不同，可分为平行于力作用方向的侧面角焊缝、垂直于力作用方向的正面角焊缝与力作用方向斜交的斜向角焊缝以及围焊缝。

角焊缝截面形式又分为普通式、平坡式和深熔式，如图 9.5 所示。图中 h_f 称为角焊缝的焊脚尺寸。普通式截面焊脚边比例为 1∶1，近似于等腰直角三角形，其传力线弯折较剧烈，故应力集中严重。对直接承受动力荷载的结构，为使传力平顺，正面角焊缝宜采用两焊角边尺寸比例 1∶1.5 的平坡式(长边顺内力方向)，侧面角焊缝宜采用比例为 1∶1 的深熔式。

(2) 角焊缝的构造要求。

① 最小角焊脚尺寸。角焊缝的焊脚尺寸与焊件的厚度有关，当焊件较厚而焊脚尺寸又过小时，焊缝内部将因冷却过快而产生淬硬组织，降低塑性，容易形成裂纹。因此，角焊

缝的最小焊脚尺寸应满足 $h_{f\min} \geqslant 1.5\sqrt{t_{\max}}$，$t_{\max}$ 为较厚焊件厚度(单位 mm)。对自动焊因热量集中，熔深较大，$h_{f\min}$ 可减小 1mm；T 形连接的单面焊缝的性能较差，$h_{f\min}$ 应增加 1mm；当焊件厚度等于或小于 4mm 时，$h_{f\min}$ 应与焊件厚度相同。

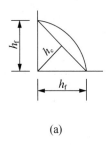 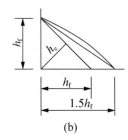 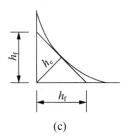

图 9.5　角焊缝截面形式

(a) 普通式；(b) 平坡式；(c) 深熔式

② 最大焊脚尺寸。角焊缝的焊脚尺寸过大，易使焊件形成烧伤、烧穿等"过烧"现象，且使焊件产生较大的焊接残余应力和焊接变形。因此，角焊缝的最大焊脚尺寸 $h_{f\max}$ 应符合 $h_{f\max} \leqslant 1.2t_{\min}$ 的要求，$t_{\min}$ 为较薄焊件的厚度。对焊件边缘的角焊缝，为防止施焊时产生"咬边"，$h_{f\max}$ 还应符合下列要求：当 $t > 6$mm 时，$h_{f\max} \leqslant t-(1 \sim 2)$mm；当 $t \leqslant 6$mm 时，$h_{f\max} \leqslant t$。

③ 不等焊脚尺寸。当两焊件的厚度相差较大，且采用等焊脚尺寸无法满足最大和最小焊脚尺寸的要求时，可采用不等焊脚尺寸，即与较厚焊件接触的焊脚符合 $h_{f\min} / 1.5\sqrt{t_{\max}}$，与较薄焊件接触的焊脚满足 $h_{f\max} \leqslant 1.2t_{\min}$ 的要求。

④ 最小焊缝计算长度。当角焊缝焊脚尺寸大而长度过小时，将使焊件局部受热严重，且焊缝起灭弧的弧坑相距太近，加上可能出现的其他缺陷，也使焊缝不够可靠。因此，角焊缝的计算长度应满足 $l_w / 8h_f$ 和 40mm。

⑤ 侧面角焊缝最大计算长度。侧面角焊缝沿长度方向的剪应力分布很不均匀，两端大中间小，且随焊缝长度与其焊脚尺寸之比增大而差别愈大。当此比值过大时，焊缝两端将会首先出现裂纹，而此时焊缝中部还未充分发挥其承载能力，在动力荷载作用下这种应力集中现象更为不利。因此，侧面角焊缝的计算长度不宜大于 $60h_f$(承受静载或间接承受动载时)或 $40h_f$(直接承受动载时)。当大于上述限制时，其超过部分在计算中不予考虑。若内力沿侧焊缝全长分布时，其计算长度不受此限制，如工字形截面梁或柱的翼缘与腹板连接焊缝等。

⑥ 当板件的端部仅有两侧面角焊缝连接时，如图 9.6 所示，为了避免应力传递过分弯折而使构件中应力过分不均，应使每条侧焊缝长度大于它们之间的距离，即 $l_w \geqslant b$。另外为了避免焊缝收缩时引起板件的拱曲过大，还应使 $b \leqslant 16t$ (当 $t > 12$mm) 或 190mm(当 $t \leqslant 12$mm)。当不满足此规定时，则应加正面角焊缝。

⑦ 在搭接连接中，搭接长度不得小于焊件较小厚度的 5 倍并不得小于 25mm，以减小因焊缝收缩而产生的残余应力及因传力偏心而产生的附加应力。

⑧ 在次要构件或次要焊缝连接中，若焊缝受力很小，采用连续焊缝其计算焊脚尺寸 h_f 小于最小容许值时，可采用间断角焊缝。间断角焊缝焊段的长度不得小于 $10h_f$ 或 500mm。各段之间净距 $e \leqslant 15t_{\min}$ (受压构件)或 $30t_{\min}$ (受拉构件)，以防板件局部凸曲鼓起，而对受力不利或潮气侵入而引起锈蚀。

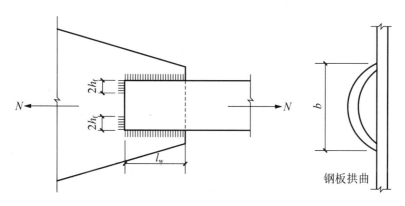

图 9.6 侧面角焊缝引起焊件拱曲

⑨ 当角焊缝的端部在构件转角处时,为避免起落弧的缺陷发生在此应力集中较大部位,宜作长度为 $2h_f$ 的绕角焊(见图 9.6),且转角处必须连续施焊,不能断弧。

4. 焊缝符号及标注方法

《焊缝符号表示法》规定:焊缝符号一般由基本符号与指引线组成,必要时还可加上补充符号和焊缝尺寸。

基本符号:表示焊缝的横截面形状,如用"△"表示角焊缝,用"V"表示 V 形坡口的对接焊缝;

补充符号:补充说明焊缝的某些特征,如用"▶"表示现场安装焊缝,用"⊏"表示焊件三面带有焊缝;

指引线:一般由横线和带箭头的斜线组成,箭头指向图形相应焊缝处,横线上方和下方用来标注基本符号和焊缝尺寸等。

表 9-1 列出了一些常用焊缝符号。

表 9-1 焊缝符号

形式	角焊缝			
	单面焊缝	双面焊缝	安装焊缝	相同焊缝
形式	⊥	⊥	⊥	⊥
标注方式	h_f	h_f	h_f	h_f

续表

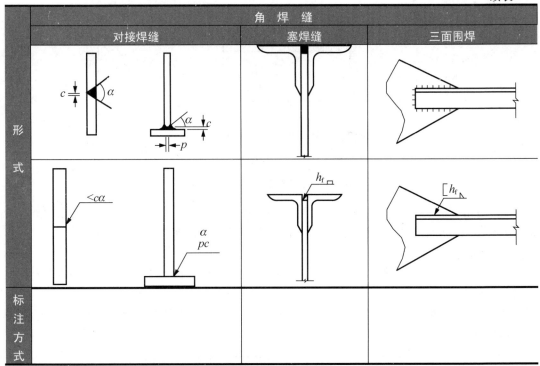

当焊缝分布比较复杂或用上述标注方法不能表达清楚时，在标注焊缝符号的同时，可在图形上加栅线表示，如图9.7所示。

图 9.7　用栅线表示焊缝

(a) 正面焊缝；(b) 背面焊缝；(c) 安装焊缝

5．焊缝质量检验和焊缝质量级别

焊缝质量的好坏直接影响连接的强度，如质量优良的对接焊缝，试验证明其强度高于母材，受拉试件的破坏部位多位于焊缝附近热影响区的母材上。但是，当焊缝中存在气孔、夹渣、咬边等缺陷时，它们不但使焊缝受力面积削弱，而且还在缺陷处引起应力集中，易于形成裂纹。在受拉连接中，裂纹更易扩展延伸，从而使焊缝在低于母材强度的情况下破坏。同样，缺陷也降低连接的疲劳强度。因此，对焊缝质量应按其受力性质和所处部位进行分级。

根据结构类型和重要性，《钢结构工程施工质量验收规范》将焊缝质量检验级别分为三级。三级检验项目规定只对全部焊缝做外观检查，即检验焊缝实际尺寸是否符合要求和有无外观缺陷；一级、二级焊缝除对全部焊缝作相应等级的外观缺陷检查外，还应采用超声波探伤进行内部缺陷的检验，当超声波探伤不能对缺陷作出判断时，应采用射线探伤。一级焊缝超声波和射线探伤的比例均为100%，二级焊缝超声波和射线探伤的比例均为20%，且均不小于 200mm。当焊缝长度小于 200mm 时，应对整条焊缝探伤。

钢结构中一般采用三级焊缝即可满足的强度要求，但对接焊缝的抗拉强度有较大的变异性，《钢结构设计规范》规定，其设计值仅为主体钢材的 85%左右。因而对有较大拉应力的对接焊缝以及直接承受动力荷载构件的较重要的焊缝，可部分采用二级焊缝，对抗动力和疲劳性能有较高要求处可采用一级焊缝。焊缝质量等级必须在施工图中标注，但三级焊缝不需要标注。

 **特别提示**

碳素结构钢应在焊缝冷却到环境温度、低合金结构钢应在完成焊接 24h 以后，进行焊缝探伤检验。焊缝施焊后应在工艺规定的焊缝及部位打上焊工钢印。

9.1.3 螺栓连接

1. 普通螺栓连接的构造

1) 普通螺栓的形式和规格

钢结构采用的普通形式为大六角头型，其代号用字母 M 与公称直径(mm)表示。工程中常用 M18，M20，M22，M24。按国际标准，螺栓统一用螺栓的性能等级来表示，如"4.6 级""8.8 级"等。小数点前数字表示螺栓材料的最低抗拉强度，如"4"表示 $400N/mm^2$，"8"表示 $800N/mm^2$。小数点后的数字(0.6、0.8)表示螺栓材料的屈强比，即屈服点与最低抗拉强度的比值。

根据螺栓的加工精度，普通螺栓又分为 A、B、C 三级。

A、B 级螺栓(精制螺栓)采用 8.8 级钢材制作，经机床车削加工而成，表面光滑，尺寸准确，且配用 I 类孔(即螺栓孔在装配好的构件上钻成或扩钻成，孔壁光滑，对孔准确)。由于其加工精度高，与孔壁接触紧密，其连接变形小，受力性能好，可用于承受较大剪力和拉力的连接。但制造和安装较费工，成本高，故在钢结构中较少采用。

C 级螺栓(粗制螺栓)用 4.6 级或 4.8 级钢制作，加工粗糙，尺寸不够准确，只要求 II 类孔(即螺栓孔在单个零件上一次冲成或不用钻模钻成。一般孔径比螺栓杆径大 1～2mm)。在传递剪力时，连接变形大，但传递拉力的性能尚好，操作无需特殊设备，成本低。常用于承受拉力的螺栓连接和承受静力荷载或间接承受动力荷载结构中的次要受剪连接。

在钢结构施工图上应按《建筑结构制图标准》(GB/T 50105—2010)的要求用图形将螺栓及螺孔的施工要求表示清楚(见表 9-2)，以免引起混淆。

表 9-2　螺栓及其孔眼图例

名　称	永久螺栓	高强度螺栓	安装螺栓	圆形螺栓	长圆形螺栓孔
图例	◇	◆	◈	⊕ φ	▭ b φ

2) 普通螺栓连接的排列

螺栓的排列应简单、统一而紧凑，满足受力要求，构造合理又便于安装。排列方式有并列和错列两种排列,如图9.8所示。并列较简单,错列较紧凑。

(1) 受力要求。螺栓孔(d_0)的最小端距(沿受力方向)为$2d_0$,以免板端被剪掉;螺栓孔的最小边距(垂直于受力方向)为$1.5d_0$(切割边)或$1.2d_0$(轧成边)。中间螺孔的最小间距(栓距和线距)为$3d_0$,否则螺孔周围应力集中的相互影响较大,且对钢板的截面削弱过多,从而降低其承载力。

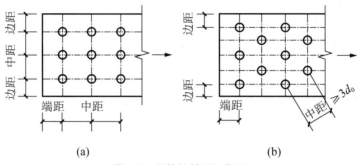

图9.8 螺栓的排列及间距

(a) 并列排列;(b) 错列排列

(2) 构造要求。螺栓的间距也不宜过大,尤其是受压板件当栓距过大时,容易发生凸曲现象。板和刚性构件(如槽钢、角钢等)连接时,栓距过大不易紧密接触,潮气易于侵入缝隙而锈蚀。按规范规定,栓孔中心最大间距受压时为$12d_0$或$18t_{min}$(t_{min}为外层较薄板件的厚度),受拉时为$16d_0$或$24t_{min}$,中心至构件边缘最大距离为$4d_0$或$8t_{min}$。

(3) 施工要求。螺栓间应有足够距离,以便转动扳手,拧紧螺母。

根据上述螺栓的最大、最小容许距离,排列螺栓时宜按最小容许距离取用,且宜取5mm的倍数,并按等距离布置,以缩小连接的尺寸。最大的容许距离一般只在起联系作用的构造连接中采用。

2. 普通螺栓连接的受力特点

普通螺栓连接,按螺栓传力方式可分为受剪螺栓连接、受拉螺栓连接和拉剪螺栓连接三种。受剪螺栓连接是靠栓杆受剪和孔壁承压传力;受拉螺栓连接是靠沿栓杆轴向受拉传力;拉剪螺栓连接则同时兼有上述两种传力方式。

(1) 受剪螺栓连接。如图9.9所示为单个受剪螺栓的受力情况。在开始受力阶段,作用力主要靠钢板之间的摩擦力来传递。由于普通螺栓紧固的预拉力很小,即板件之间的摩擦力也很小,当外力逐渐增长到克服摩擦力后,板件发生相对滑移,而使栓杆和孔壁靠紧,此时栓杆受剪,而孔壁承受挤压。随着外力的不断增大,连接达到其极限承载力而发生破坏。

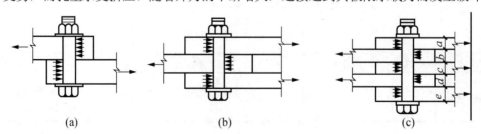

图9.9 单个受剪螺栓的受力情况

(a) 单剪;(b) 双剪;(c) 四剪

受剪螺栓连接在达到极限承载力时，可能出现如下五种破坏形式：
① 栓杆剪断。当螺栓直径较小钢板相对较厚时，可能发生，如图9.10(a)所示。
② 孔壁挤压破坏。当螺栓直径较大钢板相对较薄时，可能发生，如图9.10(b)所示。
③ 钢板拉断。当钢板因螺孔削弱过多时，可能发生，如图9.10(c)所示。
④ 端部钢板剪断。当受力方向的端距过小时，可能发生，如图9.10(d)所示。
⑤ 栓杆受剪破坏。当螺栓过于细长时，可能发生，如图9.10(e)所示。

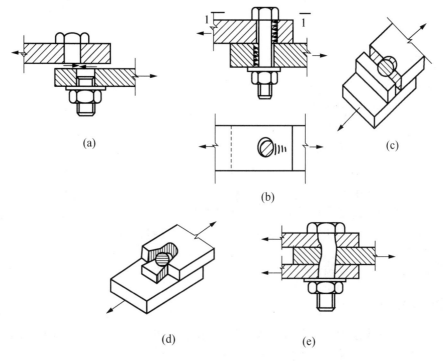

图9.10 受剪螺栓连接的破坏形式

上述破坏形式中的后两种在选用最小容许端距$2d_0$和使螺栓的夹紧长度不超过$5d_0$的条件下，均不会发生。前三种形式的破坏，则需要通过计算来防止。

(2) 受拉螺栓连接。如图9.11所示受拉螺栓连接中，在外力N作用下，构件相互间有分离趋势，从而使螺栓沿杆轴方向受拉。受拉螺栓的破坏形式是栓杆被拉断，其部位多在被螺纹削弱的截面处。

(3) 拉剪螺栓连接。由于C级螺栓的抗剪能力差，故对重要连接一般均应在端板下设置支托，以承受剪力，如图9.12所示。对次要连接，若端板下不设支托，则螺栓将同时承受剪力和沿杆轴方向的拉力的作用。

特别提示

普通螺栓作为永久性连接螺栓时，当设计有要求或对其质量有疑义时，应进行螺栓实物最小拉力载荷复验。永久性普通螺栓紧固应牢固、可靠，外露丝扣不应少于2扣。

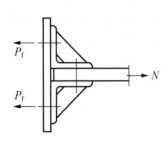 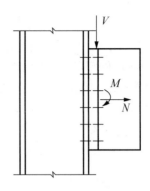

图 9.11 受拉螺栓连接图　　　　图 9.12 拉剪螺栓连接

3. 高强度螺栓的受力特点

高强度螺栓连接按设计和受力要求可分为摩擦型和承压型两种。摩擦型连接在承受剪切时，以外剪力达到板件间可能发生的最大摩阻力为极限状态；当超过时板件间发生相对滑移，即认为连接已失效而破坏。承压型连接在受剪时，则允许摩擦力被克服并发生板件间相对滑移，然后外力可以继续增加，并以此后发生的螺杆剪切或孔壁承压的最终破坏为极限状态。两种形式螺栓在受拉时没有区别。

高强度螺栓和普通螺栓连接受力的主要区别是：普通螺栓连接的螺母拧紧的预拉力很小，受力后全靠螺杆承压和抗剪来传递剪力。而高强度螺栓安装时靠拧紧螺母，对螺杆施加强大而受控制的预拉力，此预拉力将被连接的构件夹紧。靠构件夹紧而由接触面间的摩阻力来承受连接内力是高强度螺栓连接受力的特点。

特别提示

在钢结构构件连接时，可单独采用焊接连接或螺栓连接，也可同时采用焊接连接和螺栓连接。一般情况下，翼缘采用焊缝连接，腹板采用螺栓连接。

任务 9.2　钢结构构件

知识导航

9.2.1　钢结构构件概述

轴心受力构件是指承受通过截面形心的轴向力作用的构件，分为轴心受拉构件和轴心受压构件。它们广泛地应用于柱、桁架、网架、塔架和支撑等结构中。

1. 轴心受力构件的受力特点

轴心受拉构件设计时，应满足强度和刚度的要求。按承载力极限状态的要求，轴心受拉构件净截面的平均应力不应超过钢材的屈服强度；按正常使用极限状态的要求，应具有必要的刚度，否则在制造、运输和安装过程中容易弯扭变形，在自重的作用下会产生较大挠度，在承受动力荷载时会引起较大的振动等。轴心受拉构件的刚度是以它的长细比来控制的。

轴心受压构件的受力性能与受拉构件不同，除有些短粗或截面有较大削弱的构件其承载力由强度条件起控制作用外，一般情况下，轴心受压构件的承载能力是由稳定条件决定的。因此设计时除满足强度和刚度的条件外，还应满足整体稳定性和局部稳定性的要求。

2. 受弯构件的类型和应用

承受横向荷载的实腹式受弯构件通常称为梁，它是组成钢结构的基本构件之一，应用广泛，例如房屋建筑中的楼盖梁、工作平台梁、屋面檩条和墙架横梁、吊车梁以及桥梁、水工闸门、起重机、海上采油平台中的梁等。

钢梁按截面的形式分为型钢梁和组合梁两大类。型钢梁构造简单，制造省工，成本较低，故应用较多。但在荷载较大或构件的跨度较大时，所需梁的截面尺寸较大时，由于轧制条件的限制，型钢的尺寸、规格不能满足梁承载力和刚度的要求，这时常采用组合梁。

型钢梁的截面有热轧工字钢[图9.13(a)]、热轧H形钢[图9.13(b)]和槽钢[图9.13(c)]三种，其中以H形钢的截面分布最合理，翼缘内外边缘平行，与其他构件连接较方便，应予优先采用，用于梁的H形钢宜为窄翼缘型(HN形)。槽钢因其截面扭转中心在腹板外侧，弯曲时将同时产生扭转，受荷不利，故只有在构造上使荷载作用线接近扭转中心，或能适当保证截面不发生扭转时才被采用。由于轧制条件的限制，热轧型钢腹板的厚度较大，用钢量较多。某些受弯构件(如檩条)采用冷弯薄壁型钢[图9.13(d)~(f)]较经济，但防腐要求较高。

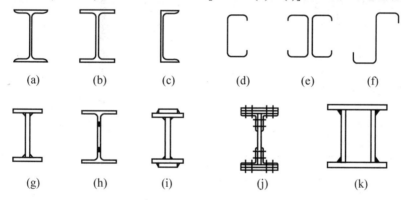

图9.13 梁的截面类型

组合梁一般为三块钢板焊接而成的工字形截面[图9.13(g)]，或有T型钢(用H型钢剖分而成)中间加钢板的焊接截面[图9.13(h)]。当焊接组合梁翼缘需要较厚时，可采用两层翼缘板的截面[图9.13(i)]。受动力荷载的如钢材质量不能满足焊接结构的要求时，可采用高强度螺栓和铆钉连接而成的工字形截面[图9.13(j)]。荷载很大而高度受到限制或梁的抗扭要求较高时，可采用箱形截面[图9.13(k)]。组合梁的截面组成比较灵活，可使材料在截面上的分布更为合理，节省钢材。

钢梁按支承情况可分为简支梁、连续梁、悬伸梁等。与连续梁相比，简支梁虽然其弯矩常常较大，但它不受温度变化和支座沉陷的影响，并且制造、安装、维修、拆换较方便，因而受到广泛的应用。

钢梁按荷载作用情况不同，还可分为仅在一个主平面内受弯的单向弯曲梁和在两个主平面内受弯的双向弯曲梁。

在土木工程中，除少数情况如吊车梁、起重机大梁或上承式铁路板梁桥等可单根梁或两根梁对称布置外，通常由若干梁平行或交叉排列而成梁格，图 9.14 所示即为工作平台梁布置示例。

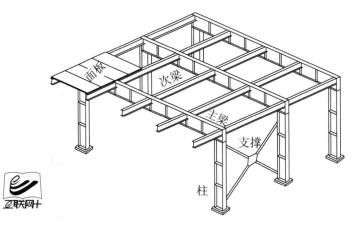

图 9.14　工作平台梁格布置示例

根据主梁和次梁的排列情况，梁格可分为三种类型：

(1) 单向梁格，如图 9.15(a)所示。只有主梁，适用于楼盖或平台结构的横向尺寸较小或面板跨度较大的情况。

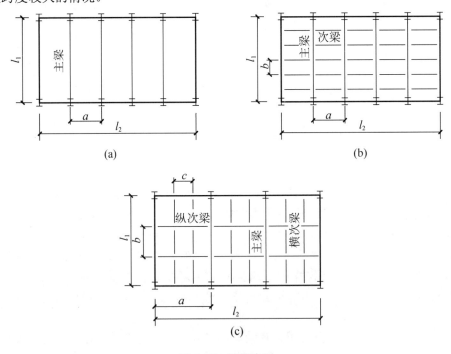

图 9.15　梁格类型

(2) 双向梁格，如图 9.15(b)所示。有主梁及一个方向的次梁，次梁由主梁支承，是最为常用的梁格类型。

(3) 复式梁格，如图 9.15(c)所示。在主梁间设纵向次梁，纵向次梁间再设横向次梁。荷载传递层次多，梁格构造复杂，故应用较少，只适用于荷载重和主梁间距很大的情况。

能力导航

9.2.2 轴心受力构件

轴心受压柱由柱头、柱身、柱脚三部分组成。按柱身的构造型式可分为实腹式和格构式两类。

1. 实腹式轴心受压柱

(1) 截面形式。实腹式轴心受压柱一般选用双轴对称的型钢截面或组合截面。在选择截面形式时，主要考虑等稳定性、肢宽壁薄、制造省工、构造简便等原则。

(2) 设置加劲肋。为了提高构件的抗扭刚度，防止构件在施工和运输过程中发生变形，当 $\dfrac{h_0}{t_w} > 80$ 时，应在一定位置设置成对的横向加劲肋，如图 9.16 所示。横向加劲肋的间距不得大于 $3h_0$，其外伸宽度 b_s 不小于 $\left(\dfrac{h_0}{30}+40\right)$ mm，厚度 t_s 不得小于 $\dfrac{b_s}{15}$。

对大型实腹式柱，为了增加其抗扭刚度和传递集中力作用，在受有较大水平力处以及运输单元的端部，应设置横隔(即加宽的横向加劲肋)。横隔的间距一般不大于柱截面较大宽度的 9 倍或 8m。此外，在受有较大水平力处亦应设置横隔，以防止柱局部弯曲变形。

轴心受压实腹柱板件间(如工字形截面翼缘与腹板间)的纵向焊缝只承受柱初弯曲或因偶然横向力作用等产生的很小的剪力，因此不必计算，焊脚尺寸可按焊缝构造要求采用。

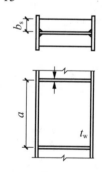

图 9.16 实腹柱的横向加劲肋加强

(3) 柱头的构造。轴心受压柱主要承受与其相连的梁传来的荷载(梁的支承反力)，梁与柱的连接构造与梁的端部构造有关。连接设计应传力可靠，便于制作、运输、安装和经济合理。轴心受压柱与梁为铰接，一般有两种构造方案。一种是将梁支承于柱顶，如图 9.17所示；另一种是将梁支承于柱的侧面，如图 9.18 所示。

① 柱顶支承梁的构造。图 9.17 所示是梁支承于柱顶的铰接连接图。梁的反力通过柱的顶板传给柱；顶板一般取 16~20mm 厚，与柱用焊缝相连；梁与顶板用普通螺栓相连，以便安装定位。

图 9.17(a)中，梁支承加劲肋应对准柱的翼缘，使梁的支承反力通过支承加劲肋及垫板传递给柱的翼缘。为了便于安装，相邻梁之间留一空隙，最后用夹板和构造螺栓相连，以防止单个梁的倾斜。这种连接形式传力明确，构造简单，施工方便，但当两相邻反力不等时即引起柱的偏心受压，一侧梁传递的反力很大时，还可能引起柱翼缘的局部屈曲。

图 9.17(b)中，梁通过端板连接于柱的轴线附近，这样即使相邻反力不等，柱仍接近轴心受压。突缘加劲肋底部应刨平顶紧于柱顶板；柱的腹板是主要受力部分，其厚度不能太薄，同时在柱顶板之下，腹板两侧应设置加劲肋，两相邻梁之间应留一定空隙便于安装时调节，最后嵌入合适的填板并用构造螺栓相连。

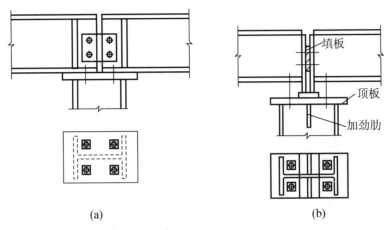

图 9.17　梁支承于柱顶的铰接连接

② 柱侧支承梁的构造。梁连接在柱的侧面，当梁的反力较小时，可采用如图 9.18(a)所示的连接，直接将梁搁置在柱的承托上，用普通螺栓连接，梁与柱侧间留一空隙，用角钢和构造螺栓相连。这种连接形式比较简单，施工方便。当梁反力较大时，可采用如图 9.18(b)所示的方案，用厚钢板作承托，承托与柱侧面用焊缝相连，这种连接方式，制造与安装的精度要求较高，承托板的端面必须刨平顶紧以便直接传递压力。梁与柱侧仍留一定空隙，梁吊装就位后，用填板和构造螺栓将柱翼缘和梁端板连接起来。

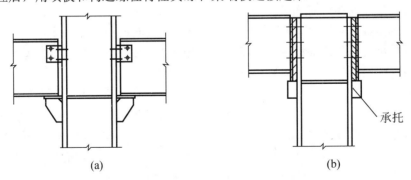

图 9.18　梁支承于柱侧的铰接连接

(4) 柱脚的构造。柱脚的作用是将柱身的压力均匀地传给基础，并和基础牢固的连接起来。在整个柱中，柱脚是比较费钢费工的部分。设计时应力求简明，并尽可能符合结构的计算简图，便于安装固定。

柱脚按其与基础的连接方式的不同可分为铰接和刚接两类，轴心受压柱、框架柱或压弯构件，这两种形式均有采用。其中铰接主要承受轴心压力，刚接主要承受压力和弯矩。本节只讲铰接柱脚。

图 9.19 是常用的铰接柱脚的几种形式，主要用于轴心受压柱。当柱轴力很小时，可采用图 9.19(a)的形式，在柱的端部只焊一块不太厚的底板，柱身的压力经过焊缝传到底板，底板再将柱身的压力传到基础上。当柱轴力较大时，可采用图 9.19(b)、(c)的形式，柱端通过竖焊缝将力传给靴梁，靴梁通过底部焊缝将压力传给底板。靴梁不仅增加了传力焊缝的长度，同时也将底板分成较小的区格，减小了底板在反力作用下的最大弯矩值。当采用靴梁后，底板的弯矩值仍较大时，可再采用隔板和肋板，如图 9.19(c)所示。

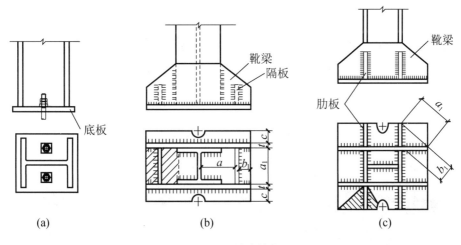

图 9.19 铰接柱脚

柱脚通过锚栓固定于基础。铰接柱脚只沿着一条轴线设置两个连接于底板上的锚栓，锚栓的直径一般为 20～25mm。为了便于安装，底板上的锚栓孔径取为锚栓直径的 1.5～2 倍。待柱就位并调整到设计位置后，再用垫板套住锚栓并与底板焊牢。

2．格构式轴心受压柱

图 9.20 是常用的轴心受压格构柱的截面形式。由于柱肢布置在距截面形心一定距离的位置上，通过调整肢间距离可以使两个方向具有相同的稳定性。与实腹柱相比，在用料相同的情况下可增大截面惯性矩，提高刚度和稳定性。

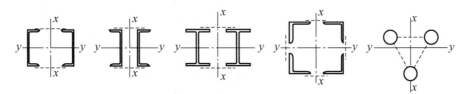

图 9.20 格构式轴心受压构件的截面组成形式

格构式轴心受压柱常用两槽钢组成，通常使翼缘朝内，这样缀材长度较小，外部平整。当荷载较大时，也常用两工字钢组成的双肢截面柱。对于轴向力较小但长度较大的杆件，也可以采用钢管或角钢组成的三肢或四肢截面形式。肢件通过缀材连成一体，根据缀材的不同可分为缀条柱和缀板柱两种。缀条常采用单角钢，一般与构件轴线成 $\alpha=40°\sim70°$ 夹角斜放，此称为斜缀条，如图 9.21(a)所示，也可同时增设与构件轴线垂直的横缀条。缀板用钢板制造，一律按等距离垂直于构件轴线横放，如图 9.21(b)所示。

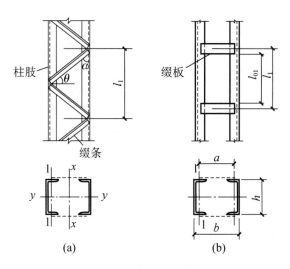

图 9.21 格构柱组成图

(a) 缀条柱；(b) 缀板柱

9.2.3 受弯构件

1. 受弯构件(梁)的稳定性

(1) 梁整体稳定性。为了提高抗弯强度，节省钢材，钢梁截面一般做成高而窄的形式，受荷方向刚度大而侧向刚度较小，如果梁的侧向支承较弱(比如仅在支座处有侧向支承)，梁的弯曲会随荷载大小的不同而呈现两种截然不同的平衡状态。

如图 9.22 所示的工字形截面梁，荷载作用在其最大刚度平面内，当荷载较小时，梁的弯曲平衡状态是稳定的。虽然外界各种因素会使梁产生微小的侧向弯曲和扭转变形，但外界影响消失后，梁仍能恢复原来的弯曲平衡状态。然而，当荷载增大到某一数值后，梁在向下弯曲的同时，将突然发生侧向弯曲和扭转变形的破坏，这种现象称之为梁的整体失稳，为侧向弯扭屈曲。因此钢梁设计时不仅要满足强度、刚度要求，还应保证梁的整体稳定性。

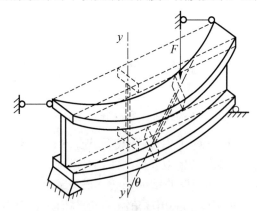

图 9.22 梁的整体失稳

钢梁整体失去稳定时，梁将发生较大的侧向弯曲和扭转变形，因此为了提高梁的整体稳定承载力，任何钢梁在其端部支承处都应采取构造措施，以防止其端部截面的扭转。当有铺板密铺在梁的受压翼缘上并与其牢固相连，能阻止受压翼缘的侧向位移时，梁就不会丧失整体稳定，因此也不必计算梁的整体稳定性。当梁上有密铺的刚性铺板(楼盖梁的楼面板和公路桥、人行天桥的面板等)时，应使之与梁的受压翼缘连牢；若无刚性铺板或铺板与梁受压翼缘连接不可靠，则应设置平面支撑。楼盖或工作平台梁格的平面支撑有横向平面支撑和纵向平面支撑两种，横向支撑使主梁受压翼缘的自由长度由其跨长减小为 l_1(次梁间距)；纵向支撑是为了保证整个楼面的横向刚度。不论有无连牢的刚性铺板，支承工作平台梁格的支柱间均应设置柱间支撑，除非柱列设计为上端铰接，下端嵌固于基础的排架。

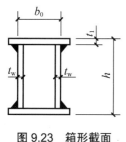

图 9.23 箱形截面

《钢结构设计规范》规定，符合下列情况之一时，可不计算梁的整体稳定性。

① 有刚性铺板密铺在梁的受压翼缘上并与其牢固连接，能阻止梁受压翼缘的侧向位移时。

② 工字形截面简支梁受压翼缘的自由长度与其宽度之比 l_1/b_1 不超过表 9-3 所规定的数值时；箱形截面(见图 9.23)简支梁，其截面尺寸满足 $h/b_0 \leq 6$，且 $l_1/b_0 \leq 95(235/f_y)$ 时(箱形截面的此条件很容易满足)。

表 9-3　H 形钢和等截面工字形简支梁不需计算整体稳定性的最大 l_1/b_1 值

钢号	跨中无侧向支承点的梁		跨中有侧向支承点的梁，不论荷载作用于何处
	荷载作用在上翼缘	荷载作用在下翼缘	
Q235	13	20	16
Q345	10.5	16.5	13
Q390	10	15.5	12.5
Q420	9.5	15	12

注：其他钢号的梁不需计算整体稳定性的最大 l_1/b_1 值应取 Q235 钢的数值乘以 $\sqrt{235/f_y}$。

(2) 梁局部稳定性。组合梁一般由翼缘和腹板等板件组成，如果将这些板件不适当的减薄加宽，板中压应力或剪应力达到某一数值后，腹板或受压翼缘有可能偏离其平面位置，出现波形鼓曲，如图 9.24 所示，这种现象称为局部失稳。

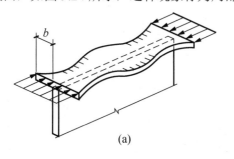
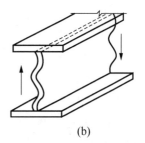

图 9.24 梁局部失稳

(a) 翼缘；(b) 腹板

热轧型钢由于轧制条件，其板件宽厚比较小，都能满足局部稳定要求，不需要计算。对冷弯薄壁型钢梁的受压或受弯板件，宽厚比不超过规定的限制时，认为板件全部有效；当超过此限制时，则只考虑一部分宽度有效(称为有效宽度)，应按《冷弯薄壁型钢结构技术规范》计算。

① 受压翼缘局部稳定。梁受压翼缘自由外伸宽度 b 与其厚度之比应满足 $\dfrac{b}{t} \leqslant 13\sqrt{\dfrac{235}{f_y}}$，当计算梁抗弯强度 $\gamma_x = 1.0$ 时，可放宽至 $\dfrac{b}{t} \leqslant 15\sqrt{\dfrac{235}{f_y}}$。

② 腹板的局部稳定。腹板若采用限制高厚比的办法显然是不经济的。因此常采用设置加劲肋的方法予以加强，如图 9.25 所示。通过在腹板两侧成对布置加劲肋，将腹板分隔成较小的区格来提高其抵抗局部屈曲的能力。加劲肋可以分为横向加劲肋、纵向加劲肋、短加劲肋和支承加劲肋等几种，设计时可按《钢结构设计规范》有关规定采用。

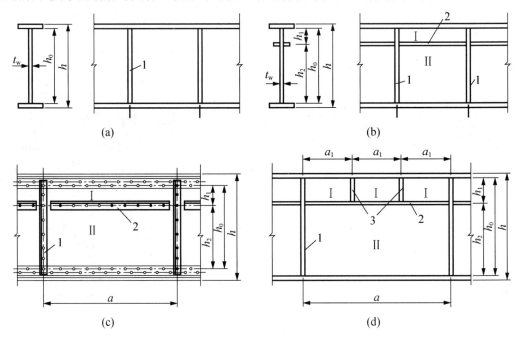

图 9.25 腹板加劲肋的布置形式

1—横向加劲肋；2—纵向加劲肋；3—短加劲肋

2. 梁的拼接和连接

(1) 梁的拼接。梁的拼接有工厂拼接和工地拼接两种。如果梁的长度、高度大于钢材的尺寸，常需要先将腹板和翼缘用几段钢材板拼接起来，然后再焊接成梁，这种拼接一般在工厂中进行，称为工厂拼接。跨度大的梁，可能由于运输或安装条件的限制，需将梁分成几段运至工地或吊至高空就位后再拼接起来，由于这种拼接是在工地进行，因此称为工地拼接。

(2) 次梁与主梁的连接。次梁和主梁的连接形式有叠接和平接两种。

叠接，如图 9.26 所示是将次梁直接搁在主梁上面，用螺栓或焊缝连接，构造简单，但需要的结构高度大，其使用常受到限制，且连接刚性差一些。图 9.26(a)所示是次梁为简支梁时与主梁连接的构造，而图 9.26(b)所示是次梁为连续梁时与主梁的连接的构造。如次梁截面较大时，应另采取构造措施防止支承处截面的扭转。

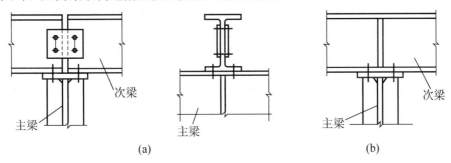

图 9.26 次梁与主梁的叠接

平接也称侧面连接，如图 9.27 所示。它是使次梁顶面与主梁相平和略高、略低于主梁顶面，从侧面与主梁的加劲肋或腹板上设的短角钢或支托相连接。图 9.27(a)、(b)、(c)是次梁为简支梁时与主梁连接的构造，图 9.27(d)是次梁与主梁刚连接的构造。平接虽构造复杂，但可降低结构高度，故在实际工程中应用较广泛。

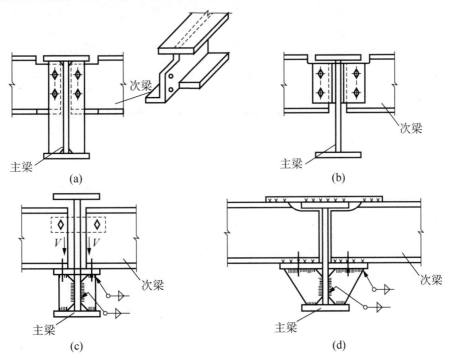

图 9.27 次梁与主梁的平接

实践教学课题　钢结构工程现场参观及识读简单钢结构施工图

【目的与意义】通过到施工现场参观学习，可加深对钢结构的构造要求、连接方法、加工安装等内容的理解；通过对简单钢结构施工图的识读，掌握识图的基本内容，为今后从事工程造价及施工、设计、监理等工作奠定基础。

【内容与要求】在指导教师的指导下，结合现行规范、标准图集、构造详图等，着重对一在建的钢结构工程进行参观学习，主要针对钢屋架、墙、柱、楼盖、节点等展开实践，全面了解钢结构的连接方式、加工及安装要求及节点构造等内容。同时，选择一简单的钢结构施工图进行识读以加深理解。

项目小结

(1) 钢结构的连接方法有焊缝连接、螺栓连接和铆钉连接三种。

(2) 焊缝连接是通过电弧产生的热量使焊条和焊件局部熔化，经冷却凝结成焊缝，从而将焊件连接成为一体，是目前钢结构应用最广泛的连接方法。

(3) 螺栓连接是通过螺栓这种紧固件把连接件连接成为一体。螺栓连接分普通螺栓连接和高强度螺栓连接两种。

(4) 钢结构常用的焊接方法：电弧焊，包括手工电弧焊、自动或半自动电弧焊以及气体保护焊等。

(5) 焊缝形式：根据焊缝截面、构造可分为对接焊缝和角焊缝两种基本形式。

(6) 轴心受力构件包括轴心受拉和轴心受压构件。

(7) 钢梁设计时不仅要满足强度、刚度要求，还应保证梁的整体稳定性。

(8) 梁的拼接有工厂拼接和工地拼接两种，次梁和主梁的连接形式有叠接和平接两种。

习 题

一、填空题

1. 钢结构的连接方法有_____、_____、_____。
2. 螺栓连接分_____连接和_____连接两种。
3. 铆接传力可靠，塑性、韧性均较好，质量易于检查和保证，可用于_____结构。
4. 钢结构常用的焊接方法_____、_____、_____，其中最常用的焊接方法_____。
5. 焊缝连接形式根据被连接构件间的相互位置可分为_____、_____、T形连接和_____四种形式。
6. 焊缝按施焊位置分_____、_____、_____和仰焊四种。
7. 根据结构类型和重要性，《钢结构工程施工质量验收规范》将焊缝质量检验级别分为_____级。

8. 按国际标准，螺栓统一用螺栓的性能等级来表示，如"4.6级"的含义是_____。
9. 轴心受压柱由_____、_____和柱脚三部分组成。按柱身的构造型式可分为_____和_____两类。

二、简答题
1. 焊缝连接的优缺点是什么？焊缝构造要求有哪些？
2. 普通螺栓连接的排列的构造要求是什么？
3. 受剪螺栓连接在达到极限承载力时，可能出现的破坏形式有哪些？
4. 高强度螺栓和普通螺栓连接受力的主要区别是什么？
5. 轴心受力构件的特点是什么？
6. 轴心受压柱的柱头和柱脚的构造要求是什么？
7. 什么条件下可不计算梁的整体稳定？组合梁的翼缘和腹板各采取什么措施保证局部稳定？
8. 受弯构件的种类和应用有哪些？
9. 梁的拼接方式和连接方式有哪些？

项目 10 建筑结构施工图的识读

教学目标

通过本项目的学习,熟悉结构施工图的内容,掌握混凝土结构施工图平面整体表示方法制图规则,掌握各种钢筋混凝土构件标准构造制图规则与构造要求。

教学要求

能 力 要 求	相 关 知 识	权 重
能够识读一套完整的结构施工图	结构施工图的方法与步骤	30%
能够识读平法结构施工图	混凝土结构施工图平面整体表示方法的制图规则	40%
能够将平法结构施工图转化为标准构造详图	能够将平法结构施工图转化为标准构造详图	30%

学习重点

混凝土结构施工图平面整体表示方法制图规则与构造详图。

引例

本书附图为 5 层办公楼建筑结构施工图,该建筑采用框架结构,建筑面积 2445.3m²,试问:

(1) 一套完整的结构施工图包含哪些内容?如何识读?
(2) 梁平面整体表示法配筋图与传统法施工图有何区别?二者如何转换?
(3) 传统板配筋图能否也可采用平面整体表示法进行表达?

任务 10.1　结构施工图概述

知识导航

10.1.1 施工图的主要内容

一套完整的房屋施工图通常包括:建筑施工图、结构施工图和设备施工图。

建筑施工图是表达建筑物的外部形状、内部布置、内外装修、构造及施工要求的工程图纸,简称建筑图。它包括的内容及一般排放顺序为:图纸目录、建筑设计说明、建筑总平面图、建筑平面图、建筑立面图、建筑剖面、建筑详图。在整套房屋施工图中建筑施工图是最具有全局地位的图纸,是其他专业进行设计、施工的技术依据和条件。

结构施工图是表达建筑物的承重系统如何布局,各种承重构件如梁、板、柱、屋架、支撑、基础等的形状、尺寸、材料及构造的图纸,简称结构图。它一般包括:结构设计说明、结构布置图和构件详图三部分。

在现代房屋建筑中,都要安装给水排水、采暖通风和建筑电气等工程设施。每项工程设施都必须经过专业的设计表达在图纸上,这些图纸分别称为给水排水工程图、采暖通风工程图、建筑电气工程图,它们统称为建筑设备施工图。

10.1.2 结构制图的一般要求

(1) 图线宽度 b,应按《房屋建筑制图统一标准》(GB/T 50001—2010)中"图线"的规定选用。每个图样应根据复杂程度与比例大小,先选用适当的基本线宽度 b,再选用相应的线宽组。在同一张图纸中,相同比例的各图样,应选用相同的线宽组。建筑结构专业制图,应选用表 10-1 所示的图线。

表 10-1 结构施工图中线型的使用

名称		线型	线宽	一般用途
实线	粗	——————	b	螺栓、钢筋线、结构平面布置图中单线结构构件线、钢木支撑及系杆线,图名下横线、剖切线
	中粗	——————	$0.7b$	结构平面图及详图中剖到或可见的墙身轮廓线、基础轮廓线、钢、木结构轮廓线、钢筋线
	中	——————	$0.5b$	结构平面图中及详图中剖到或可见墙身轮廓线、基础轮廓线、可见的钢筋混凝土构件轮廓线、钢筋线
	细	——————	$0.25b$	标注引出线、标高符号线、索引符号线、尺寸线
虚线	粗	- - - - - -	b	不可见的钢筋线、螺栓线、结构平面图中不可见的单线结构构件线及钢、木支撑线
	中粗	- - - - - -	$0.7b$	结构平面图中的不可见构件、墙身轮廓线及不可见钢、木结构构件线、不可见的钢筋线
	中	- - - - - -	$0.5b$	结构平面图中不可见构件、墙身轮廓线及不可见钢、木结构构件线、不可见的钢筋线
	细	- - - - - -	$0.25b$	基础平面图中管沟轮廓线,不可见的钢筋混凝土构件轮廓线
单点长画线	粗	—·—·—	b	柱间支撑、垂直支撑、设备基础轴线图中的中心线
	细	—·—·—	$0.25b$	定位轴线、对称线、中心线、重心线
双点长画线	粗	—··—··—	b	预定应力钢筋线
	细	—··—··—	$0.25b$	原有结构轮廓线
折断线		～	$0.25b$	断开界限
波浪线		～～	$0.25b$	断开界限

特别提示

《房屋建筑制图统一标准》(GB/T 50001—2010)在旧规范(2001年版)的基础上增加了中粗实线与中粗虚线。

(2) 绘图时根据图样的用途,被绘物体的复杂程度,应选用表 10-2 中的常用比例,特殊情况下也可选用可用比例。

表 10-2 结构图的比例

图 名	常用比例	可用比例
结构平面布置图及基础平面图	1:50, 1:100, 1:150	1:60, 1:200
圈梁平面图、总图中管沟、地下设施等	1:200, 1:500	1:300
详图	1:10, 1:20, 1:50	1:5, 1:30, 1:25

(3) 当构件的纵、横向断面尺寸相差悬殊时，可在同一详图中的纵、横向选用不同的比例绘制。轴线尺寸与构件尺寸也可选用不同的比例绘制。

(4) 构件的名称应用代号来表示，代号后应用阿拉伯数字标注该构件的型号或编号，也可为构件的顺序号。构件的顺序号采用不带角标的阿拉伯数字连续编排。常用的构件代号见表 10-3。

表 10-3 常用结构构件的代号

序号	名称	代号	序号	名称	代号	序号	名称	代号
1	板	B	19	圈梁	QL	37	承台	CT
2	屋面板	WB	20	过梁	GL	38	设备基础	SJ
3	空心板	KB	21	连系梁	LL	39	桩	ZH
4	槽形板	CB	22	基础梁	JL	40	挡土墙	DQ
5	折板	ZB	23	楼梯梁	TL	41	地沟	DG
6	密肋板	MB	24	框架梁	KL	42	柱间支撑	ZC
7	楼梯板	TB	25	框支梁	KZL	43	垂直支撑	CC
8	盖板或沟盖板	GB	26	屋面框架梁	WKL	44	水平支撑	SC
9	挡雨板或檐口板	YB	27	檩条	LT	45	梯	T
10	吊车安全走道板	DB	28	屋架	WJ	46	雨篷	YP
11	墙板	QB	29	托架	TJ	47	阳台	YT
12	天沟板	TGB	30	天窗架	CJ	48	梁垫	LD
13	梁	L	31	框架	KJ	49	预埋件	M-
14	屋面梁	WL	32	刚架	GJ	50	天窗端壁	TD
15	吊车梁	DL	33	支架	ZJ	51	钢筋网	W
16	单轨吊车梁	DDL	34	柱	Z	52	钢筋骨架	G
17	轨道连接	DGL	35	框架柱	KZ	53	基础	J
18	车挡	CD	36	构造柱	GZ	54	暗柱	AZ

注：预应力钢筋混凝土构件代号，应在构件代号前加注"Y-"，如 Y-WL 表示预应力钢筋混凝土屋面梁。

 **特别提示**

常用结构构件的代号主要采用中文名称拼音首写字母表示，在实际结构施工图中存在一些个别差异。

(5) 结构图应采用正投影法绘制，特殊情况下也可采用仰视投影绘制。

(6) 钢筋的一般表示方法应符合表 10-4 的规定。

(7) 钢筋的画法应符合表 10-4 的规定。

表 10-4 一般钢筋的画法

序号	名称	图例
1	在平面图中配置双层钢筋时，底层钢筋弯钩应向上或向左，顶层钢筋则向下或向右	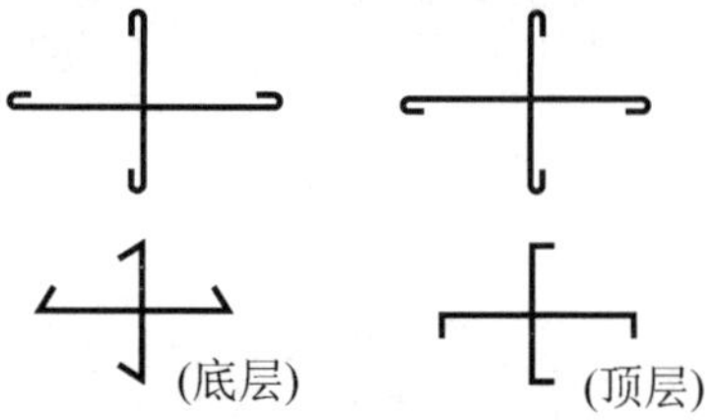 （底层）（顶层）
2	钢筋混凝土墙配双层钢筋的墙体，在配筋立面图中，远面钢筋的弯钩应向上或向左,而近面钢筋则向下或向右(JM：近面；YM：远面)	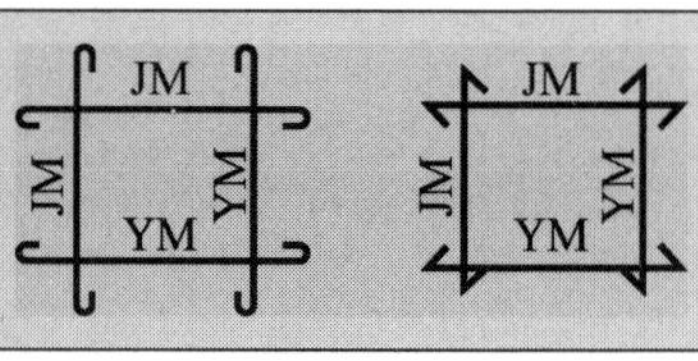
3	若在断面图中不能表示清楚钢筋布置，应在断面图外面增加钢筋大样图(如钢筋混凝土墙，楼梯等)	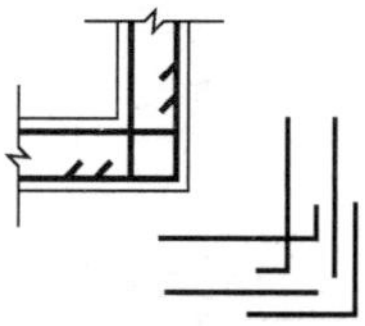
4	图中所表示的箍筋、环筋等若布置复杂时，应加面钢筋大样及说明	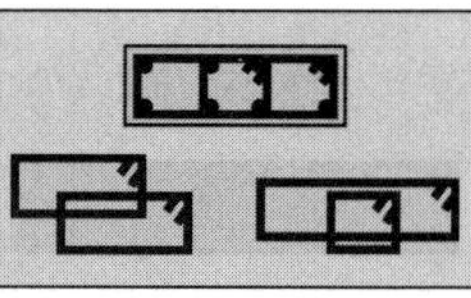
5	每组相同的钢筋、箍筋或环筋，可以用粗实线画出其中一根来表示，同时用一横穿的细线表示其余的钢筋、箍筋或环筋，横线的两端带斜短画，表示该号钢筋的起止范围	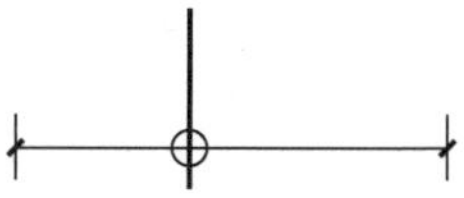

特别提示

常用钢筋代号：Φ表示 HPB300 级钢筋；表示 HRB335 级钢筋；表示 HRB400 级钢筋。Φ8@200 表示 HPB300 级钢筋，直径为 8mm，间距为 200mm，2Φ25 表示 2 根直径为 25mm 的 HRB400 级钢筋。

能力导航

10.1.3 结构施工图的识读

1. 结构施工图的识读方法

在识读结构施工图前，必须先阅读建筑施工图，建立起建筑物的轮廓概念，了解和明确建筑施工图平面、立面、剖面的情况以及构造连接和构造做法。在识读结构施工图期间，还应反复对照结构施工图与建筑施工图对同一部分的表示方法，这样才能准确地理解结构施工图中所表示的内容。

识读结构施工图也是一个由浅入深、由粗到细的渐进过程,对于简单的结构施工图例外。与建筑施工图一样,结构施工图的表示方法遵循投影关系,其区别在于结构施工图用粗线条表示要突出的重点内容,为了使图面清晰通常利用编号或代号表示构件的名称和做法。

在识读结构施工图时,要养成做记录的习惯,以便为以后的工作提供技术资料。由于各工种的分工不同,各工种的侧重点也不同,要学会总揽全局,这样才能不断提高识读结构施工图的能力。

2. 结构施工图的识读步骤(图 10.1)

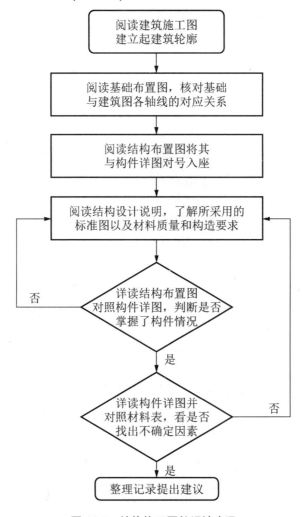

图 10.1 结构施工图的识读步骤

(1) 结构设计说明的阅读。了解对结构的特殊要求,了解说明中强调的内容,掌握材料、质量以及要采取的技术措施的内容,了解所采用的技术标准和构造,了解所采用的标准图。

(2) 基础布置图的识读。要注意基础的标高和定位轴线的数值,了解基础的形式和区别，注意其他工种在基础上的预埋件和留洞情况。

① 查阅建筑图，核对所有的轴线是否和基础一一对应，了解是否有的墙下无基础而用基础梁替代，基础的形式有无变化，有无设备基础。

② 对照基础的平面和断面，了解基底标高和基础顶面标高有无变化，有变化时是如何处理的。

③ 了解基础中预留洞和预埋件的平面位置、标高、数量。

④ 了解基础的形式和做法。

⑤ 了解各个部位的尺寸和配筋。

⑥ 反复以上的过程，解决没有看清楚的问题，对遗留问题整理好记录。

(3) 结构布置图的识读。结构布置图，由结构平面图和构件详图或标准图组成。

① 了解结构的类型，了解主要构件的平面位置与标高，并与建筑图结合了解各构件的位置和标高的对应情况。

② 结合结构平面图、标准图和详图对主要构件进行分类，了解它们的相同之处和不同点。

③ 了解各构件节点构造与预埋件的相同之处和不同点。

④ 了解整个平面内，洞口、预埋件的做法与相关专业的连接要求。

⑤ 了解各主要构件的细部要求和做法，反复以上步骤，逐步深入了解，遇到不清楚的地方在记录中标出，进一步详细查找相关的图纸，并结合结构设计说明认定核实。

⑥ 了解其他构件的细部要求和做法，反复以上步骤，消除记录中的疑问，确定存在的问题，整理、汇总、提出图纸中存在的遗漏和施工中存在的困难，为技术交底或图纸会审提供资料。

(4) 结构详图的识读。

① 首先应将构件对号入座，即核对结构平面图上构件的位置、标高、数量是否与详图相吻合，有无标高、位置和尺寸的矛盾。

② 了解构件与主要构件的连接方法，看能否保证其位置或标高，是否存在与其他构件相抵触的情况。

③ 了解构件中配件或钢筋的细部情况，掌握其主要内容。

④ 结合材料表核实以上内容。

(5) 结构施工图汇总。整理记录，核对前面提出的问题，提出建议。

 **特别提示**

在识读结构施工图的过程中应注意和建筑施工图配合，尤其注意查阅结构平面布置图时注意查看各层建筑平面图。

3. 标准图集的阅读

(1) 标准图集的分类。我国编制的标准图集，按其编制的单位和适用范围的情况可分为三类。

① 经国家批准的标准图集，供全国范围内使用。

② 经各省、市自治区等地方批准的通用标准图集，供本地区使用。

③ 各设计单位编制的图集，供本单位设计的工程使用。

标准图集的使用，有利于提高质量、降低成本，加快设计、施工进度。全国通用的标准图集中，通常用"G"或"结"表示结构标准构件类图集，用"J"或"建"表示建筑标准构件类图集。

(2) 标准图集的查阅方法。

① 根据施工图中注明的标准图集名称、编号及编制单位，查找相应的图集。

② 阅读标准图集的总说明，了解编制该图集的设计依据，使用范围，施工要求及注意事项等。

③ 了解该图集编号和表示方法，一般标准图集都用代号表示，代号表明构件，配件的类别、规格及大小。

④ 根据图集目录及构件、配件代号在该图集内查找所需详图。

 特别提示

结构施工图的图纸表达基本制图规定按照国家标准《建筑结构制图标准》(GB/T 50105—2010)，钢筋混凝土结构钢筋图表达按照国家标准图集《混凝土结构施工图平面整体表示方法制图规则和构造详图》(11G101 系列)。

任务10.2　混凝土结构施工图平面整体表示方法

 **知识导航**

10.2.1　平法施工图的发展概述

为了提高设计效率、简化绘图、缩减图纸量，使施工图看图、记忆和查找方便，我国推出了国家标准图集《混凝土结构施工图平面整体表示方法制图规则和构造详图》G101。它是我国在钢筋混凝土施工图的设计表示方法的重大改革，被列为建设部1996年科技成果重点推广项目。

建筑结构施工图平面整体设计方法，简称平法。平法的表达形式就是把结构构件的尺寸和配筋等，按照平面整体表示方法制图规则，整体直接地表达在各类构件的结构平面布置图上，再与标准构造详图相配合，即构成一套完成的结构设计。平法由平法制图规则和标准构造详图两大部分组成。

平法经过十几年的发展，已在设计、施工、造价和监理等诸多建筑领域中得到广泛应用。2004年《混凝土结构施工图平面整体表示方法制图规则和构造详图》G101 系列平法国家建筑标准设计达到 6 册：(现浇混凝土框架、剪力墙、框架-剪力墙、框支剪力墙结构)03G101—1、(现浇混凝土板式楼梯)03G101—2、(筏板基础)04G101—3、(现浇混凝土楼面与屋面板)04G101—4、(箱形基础与地下室结构)04G101—5、(独立基础、条形基础、桩基承台)04G101—6。2011年《混凝土结构施工图平面整体表示方法制图规则和构造详图》G101系列平法国家建筑标准设计修订为3册：(现浇混凝土框架、剪力墙、梁、板)11G101—1、(现浇混凝土板式楼梯)11G101—2、(独立基础、条形基础、筏形基础及桩基承台)11G101—3。

下面对常用的柱、梁平法如何识读进行介绍，其他构件的表示方法请参见相应图集学习掌握。

特别提示

国家新标准图集是在旧标准图集的基础上进行的修改与深化，在结构施工图的绘制过程中必须按照新标准执行。

能力导航

10.2.2 柱平法结构施工图

柱平法施工图系在柱平面布置图上采用列表注写方式或截面注写方式表达。柱平法施工图中要按规定注明各结构层的楼面标高、结构层高及相应的结构层号。

1. 柱列表注写方式

列表注写方式，系在柱平面布置图上(一般只需采用适当比例绘制一张柱平面布置图，包括框架柱，框支柱、梁上柱和剪力墙上柱)，分别在同一编号的柱中选择一个(有时需要选择几个)截面标注几何参数代号；在柱表中注写柱编号、柱段起止标高、几何尺寸(含柱截面对称轴线的偏心情况)与配筋的具体数值，并配以各种柱截面形状及其箍筋类型图的方式，来表达柱平法施工图，如图10.2所示。

柱表注写内容规定如下：

(1) 柱编号。柱编号由类型代号和序号组成，应符合表10-5的规定。

表10-5 平法柱编号

柱类型	代号	序号	柱类型	代号	序号
框架柱	KZ	××	梁上柱	LZ	××
框支柱	KZZ	××	剪力墙上柱	QZ	××
芯柱	XZ	××			

注：编号时，当柱的总高、分段截面尺寸和配筋均对应相同，仅分段截面与轴线的关系不同时，仍可将其编为同一柱号。

(2) 各段柱的起止标高。自柱根部往上以变截面位置或截面未变但配筋改变处为界分段注写。框架柱和框支柱的根部标高系指基础顶面标高；芯柱的根部标高系指根据结构实际需要而定的起始位置标高；梁上柱的根部标高系指梁顶面标高；剪力墙上柱的根部标高分两种：当柱纵筋锚固在墙顶部时，其根部标高为墙顶面标高；当柱与剪力墙重叠一层时，其根部标高为墙顶面往下一层的结构层楼面标高。

(3) 柱几何参数。对于矩形柱，注写柱截面尺寸 $b×h$ 及与轴线关系的几何参数代号 b_1、

b_2 和 h_1、h_2 的具体数值，须对应于各段柱分别注写。其中 $b= b_1+ b_2$，$h= h_1+ h_2$。当截面的某一边收缩变化至与轴线重合或偏到轴线的另一侧时，b_1、b_2、h_1、h_2 中的某项为零或为负值。对于圆柱，表中 $b×h$ 一栏改用在圆柱直径数字前加 d 表示。为表达简单，圆柱截面与轴线的关系也用 b_1、b_2 和 h_1、h_2 表示，并使 $d= b_1+ b_2= h_1+ h_2$。

(4) 柱纵筋。当柱纵筋直径相同，各边根数也相同时(包括矩形柱、圆柱和芯柱)，将纵筋注写在"全部纵筋"一栏中；除此之外，柱纵筋分角筋、截面 b 边中部筋和 h 边中部筋三项分别注写(对于采用对称配筋的矩形截面柱，可仅注写一侧中部筋，对称边省略不注)。

(5) 箍筋类型号及箍筋肢数。在箍筋类型栏内注写绘制柱截面形状及其箍筋类型号。各种箍筋类型图以及箍筋复合的具体方式，须画在表的上部或图中的适当位置，并在其上标注与表中相对应的 b、h 和编上相应的类型号。

(6) 柱箍筋。包括钢筋级别、直径与间距。当为抗震设计时，用斜线"/"区分柱端箍筋加密区与柱身非加密区长度范围内箍筋的不同间距。施工人员须根据标准构造详图的规定，在规定的几种长度值中取其大者作为加密区长度。当圆柱采用螺旋箍筋时，需在箍筋前加"L"。例ф10@100/250，表示箍筋为 HPB300 级钢筋，直径ф10，加密区间距为 100，非加密区为 250；ф8@100，表示箍筋为 HPB300 级钢筋，直径ф8，间距沿柱全高为 100；Lф10@100/200，表示采用螺旋箍筋，为 HPB300 级钢筋，直径ф10，加密区间距为 100，非加密区为 200。对抗震 KZ、QZ、LZ 箍筋加密区范围参照标准构造详图。

2．柱截面注写方式

柱截面注写方式，是在分标准层绘制的柱平面布置图的柱截面上，分别在同一编号的柱中选择一个截面，按另一种比例原位放大绘制截面配筋图，并在各个配筋图上注写截面尺寸 $b×h$、角筋或全部纵筋(当纵筋采用一种直径且图示清楚时)、箍筋的具体数值，以及在柱截面配筋图上标注柱截面与轴线关系 b_1、b_2、h_1、h_2 的具体数值的方式来表达柱平法施工图。当纵筋采用两种直径时，须注写截面各边中部筋的具体数值(对于采用对称配筋的矩形截面柱，可仅在一侧注写中部筋)。

当在某些框架柱的一定高度范围内，在其内部的中心位设置芯柱时，首先按照列表法的要求进行编号，继其编号之后注写芯柱的起止标高、全部纵筋及箍筋的具体数值(箍筋的注写方式同列表法)，芯柱截面尺寸按构造确定，并按标准构造详图施工。芯柱定位随框架柱，不需要注写其与轴线的几何关系。

在截面注写方式中，如柱的分段截面尺寸和配筋均相同，仅截面与轴线的关系不同时，可将其编为同一柱号。但此时应在未画配筋的柱截面上注写该柱截面与轴线关系的具体尺寸。采用截面注写方式表达的柱平法施工图示例如图 10.3 所示。

🏠 特别提示

柱列表注写方式与柱截面注写方式在实际工程中采用都很广泛，一般来说，当建筑层数多且建筑各层柱配筋差异大，若采用截面法需要图纸数量多时，采用列表注写可节约图纸数量；当建筑层数少或虽然层数多但各层配筋相同宜采用截面法，截面注写方式更直观。

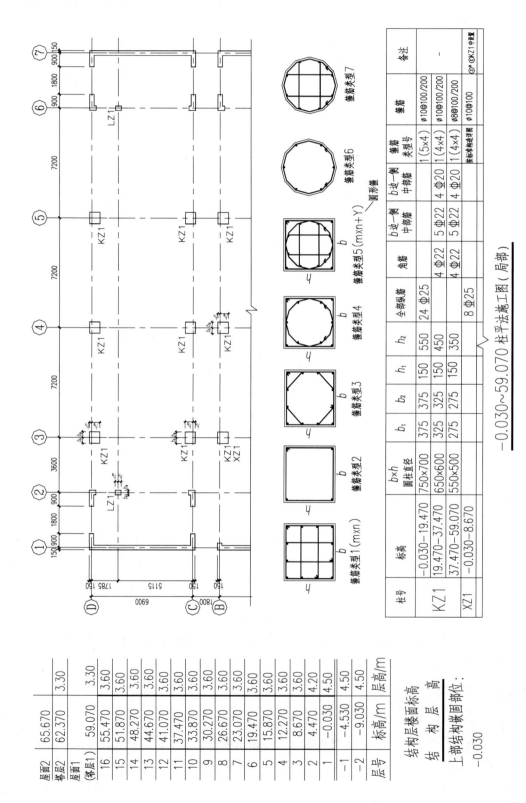

图 10.2 柱列表注写方式示例

项目 10 建筑结构施工图的识读

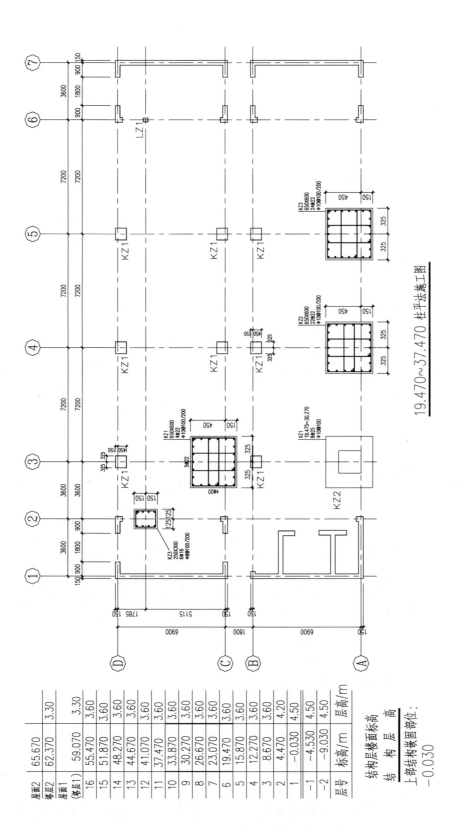

图 10.3 柱截面注写方式示例

【例 10-1】某框架柱 KZ1 的传统配筋详图如图 10.4 所示,该柱为两层层高分别为 4.8m 和 3m,试按柱平法截面法制图规则分别作出首层和二层的平法截面图。

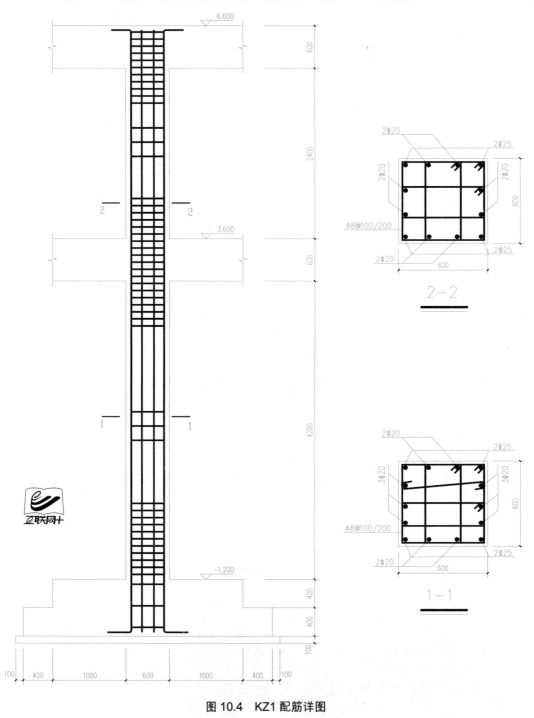

图 10.4 KZ1 配筋详图

【解】

(1) 识读柱配筋详图,分析柱结构构造:图 1—1 为首层中柱配筋截面详图,由图可知

KZ1首层标高为-1.200～3.600m，截面尺寸为600mm×600mm，角筋为4Φ25，一侧中部筋为3Φ20，另一侧中部筋为2Φ20，加密区箍筋为Φ8@100，非加密区箍筋为Φ8@200；2-2为二层中柱配筋截面详图，二层标高为3.600～6.600m，截面尺寸为600mm×600mm，角筋为4Φ25，四侧中部筋均为2Φ20，加密区箍筋为Φ8@100，非加密区箍筋为Φ8@200。

(2) 作平法截面法施工图，按照平法截面法标注要求进行集中标注与原位标注，并进行截面尺寸、标高标注，完成如图10.5所示。

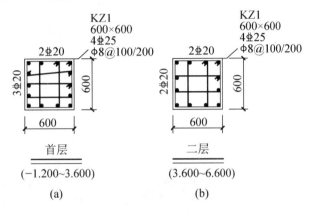

图 10.5　KZ1 平法截面图

(a) 首层截面；(b) 二层截面

10.2.3 梁平法结构施工图

梁的平法施工图系在梁的平面布置上采用平面标注方式或截面标注方式表达。梁平面布置图，应分别按梁的不同结构层(标准层)，将全部梁与其相关联的柱、墙、板一起采用适当比例绘制，并注明各结构层的顶面标高、相应的结构层号。对于轴线未居中的梁，除梁边与柱边平齐外，应标注其偏心定位尺寸。

1. 梁平面注写方式

平面标注方式是指在梁的平面布置图上分别在不同编号的梁中各选一根梁，在其上标注截面尺寸和配筋的具体数值。

平面标注方式包括集中标注与原位标注，如图10.6所示。集中标注表达梁的通用数值，原位标注表达梁的特殊数值。当集中标注中的某项数值不适用于梁的某部位时，则将该项数值原位标注。施工时，原位标注取值优先。

(1) 梁集中标注。梁集中标注可以从梁的任意一跨引出，标注内容有五项必注值及一项选注值，规定如下。

① 梁编号。梁的编号由梁类型代号、序号、跨数及有无悬挑代号几项组成，应符合表10-6的规定。

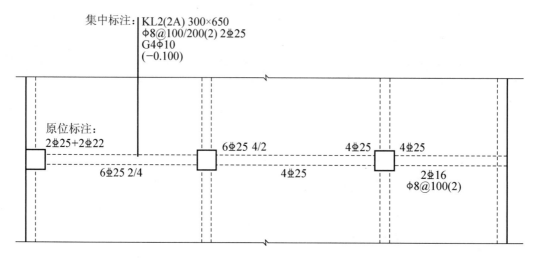

图 10.6 平面注写示例

表 10-6 平法梁编号

梁类型	代号	序号	跨数及是否带有悬挑	备注
楼层框架梁	KL	××	(××)、(××A)或(××B)	
屋面框架梁	WKL	××	(××)、(××A)或(××B)	(××A)为一端有悬挑，
框支梁	KZL	××	(××)、(××A)或(××B)	(××B)为两端有悬挑，
非框架梁	L	××	(××)、(××A)或(××B)	悬挑不计入跨数
悬挑梁	XL	××		
井字梁	JZL	××	(××)、(××A)或(××B)	

② 梁截面尺寸。等截面梁用 $b×h$ 表示，如图 10.6 中的 KL2(2A)所示"300mm×650mm"表示：梁宽为 300mm，梁高为 650mm；竖向加腋梁用 $b×h$ $GY_{c_1×c_2}$ 表示(c_1 表示腋长，c_2 表示腋高)，如图 10.7(a)所示，水平一侧加腋梁用 $b×h$ $PY_{c_1×c_2}$ 表示(c_1 表示腋长，c_2 表示腋宽)，如图 10.7(b)所示；悬挑梁且根部和端部的高度不同时，用斜线分隔根部与端部的高度值，即为 $b×h_1/h_2$，如图 10.7(c)所示。

③ 梁箍筋。包括钢筋级别、直径、加密区与非加密区间距及肢数。箍筋加密区与非加密区的不同间距及肢数需用"/"分隔；箍筋肢数应写在括号内。箍筋加密区范围根据抗震等级参照标注构造详图取用。图 10.6 中 KL2(2A)的"ϕ8@100/200(2)"表示：箍筋为 HPB300 级钢筋，直径 8，加密区间距为 100，非加密区间距为 200，均为双肢箍。

当抗震设计中的非框架梁、悬挑梁、井字梁，及非抗震设计中的各类梁采用不同的箍筋间距及肢数时，也用斜线"/"将其分隔开来。注写时，先注写梁支座端部的箍筋(包括箍筋的箍数、钢筋级别、直径、间距与肢数，在斜线后注写梁跨中部分的箍筋间距及肢数。例 18ϕ12@150(4)/200(2)表示：箍筋为 HPB300 级钢筋，直径 12；梁的两端各有 18 个四肢箍筋，间距为 150，梁跨中部分，间距为 200，双肢箍。

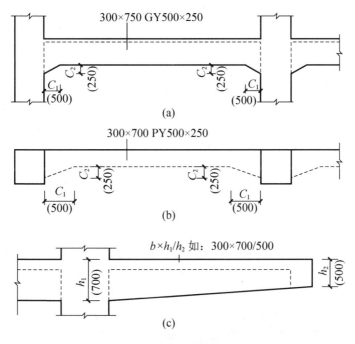

图 10.7 加腋梁与变截面梁尺寸示意

(a) 竖向加腋梁；(b) 竖向加腋梁；(c) 悬挑不等高截面梁

④ 梁上部通常筋或架立筋配置,通长筋可为相同或不同直径采用搭接连接(机械连接或焊接的钢筋),该项为必注值。图 10.6 中 KL2(2A)的"2Φ25"表示:上部通长筋为 2 根直径为 25 的 HRB400 级钢筋,用于双肢箍。所注规格与根数应根据结构受力要求及箍筋肢数等构造要求而定。当同排纵筋中既有通长筋又有架立筋时,应用加号"+"将通长筋和架立筋相连,且须将各角部纵筋写在加号前面,架立筋写在加号后面的括号内。例 2Φ22+(4ϕ12)用于六肢箍,其中 2Φ22 为通长筋,4ϕ12 为架立筋。

当梁的上部纵筋和下部纵筋均为全跨相同通长设置,且多数跨配筋相同时,此项可加注下部纵筋的配筋值,用";"将上部与下部纵筋的配筋值分隔开。如某梁集中标注处写"3Φ22；3Φ20"表示:梁的上部通长筋为 3Φ22,梁下部的通长筋为 3Φ20。

⑤ 梁侧面纵向构造钢筋或受扭钢筋,该项为必注值。当梁腹板高度 h_w≥450 时,须配置纵向构造腰筋,注写值以大写字母 G 打头,接续注写设置在梁两个侧面的总配筋值,且对称配置。所注规格与根数应符合构造详图的要求。图 10.6 中 KL2(2A)的"G4Φ10"表示:梁的两个侧面共配置 4Φ10 的纵向构造腰筋,每侧各配置 2Φ10。

梁侧面需配置受扭纵向钢筋时,注写值以大写字母 N 打头,接续注写设置在梁两个侧面的总配筋值,且对称配置。例 N6Φ22 表示:梁的两个侧面共配置 6Φ22 受扭纵筋,每侧各配置 3Φ22。

⑥ 梁顶面标高高差,该项为选注值。梁顶面标高高差是指相对于结构层楼面标高的高差值,对位于结构夹层的梁,则指相对于结构夹层楼面标高的高差。有高差时,须将其写入括号内,无高差时不标注。图 10.4 中 KL2(2A)的"(-0.100)"表示:该梁顶面标高低于其结构层的楼面标高 0.1m。

(2) 梁原位标注。

① 梁支座上部纵筋。该部位包含通长筋在内的所有纵筋。当上部纵筋多于一排时,用"/"将各排纵筋自上而下分开,如图 10.6 中 KL2(2A)的"6⊈25 4/2"表示:表示上一排纵筋为 4⊈25,下一排纵筋为 2⊈25;当同排纵筋有两种直径时,用"+"将两种直径纵筋相联,且角部纵筋写在前面,如图 10.6 中 KL2(2A)的"2⊈25 +2⊈22"表示:梁支座上部有四根纵筋,2⊈25 放在角部,2⊈22 放在中部;当梁中间支座两边的上部纵筋相同时,可仅标注一边,但不相同时,应在支座两边分别标注。

② 梁下部纵筋。下部纵筋多于一排时,同样用"/"将各排纵筋自上而下分开。同排纵筋有两种直径时,同样用"+"将两种异径纵筋相联,且角部纵筋写在前面。梁下部纵筋不全伸入支座时,将梁支座下部纵筋减少的数量写在括号里,如"6⊈25 2(-2)/4"表示:上排纵筋为 2⊈25,且不伸入支座,下一排纵筋为 4⊈25,且全部伸入支座。

当梁的集中标注中已经按规定分别注写了梁上部和下部均为通长的纵筋值时,则不需在梁下部重复做原位标注。

当梁设置竖向加腋时,加腋部位下部斜纵筋应在支座下部以 Y 打头注写在括号内,当梁设置水平加腋时,水平加腋内上、下部协筋应在加腋支座上部以 Y 打头注写在括号内,上下部斜纵筋之间用"/"分隔,如图 10.8 所示。

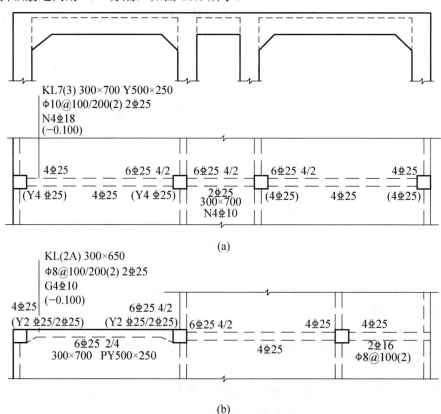

图 10.8 加腋梁平面注写实例

(a) 竖向加腋梁;(b) 水平加腋梁

③ 附加箍筋或吊筋。将其直接画在平面图中的主梁上，用引线注明总配筋值；当多数附加箍筋或吊筋相同时，可在梁平法施工图上统一注明，少数与统一注明值不同时，再引用原位引注，如图 10.9 所示。

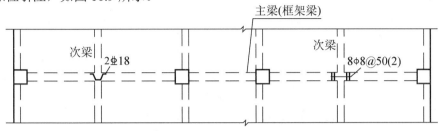

图 10.9　附加箍筋与吊筋注写示例

④ 当在梁上集中标注的内容，不适用于某跨或某悬挑部分时，则将其不同数值原位标注在该跨或该悬挑部位，施工时应按原位标注数值取用。在梁平法施工图中，当局部梁的布置过密时，可将过密区用虚线框出，适当放大比例后再用平面注写方式表示，如图 10.10 所示。

2. 梁截面注写方式

梁截面标注方式是指在分标准层绘制的梁平面布置图上，分别在不同编号的梁中各选一根梁用剖面号引出配筋图，并在其上标注截面尺寸和配筋具体数值的方式来表达梁平法施工图。对所有梁按平面注写方式的规则进行编号，从相同编号的梁中选择一根梁，先将"单边截面号"画在该梁上，再将截面配筋详图画在本图或其他图上。当某梁的顶面标高与结构层的楼面标高不同时，尚应继其梁编号后注写梁顶面标高高差(注写规定与平面注写方式相同)。

截面标注方式既可以单独使用也可以与平面标注方式结合使用。在梁平法施工图中，当局部梁的布置过密时，除了采用截面注写方式表达外，也可将过密区用虚线框出，适当放大比例后再用平面注写方式表示。应用截面注写方式表达的梁平法施工图示例如图 10.11 所示。

**特别提示**

梁平面注写方式与梁截面注写方式相比，梁平面注写方式应用更加广泛。

【例 10-2】某框架梁 KL2 的传统配筋详图如图 10.12 所示，该梁共两跨且每跨除下部纵筋外其余配筋相同，该梁的标高比所在楼层低 50mm，试按梁平法制图规则转化为梁平法施工图。

【解】

(1) 识读该梁配筋详图，分析柱结构构造：该梁的编号为 KL2(2)，截面尺寸为 250mm×600mm，加密区箍筋为Φ8@100，非加密区箍筋为Φ8@200，上部通长筋为 2Φ25，端支座附加筋为 1Φ20，中间支座处上排附加筋为 1Φ25，中间支座处下排附加筋为 2Φ20，第一跨下部纵筋为 3Φ22，第二跨下部纵筋为 3Φ22，两跨的构造腰筋均为 4Φ12。

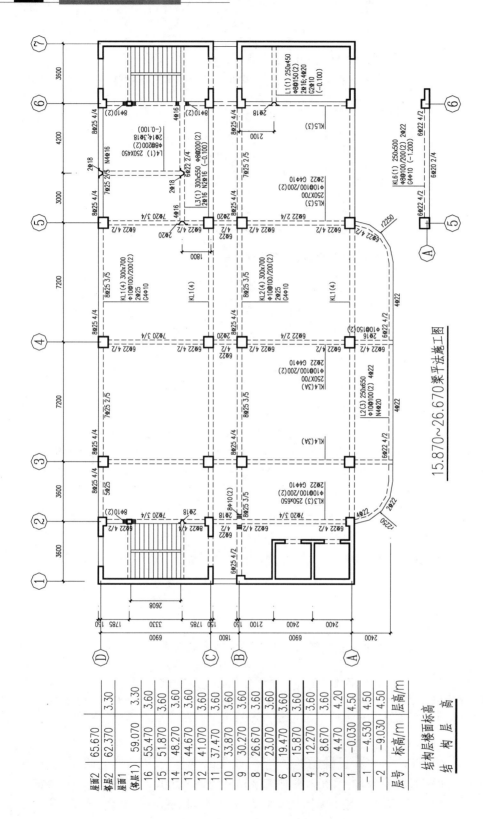

图 10.10 梁平法施工图平面注写方式示例

项目 10 建筑结构施工图的识读

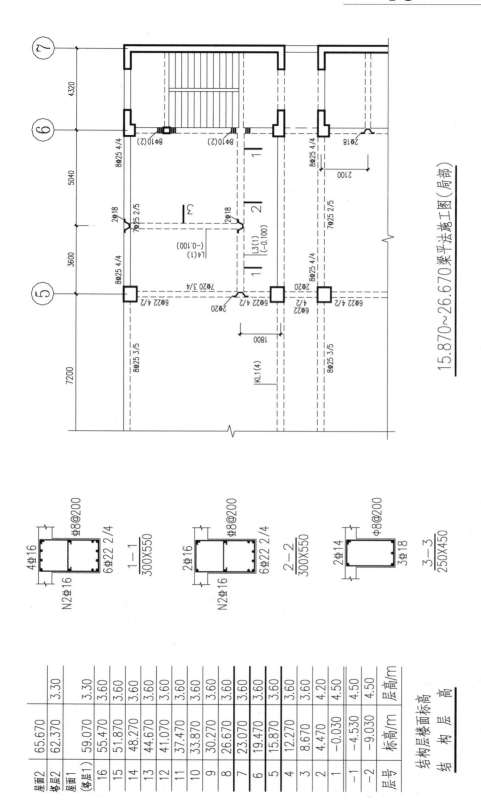

图 10.11 梁平法施工图截面注写方式示例

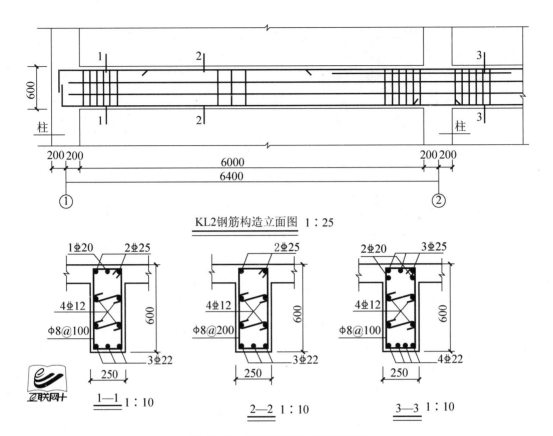

图 10.12　某框架梁 KL2 配筋详图

(2) 作梁平法施工图，按照平法截面法标注要求进行集中标注与原位标注，完成图如图 10.13 所示。

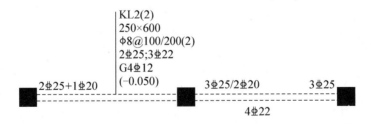

图 10.13　某框架梁 KL2 平法标注图

10.2.4　有梁楼盖平法结构施工图

有梁楼盖板平法施工图，指在楼面板和屋面板布置图上，采用平面注写的表达方式。板平面注写主要包括板块集中标注和板支座原位标注。为方便设计表达和施工识图，规定结构平面的坐标方向：当两向轴网正交布置时，图面从左至右为 X 向，从下至上为 Y 向；当轴网转折时，局部坐标方向顺轴网转折角度做相应转折；当轴网向心布置时，切向为 X 向，径向为 Y 向；此外，对于平面布置比较复杂的区域，如轴网转折交界区域、向心布置的核心区域等，其平面坐标方向应由设计者另行规定并在图上明确表示。

1．板块集中标注

板块集中标注的内容为：板块编号，板厚，贯通纵筋，以及当板面标高不同时的标高高差。

(1) 板块编号。对于普通楼面，两向均以一跨为一板块；对于密肋楼盖，两向主梁(框架梁)均以一跨为一板块(非主梁密肋不计)。所有板块应逐一编号，相同编号的板块可择其一做集中标注，其他仅注写置于圆圈内的板编号，以及当板面标高不同时的标高高差。板块编号按表10-7的规定。

表10-7 板块编号

板 类 型	代 号	序 号
楼面板	LB	××
屋面板	WB	××
悬挑板	XB	××

(2) 板厚。板厚注写为 $h=×××$(为垂直于板面的厚度)；当悬挑板的端部改变截面厚度时，用斜线分隔根部与端部的高度值，注写为 $h=×××/×××$；当设计已在图注中统一注明板厚时，此项可不注。

(3) 贯通纵筋。贯通纵筋按板块的下部和上部分别注写(当板块上部不设贯通纵筋时则不注)，并以B代表下部，以T代表上部，B&T代表下部与上部；X向贯通纵筋以X打头，Y向贯通纵筋以Y打头，两向贯通纵筋配置相同时则以X&Y打头。

当为单向板时，分布筋可不必注写，而在图中统一注明。

当在某些板内(例如在悬挑板XB的下部)配置有构造钢筋时，则X向以Xc打头，Y向贯通纵筋以Yc打头注写。

当贯通筋采用两种规格钢筋"隔一布一"方式时，表达为$\phi xx/yy@xxx$，表示直径为xx的钢筋和直径为yy的钢筋二者之间间距为xxx，直径xx的钢筋的间距为xxx的2倍，直径yy的钢筋的间距为xxx的2倍。

(4) 板面标高高差。板面标高高差系指相对于结构层楼面标高的高差，应将其注写在括号内，且有高差则注，无高差不注。

如，有一楼面板块注写为： LB5 $h=110$
B：X⌀12@120；Y⌀10@110

表示5号楼面板，板厚110，板下部配置的贯通纵筋X向为⌀12@120，Y向为⌀10@110；板上部未配置贯通纵筋。

如，有一楼面板块注写为： LB5 $h=110$
B：X⌀10/12@100；Y⌀10@110

表示5号楼面板，板厚110，板下部配置的贯通纵筋X向为⌀10、⌀12，⌀10与⌀12之间间距为100；Y向为⌀10@110；板上部未配置贯通纵筋。

如，有一楼面板块注写为 XB2 $h=150/100$
B：Xc&Yc⌀8@200

表示2号楼面悬挑板，板厚根部厚150，端部厚100，板下部配置构造钢筋双向均为⌀8@200。

2. 板支座原位标注

板支座原位标注的内容为：板支座上部非贯通纵筋和悬挑板上部受力钢筋。板支座原位标注的钢筋，应在配置相同跨的第一跨表达(当在梁悬挑部位单独配置时则在原位表达)。在配置相同跨的第一跨(或梁悬挑部位)，垂直于板支座(梁或墙)绘制一段适宜长度的中粗实线(当该筋通长设置在悬挑板或短跨板上部时，实线段应画至对边或贯通短跨)，以该线段代表支座上部非贯通纵筋，并在线段上方注写钢筋编号(如①、②等)、配筋值、横向连续布置的跨数(注写在括号内，且当为一跨时可不注)，以及是否横向布置到梁的悬挑端。

如(XX)为横向布置的跨数，(XXA)为横向布置的跨数及一端的悬挑梁部位，(XXB)为横向布置的跨数及两端的悬挑梁部位。

板支座上部非贯通筋自支座中线向跨内的伸出长度，注写在线段的下方位置。当中间支座上部非贯通纵筋向支座两侧对称伸出时，仅在支座一侧线段下方标注伸出长度，另一侧不注，当向支座两侧非对称伸出时，在支座两侧线段下方注写伸出长度，如图10.14所示。

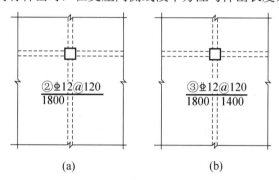

图 10.14 板支座上部非贯通筋标注

(a) 对称伸出；(b) 非对称伸出

对线段画至对边贯通全跨或贯通全悬挑长度的上部通长纵筋，贯通全跨或伸出至全悬挑一侧的长度值不注，只注明非贯通筋另一侧的伸出长度值，如图10.15所示。

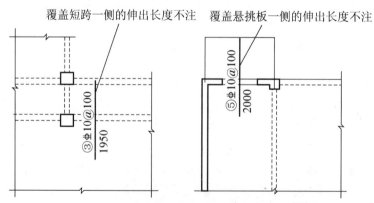

图 10.15 板支座非贯通筋贯通全跨或伸出至悬挑端

当板支座为弧形，支座上部非贯通纵筋呈放射状分布时，配筋间距的度量位置并加注"放射分布"四字，必要时补绘平面配筋图，如图10.16所示。关于悬挑板的注写方式如图10.17所示。

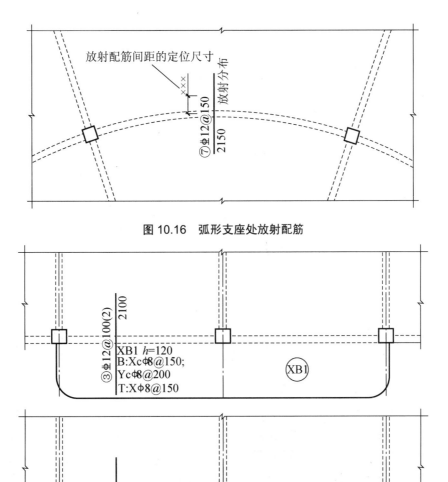

图10.16 弧形支座处放射配筋

图10.17 悬挑板支座非贯通筋标注示例

在板平面布置图中，不同部位的板支座上部非贯通纵筋及悬挑板上部受力钢筋，可仅在一个部位注写，对其他相同者则仅需在代表钢筋的线段上注写编号及按本条规则注写横向连续布置的跨数即可。

如在板平面布置图某部位，横跨支承梁绘制的对称线段上注有⑦⫟12@100(5A)和1500，表示支座上部⑦号非贯通纵筋为⫟12@100，从该跨起沿支承梁连续布置5跨加梁一端的悬挑端，该筋自支座中线向两侧跨内的伸出长度均为1500，在同一板平面布置图的另一部位横跨梁支座绘制的对称线段上注有⑦(2)者，系表示该筋同⑦号纵筋，沿支承梁连续布置2跨，且无梁悬挑端布置。此外，与板支座上部非贯通纵筋垂直且绑扎在一起的构造钢筋或分布钢筋，一般由设计者在图中注明。采用平面注写方式表达的楼面板平法施工图示例如图10.18所示。

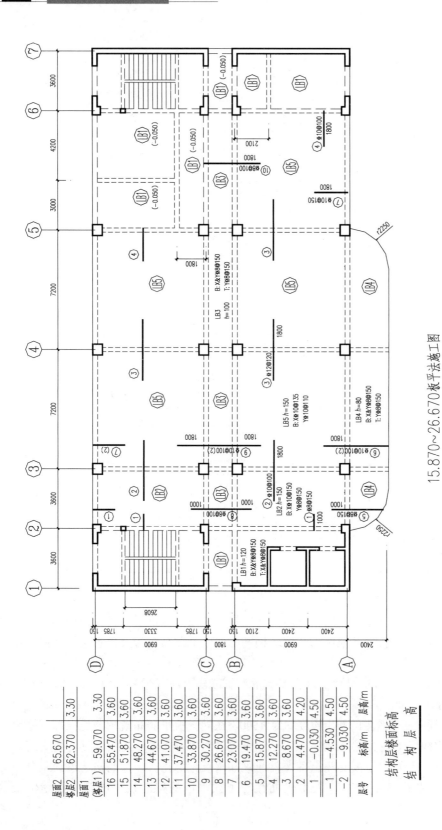

图 10.18 有梁楼盖平法施工图示例

任务 10.3　标准构造详图

知识导航

10.3.1　混凝土保护层与钢筋锚固要求

(1) 混凝土保护层的最小厚度要求应按表 4-8 取用。混凝土结构的环境类别条件可按表 10-8 取用。

表 10-8　混凝土结构的环境类别

环境类别		条　　件
一		室内干燥环境； 无侵蚀性静水浸没环境
二	a	室内潮湿环境； 非严寒和非寒冷地区的露天环境； 非严寒和非寒冷地区与无侵蚀性的水或土壤直接接触的环境； 严寒和寒冷地区的冰冻线以下与无侵蚀性的水或土壤直接接触的环境
	b	室内潮湿环境； 水位频繁变动环境； 严寒和寒冷地区的露天环境； 严寒和寒冷地区冰冻线以上与无侵蚀性的水或土壤直接接触的环境
三	a	严寒和寒冷地区冬季水位变动区环境； 受除冰盐影响环境； 海风环境
	b	盐渍土环境； 受除冰盐作用环境； 海岸环境
四		海水环境
五		受人为或自然的侵蚀性物质影响的环境

注：1. 室内潮湿环境是指构件表面经常处于结露或湿润状态的环境。
　　2. 严寒和寒冷地区的划分应符合现行国家标准《民用建筑热工设计规范》(GB 50176—1993)的有关规定。
　　3. 海岸环境和海风环境宜根据当地情况，考虑主导风向及结构所处迎风、背风部位等因素的影响，由调查研究和工程经验确定。
　　4. 受除冰盐影响环境是指受到除冰盐盐雾影响的环境；受除冰盐作用环境是指被除冰盐溶液溅射的环境以及使用除冰盐地区的洗车房、停车楼等建筑。
　　5. 暴露的环境是指混凝土结构表面所处的环境。

(2) 受拉钢筋基本锚固长度 l_{ab}、l_{abE} 按表 4-2 取用,受拉钢筋锚固长度 l_a、l_{aE} 可按表 10-9 取用。

表 10-9　受拉钢筋抗震锚固长度 l_{aE}、抗震锚固长度 l_{aE}

非抗震	抗震	注:
$l_a=\zeta_a l_{ab}$	$l_{aE}=\zeta_{aE} l_a$	1. l_a 不应小于 200。 2. 锚固长度修正系数 ζ_a 按表 10-10 取用,当多于一项时,可按连乘计算,但不应小 0.6。 3. ζ_{aE} 为抗震锚固长度修正系数,对一、二级抗震等级取 1.15,对三级抗震等级取 1.05,对四级抗震等级取 1.00

表 10-10　受拉钢筋抗震锚固长度修正系数 ζ_a

锚固条件		ζ_a	
带肋钢筋的公称直径大于 25		1.10	
环氧树脂涂层带肋钢筋		1.25	—
施工过程中易受扰动的钢筋		1.10	
锚固区保护层厚度	3d	0.80	注:中间时按内插值。
	5d	0.70	d 为锚固钢筋直径。

(3) 纵向受拉钢筋绑扎搭接长度 l_{lE},l_l,按表 10-11 取用。

表 10-11　纵向受拉钢筋绑扎搭接长度 l_{lE},l_l

绑扎搭接长度 l_{lE},l_l		注:	纵向受拉钢筋搭接长度修正系数 ζ			
抗震	非抗震	1. 当直径不同的钢筋搭接时,l_l、l_{lE} 按直径较小的钢筋计算。 2. 任何情况下不应小于 300mm。 3. 式中 ζ 为纵向受拉钢筋搭接长度修正系数。当纵向钢筋搭挂接头百分率为表的中间值时,可按内插取值	纵向钢筋搭接头面积百分比(%)	≤25	50	100
$l_{lE}=\zeta l_{aE}$	$l_l=\zeta l_a$		ζ	1.2	1.4	1.6

 知识导航

10.3.2　标准构造详图

掌握了平法的平面制图规则以后,就可对结构图进行读识。但运用规则读出的数值实际只是构件控制截面处的特征值,因为读者必须进一步配合规范构造详图继续读识,才能够真正理解设计者意图,读懂结构施工图。

规范的构造详图内容较多,本书节选了部分详图,柱构造详图如图 10.19 所示,梁如图 10.20、图 10.21 所示,有梁楼盖构造详图如图 10.22 所示。读者可参看 G101 系列的规范图集继续深入学习。

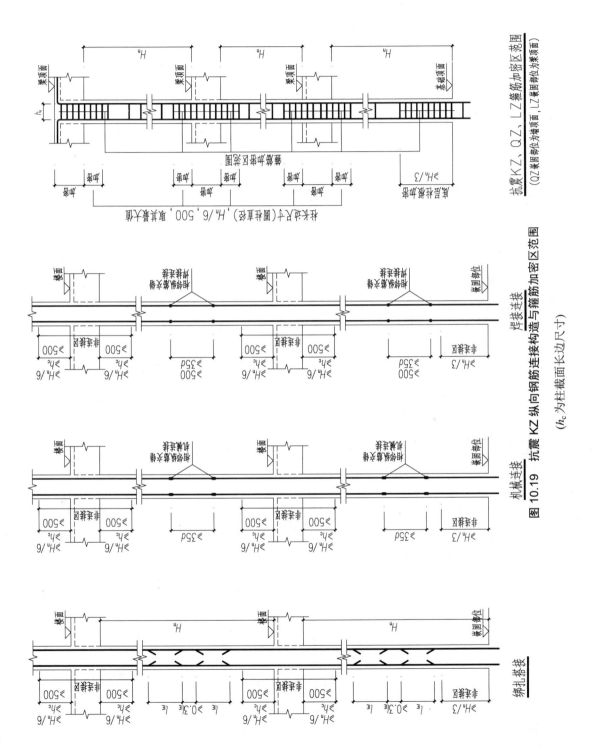

图10.19 抗震KZ纵向钢筋连接构造与箍筋加密区范围

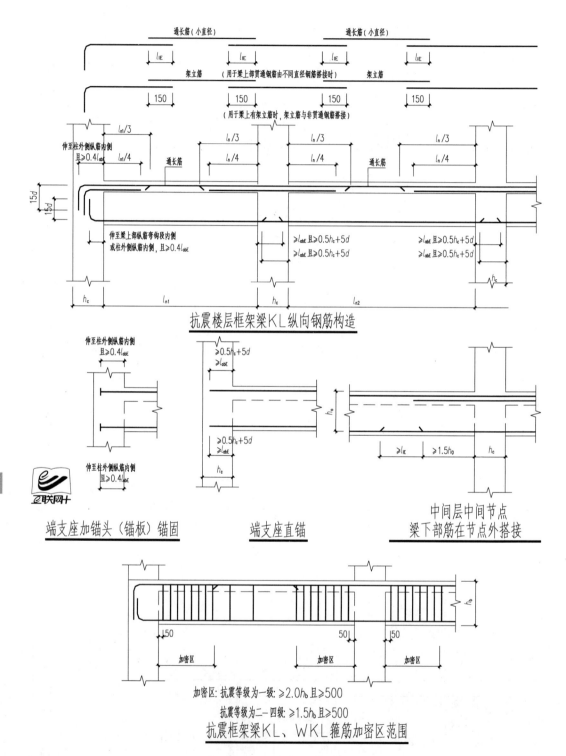

图 10.20 抗震楼层框架梁 KL 纵向钢筋及箍筋构造

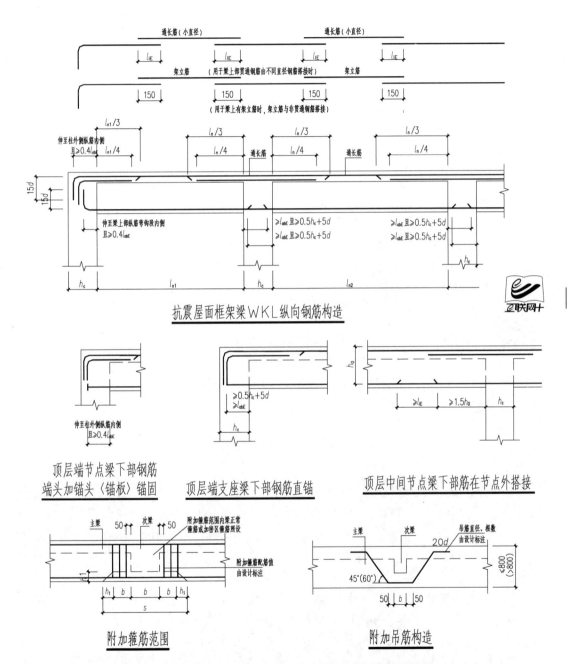

图 10.21 抗震屋面框架梁 WKL 纵向钢筋及附加钢筋构造

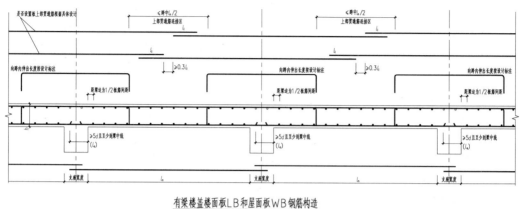

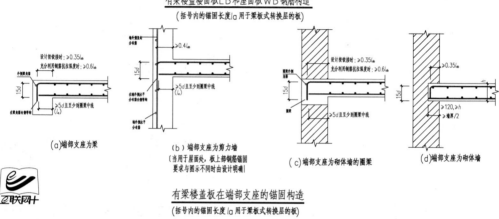

图 10.22 有梁楼盖楼(屋)面板配筋构造

项目小结

结构施工图是表达建筑物的结构形式及构件布置等图样,是建筑施工的依据。结构施工一般包括结构施工图目录、结构设计说明、基础平面图、楼层结构平面图、结构构件详图等。基础平面图、结构楼层平面图都是从整体上反映承重构件的平面布置情况,是结构施工图的基本图样,结构构件详图表达构件的形状、尺寸、配筋及与其他构件的关系。

钢筋混凝土结构柱、梁、板等结构施工图的表达主要采用平面整体表示方法,图纸的表达参照国家标准图集 11G101 的规则,学习者必须学习平面整体表示方法制图规则,能够将传统表达方法的施工图转换成平面整体表示法施工图。

柱、梁、板标准构造详图是国家对于这些基本结构构件钢筋设计与施工的基本要求,是对柱、梁、板构件钢筋配置的详细表达。

项目 10 建筑结构施工图的识读

习 题

一、填空题

1. 一套完整的房屋施工图通常包括：_____、_____、_____三个专业。
2. 结构施工图是表达建筑物的_____系统如何布局，各种构件如梁、板、柱等。
3. 结构构件种类比较多，在结构施工图中常用代号表示，如板采用代号_____，梁采用代号_____，构造柱采用代号_____，基础采用代号_____，楼梯板采用代号_____。
4. 在平面图中配置双层钢筋时，底层钢筋弯钩应朝_____，顶层钢筋弯钩应朝_____。
5. 配双层钢筋的墙体，在配筋立面中，远面钢筋的弯钩应朝_____，近面钢筋的弯钩应朝_____。
6. 柱编号由类型代号和序号组成，框架柱的代号为_____，梁上柱的代号为_____，芯柱的代号为_____。
7. 梁编号由类型代号和序号和跨数及是否悬挑组成，框架梁的代号为_____，屋面框架梁的代号为_____，悬挑梁的代号为_____；若编号中出现字母 A 则代表该梁_____，若编号中出现字母 B 则代表该梁_____。
8. 某楼面标准层的结构标高为 45.000m，当某梁的梁顶面标高高差注写为(+0.100)时，则该梁顶面标高为_____；当某梁的梁顶面标高高差注写为(-0.050)时，则该梁顶面标高为_____；若无梁顶面标高高差这项内容时，则该梁顶面标高为_____。
9. 有梁楼盖平法施工图中采用正交轴网时，图面从左至右为_____向，从下至上为_____向。
10. 框架梁的箍筋加密区长度取值与梁的高度以及抗震等级有关，抗震等级为一级时，加密区长度取为_____；抗震等级为三级时，加密区长度取为_____。

二、选择题

1. 在结构施工图中若粗实线采用的线宽为 b，则中实线采用(　　)。
   A. 0.25b　　　　B. 0.5b　　　　C. 0.7b　　　　D. b
2. 建筑施工图的图号代号为(　　)，结构施工图的图号代号为(　　)。
   A. J，J　　　　B. J，G　　　　C. G，G　　　　D. G，J
3. 下列选项中柱类型与代号不符的是(　　)。
   A. KZ；框架柱　　B. KZZ；框架柱　　C. LZ；梁上柱　　D. XZ；芯柱
4. 在柱平法施工图中必须注明各柱的根部标高，其中梁上柱的根部标高为(　　)。
   A. 梁底面标高　　B. 梁中标高　　C. 梁顶面标高　　D. 板顶标高
5. 在柱平法施工图中必须注明各柱的根部标高，框架柱的根部标高为(　　)。
   A. 基础底面标高　B. 基础顶面标高　C. 首层建筑标高　D. 首层结构标高
6. 当圆柱采用螺旋箍筋时，需在箍筋前加字母(　　)。
   A. LX　　　　B. L　　　　C. X　　　　D. LW

7. 梁集中标注共包括六项内容，其中五项为必注值，只一项为选注值的是( )。
   A. 编号　　　　　B. 箍筋　　　　　C. 上部纵筋　　　D. 标高高差
8. 梁侧构造筋在钢筋前加字母( )，其搭接与锚固长度取为( )。
   A. G，12d　　　B. G，15d　　　C. N，12d　　　D. N，15d
9. 板集中标注贯通筋以字母( )代表上部，以字母( )代表下部。
   A. B，T　　　　B. T，B　　　　C. S，X　　　　D. X，S
10. 框架柱中柱内纵筋伸至柱顶后弯折( )。
    A. 10d　　　　B. 12d　　　　C. 15d　　　　D. 20d

三、判断题

1. 在结构施工图中若粗实线采用的线宽为 b，则细实线采用 $0.25b$。( )
2. 标注圆柱的截面尺寸是在圆柱直径前加字母 R。( )
3. 在结构施工图中若粗实线采用的线宽为 b，则细实线采用 $0.25b$。( )
4. 若柱箍筋为Φ10@100/200 表示为 HPB300 级钢筋，直径为Φ10mm，加密区间距为 100mm，非加密区间距为 200mm。( )
5. 梁平面注写包括集中标注与原位标注，施工时集中标注优先取值。( )
6. 若梁箍筋为Φ10@100/200(2)表示为 HPB300 级钢筋，直径为Φ10mm，加密区间距为 100mm，非加密区间距为 200mm，箍筋均为 4 肢箍。( )
7. 有梁楼盖平法施工图中常在集中标注中表示板贯通筋。( )
8. 梁上部架立筋与支座负筋的搭接长度取 150mm。( )
9. 梁端部纵筋的锚固主要采用弯折锚固。( )
10. 板端部支座为梁时，板端支座负筋伸至梁端再弯折 $15d$。( )

四、简答题

1. 一套完整的房屋施工图都包括哪些内容？
2. 阅读一般的结构施工图步骤是什么？
3. 什么是平法？
4. 柱平法的表示方法有哪些？试说说它们的不同。
5. 梁平法的表示方法有哪两种？梁集中标注内容有哪些？

五、作图题

1. 在图 10.2 或图 10.3 中选择一根柱子，试用传统的构件表示方法将其表示出来。
2. 在图 10.10 或图 10.11 中选择一根框架梁，试用传统的构件表示方法将其表示出来。
3. 在图 10.18 中选择一块楼板，试用传统的构件表示方法将其表示出来。

参 考 文 献

[1] 葛若东. 建筑力学[M]. 北京：中国建筑工业出版社，2004.
[2] 袁海庆. 材料力学[M]. 武汉：武汉工业大学出版社，2000.
[3] 杨晓光，张颂娟. 混凝土结构与砌体结构[M]. 北京：清华大学出版社，2006.
[4] 段春花. 混凝土结构与砌体结构[M]. 北京：中国电力出版社，2008.
[5] 车永光. 建筑力学与结构[M]. 北京：机械工业出版社，2007.
[6] 郭继武，龚伟. 建筑结构(上、下册)[M]. 北京：中国建筑工业出版社，1995.
[7] 慎铁刚. 建筑力学与结构[M]. 北京：中国建筑工业出版社，2000.
[8] 杨太生. 建筑结构基础与识图[M]. 北京：中国建筑工业出版社，2008.
[9] 东南大学，同济大学，天津大学合编. 混凝土结构(中册)[M]. 北京：中国建筑工业出版社，2008.
[10] 陈书申，陈晓平. 土力学与地基基础[M]. 武汉：武汉工业大学出版社，1997.
[11] 陈希哲. 土力学地基基础[M]. 北京：清华大学出版社，2004.
[12] 张明义. 基础工程[M]. 北京：中国建材工业出版社，2003.
[13] 王桂梅. 土木建筑工程设计制图[M]. 天津：天津大学出版社，2001.
[14] 陈绍蕃. 钢结构[M]. 2版. 北京：中国建材工业出版社，2001.
[15] 王军丽. 建筑结构基础与识图[M]. 北京：中国建筑工业出版社，2014.
[16] 中国建筑科学研究院. 混凝土结构设计规范(GB 50010—2010)[S]. 北京：中国建筑工业出版社，2010.
[17] 中国建筑科学研究院. 砌体结构设计规范(GB 50003—2001)[S]. 北京：中国建筑工业出版社，2011.
[18] 中国建筑科学研究院. 建筑结构荷载规范(GB 50009—2001)(2006年版)[S]. 北京：中国建筑工业出版社，2006.
[19] 中国建筑科学研究院. 建筑抗震设计规范(GB 50011—2010)[S]. 北京：中国建筑工业出版社，2010.
[20] 中华人民共和国建设部. 建筑地基基础设计规范(GB 50007—2011)[S]. 北京：中国建筑工业出版社，2011.